Professional Engineer Library

環境工学

PEL 編集委員会　[監修]
山崎慎一　[編著]

実教出版

はじめに

「Professional Engineer Library（PEL）：自ら学び自ら考え自ら高めるシリーズ」は，高等専門学校（高専）・大学・大学院の学生が主体的に学ぶことによって，卒業・修了後も修得した能力・スキル等を公衆の健康・環境・安全への考慮，持続的成長と豊かな社会の実現などの場面で，総合的に活用できるエンジニアとなることを目的に刊行しました。ABET，JABEE，IEA の GA（Graduate Attributes）などの対応を含め，国際通用性を担保した"エンジニア"育成のため，統一した思想*のもとに編集するものです。

▶本シリーズの特徴は，以下のとおりです。

❶……学習者（以下，学生と表記）が主体となり，能動的に学べるような，学習支援の工夫があります。学生が，必ず授業前に自学自習できる「予習」を設け，1つの章は，「導入 ⇒ 予習 ⇒ 授業 ⇒ 振り返り」というサイクルで構成しています。

❷……自ら課題を発見し解決できる"技術者"育成を想定し，各章で，学生の知的欲求をくすぐる，実社会と工学（科学）を結び付ける分野横断の問いを用意しています。

❸……シリーズを通じて内容の重複を避け，効率的に編集しています。発展的な内容や最新のトピックスなどは，Webと連携することで，柔軟に対応しています。

❹……能力別の領域や到達レベルを網羅した分野別の学習到達目標に対応しています。これにより，国際通用性を担保し，学生および教員がラーニングアウトカム（学習成果）を評価できるしくみになっています。

❺……社会で活躍できる人材育成の観点から，教育界（高専，大学など）と産業界（企業など）の第一線で活躍している方に執筆をお願いしています。

本シリーズは，高度化・複雑化する科学・技術分野で，課題を発見し解決できる人材および国際的に先導できる人材の養成に応えるものと確信しております。幅広い教養教育と高度の専門教育の結合に活用していただければ幸いです。

最後に執筆を快く引き受けていただきました執筆者各位と企画・編集に献身的なお世話をいただいた実教出版株式会社に衷心より御礼申し上げます。

2015年3月
PEL編集委員会一同

＊文部科学省平成22,23年度先導的大学改革推進委託事業「技術者教育に関する分野別の到達目標の設定に関する調査研究報告書」準拠，国立高等専門学校機構「モデルコアカリキュラム（試案）」準拠

本シリーズの使い方

　高専や大学，大学院では，単に知識をつけ，よい点数や単位を取ればよいというものではなく，複雑で多様な地球規模の問題を認識してその課題を発見し解決できる，知識・理解を基礎に応用や分析，創造できる能力・スキルといった，幅広い教養と高度な専門力の結合が問われます。その力を身につけるためには，学習者が能動的に学ぶことが大切です。主体的に学ぶことにより，複雑で多様な問題を解決できるようになります。

　本シリーズは，学生が主体となって学ぶために，次のように活用していただければより効果的です。

❶……学生は，必ず授業前に各章の到達目標（学ぶ内容・レベル）を確認してください。その際，学ぶ内容の"社会とのつながり"をイメージしてください。また，関連科目や前章までに学んだ知識量・理解度を確認してください。⇒ **授業の前に調べておこう!!**

❷……学習するとき，ページ横のスペース・欄に注目し活用してください。執筆者からの大切なメッセージが記載してあります。⇒ **WebにLink，プラスアルファ，Don't Forget!!，工学ナビ，ヒント**

　また，空いたスペースには，学習のさい気づいたことなどを積極的に書き込みましょう。

❸……例題，演習問題に主体的，積極的に取り組んでください。本シリーズのねらいは，将来技術者として知識・理解を応用・分析，創造できるようになることにあります。⇒ **例題・演習を制覇!!**

❹……章の終わりの「あなたがここで学んだこと」で，必ず"振り返り"学習成果を確認しましょう。
　　⇒ **この章であなたが到達したのは？**

❺……わからないところ，よくできなかったところは，早めに解決・到達しましょう。⇒ **仲間などわかっている人，先生に Help**（※わかっている人は他者に教えることで，より効果的な学習となります。教える人，教えられる人，ともにメリットに！）

❻……現状に満足せず，さらなる高みにいくために，さらに問題に挑戦しよう。⇒ **Let's TRY!!**

　以上のことを意識して学習していただけると，執筆者の熱い思いが伝わると思います。

WebにLink	**+α プラスアルファ**	**Let's TRY!!**
本書に書ききれなかった解説や解釈（写真や動画），問題などをWebに記載。	本文のちょっとした用語解説や補足・注意など。「WebにLink」にするほどの文字量ではないもの。	おもに発展的な問題など。
Don't Forget!!	**工学ナビ**	**ヒント**
忘れてはいけない知識・理解（この関係はよく使うのでおぼえておこう！）。	関連する工学関連の知識などを記載。	文字通り，問題のヒント，学習のヒントなど。

※「WebにLink!」，「問題解答」のデータは本書の書籍紹介ページよりご利用いただけます。下記URLのサイト内検索で 「PEL環境工学」を検索してください。　https://www.jikkyo.co.jp/

まえがき

　「環境」とは，私たち人間や生物を取り巻いている社会や自然などの外的な世界をいい，たがいに影響し合う関係にあります。私たちは，環境からさまざまな資源を提供されて，それらを消費し，残ったものは廃棄物として環境に戻しますが，環境はまたもとの資源に変えてくれます。環境問題は，これらの関係性が崩れることによって生じており，持続可能な社会を形成していくためには，現状の環境の状態に気づき，環境への影響を評価し，保全・修復していくことが重要です。1972年の国連人間環境会議で幕開けした「環境の時代」をリードし，次世代の環境を創造できる技術者になるには，現状や課題を知り，環境基本法などの環境政策，対策技術の役割としくみをしっかりと学ぶ必要があります。

　本書は1章当たり10～20ページの13章で構成しています。第1～第3章では，地球環境とエネルギー資源の歴史やさまざまな地球規模の問題に対する持続可能な取り組みについて概説しました。第4章では，我が国における過去の公害問題と環境政策についてまとめ，その保全や対策について生活環境（第5～第11章）と自然環境（第12章と第13章）に分けて整理しました。第5章では水域における水質汚濁の現状，第6章と第7章では我々の健康と生活環境を保全するための上水道と下水道の役割やしくみを記述しました。第8章では廃棄物処理やリサイクルの現状について，第9～第10章では土壌や大気環境における汚染対策，第11章では音や振動の評価や対策についてまとめました。第12章では自然環境における生物多様性の保全，第13章では大規模事業で実施される環境アセスメントの概要について記述しました。本書を使って学んでもらうと，地球環境問題や公害を理解し，これらを解消・予防するための社会基盤整備事業などの方法を習得でき，水質汚濁，大気や土壌の汚染，廃棄物などの課題解決に活用できる能力を養うことができます。

　また，本書は「Professional Engineer Library：PEL」シリーズとして，これから環境工学を学ぼうとする読者が自主的・能動的に学習（アクティブラーニング）できるようにいろいろな工夫をしています。各章の最初には到達目標が提示され，ページ横のスペースには知識の定着や応用に活用できる解説（Don't Forget!!，プラスアルファ，工学ナビなど）があります。また，各章の最後には演習問題や到達レベルを自分でチェックできるようにしています。本書において，アクティブラーニングを実践し，エンジニアリングデザイン能力を身につけることを心より期待しています。

　最後に，本書の出版にあたり，PEL編集委員の勇　秀憲様，実教出版の平沢　健様，行本公平様に多大なるご支援をいただきました。ここに記して心より謝意を表します。

著者を代表して
高知工業高等専門学校　山崎慎一

目次

1章 地球と人類の歴史

- 1節 地球の成り立ち ———————————— 14
  1. 地球の誕生
  2. 大気・海洋の形成
  3. 生物の誕生
- 2節 地球における物質循環 ———————————— 16
  1. 物質循環の相互関係
  2. 水の循環
  3. 炭素の循環
  4. 窒素，硫黄，リンの循環
- 3節 人類とエネルギーの関係 ———————————— 20
  1. 人類の歴史
  2. 文明の発展によるエネルギー資源の変遷
  3. 枯渇性資源と再生可能な資源
  4. 人口増加による資源消費と環境への影響
  5. 地球の未来像
- ◆演習問題 ———————————— 26

2章 地球環境問題と国際的な取り組み

- 1節 人類の存続と地球規模の環境問題 ———————————— 30
- 2節 地球温暖化 ———————————— 31
  1. 地球温暖化のしくみ
  2. 地球の平均気温と将来予測
  3. 地球温暖化による環境への影響
  4. 地球温暖化への対応と国際的な取り組み
- 3節 オゾン層の破壊 ———————————— 37
  1. オゾン層とオゾンホール
  2. オゾンホールの原因と影響
  3. オゾン層の保全に向けた国際的な取り組み
- 4節 酸性雨 ———————————— 39
  1. 酸性雨の原因
  2. 酸性雨による環境への影響
  3. 酸性雨対策における国際的な取り組み
- 5節 森林破壊と砂漠化 ———————————— 40
  1. 森林破壊と砂漠化の現状
  2. 森林破壊と砂漠化への国際的な取り組み
- 6節 海洋汚染 ———————————— 41
  1. 海洋汚染の現状
  2. 化学汚染物質による海洋生物への影響
  3. 海洋汚染対策における国際的な取り組み
- 7節 開発途上国の環境問題 ———————————— 43
  1. 開発途上国の経済発展による代償
  2. 先進国による資源開発と廃棄物の越境

◆演習問題 ——————————— 44

3章 エネルギー問題と持続可能な社会

1節　資源の枯渇と持続可能な開発 ——————— 48
　1. 世界のエネルギー利用と埋蔵資源
　2. 持続可能な開発という考え方
　3. 日本における環境政策

2節　技術者に必要な倫理観 ——————————— 52
　1. 環境倫理の必要性
　2. 環境倫理の三主張
　3. ハーマン・デイリーの三原則
　4. 持続可能な開発のための教育

3節　持続可能な社会に向けた国際的な取り組み —— 54
　1. 化石燃料資源からの脱却
　2. 再生可能エネルギーへの転換と課題
　3. 低炭素社会への国際的な取り組み
　4. カーボンオフセットとカーボンニュートラル

4節　持続可能性の評価 ————————————— 59
　1. 環境容量とエコロジカルフットプリント
　2. カーボンフットプリント
　3. ウォータフットプリント
　4. 人間開発指数

◆演習問題 ——————————— 61

4章 公害問題と環境政策

1節　産業発展による公害問題 —————————— 64
　1. 公害と歴史と典型七公害
　2. 大気汚染
　3. 水質汚濁
　4. 土壌汚染
　5. 地盤沈下
　6. 騒音
　7. 振動
　8. 悪臭

2節　環境汚染による公害病 ——————————— 67
　1. 公害病の形態と四大公害病
　2. イタイイタイ病
　3. 水俣病
　4. 四日市ぜんそく
　5. 新潟水俣病
　6. その他の公害病

3節　環境保全のための法制度 —————————— 71
　1. 公害対策基本法
　2. 環境基本法

3. 循環型社会形成推進基本法
　　4. 地球温暖化対策推進法
◧演習問題————————————————77

5章 水質汚濁と富栄養化

1節　水質汚濁と自浄作用————————————80
　1. 水質汚濁の発生源と原因物質
　2. 水質汚濁の管理指標
　3. 水域における自浄作用
　4. 食物連鎖による生物濃縮
2節　閉鎖性水域の富栄養化現象————————86
　1. 湖沼やダムにおける富栄養化
　2. 海域における富栄養化
　3. 富栄養化の対策方法
3節　水質保全のための環境基準————————88
　1. 水域の水質環境基準と達成率
　2. 特定事業場における排水基準
4節　水質汚濁に関する基礎的計算————————91
　1. 汚濁負荷量
　2. 汚濁原単位
　3. 流達率
◧演習問題————————————————93

6章 上水道の役割としくみ

1節　水道の役割と種類————————————96
　1. 水道の歴史
　2. 水道の役割と課題
　3. 水道の種類
2節　水道の基本計画—————————————98
　1. 計画時の留意点
　2. 給水人口と給水量
　3. 水質管理の基準
3節　水道の水源と施設————————————100
　1. 水源の種類と特徴
　2. 水道を構成する施設
　3. 配管とポンプ設備
4節　浄水施設のしくみ————————————103
　1. 浄水方法の種類
　2. 消毒のみ方式
　3. 緩速ろ過方式
　4. 急速ろ過方式
　5. 膜ろ過方式
　6. 高度浄水処理およびその他の処理
◧演習問題————————————————109

7章 下水道の役割としくみ

- 1節　下水道の歴史と役割 ———————————— 112
  1. 下水道の歴史
  2. 下水道の役割
  3. 下水道の種類
  4. 下水道の普及状況
- 2節　下水道の基本計画 ———————————— 116
  1. 下水道の構成施設
  2. 下水道の基本計画
- 3節　下水処理のしくみ ———————————— 124
  1. 下水処理プロセス
  2. 設計および管理指標
- 4節　新しい下水道の役割 ———————————— 128
  1. 下水処理水の再利用
  2. 災害に強い下水道システム
  3. 次世代型下水処理システム
- ◀演習問題 ———————————————————— 130

8章 廃棄物の処理とリサイクル

- 1節　廃棄物の発生源と現状 ———————————— 132
  1. 法律上の廃棄物
  2. 廃棄物の区分
  3. 高度成長期以降のごみ問題
  4. 一般廃棄物の発生状況
  5. 産業廃棄物の発生状況
  6. 有害廃棄物の取り扱い
- 2節　廃棄物の処理方法 ———————————— 136
  1. 廃棄物の処理と処分
  2. 廃棄物の分別収集
  3. 可燃ごみの焼却処理
  4. し尿の処理施設
  5. 埋立処理
- 3節　廃棄物処理問題や環境負荷低減への対応 ———— 141
  1. 不法投棄と不適正処理
  2. 不法投棄防止のためのマニフェスト制度
  3. ライフサイクルアセスメントによる環境影響評価
- 4節　循環型社会に向けた取り組み ———————— 144
  1. 資源浪費型社会構造の現状
  2. 循環型社会形成のための役割と責任
  3. 循環型社会を形成するための法体系
- ◀演習問題 ———————————————————— 148

9章 土壌環境の汚染と対策

- 1節　土壌環境 —————————————— 150
  1. 土壌の概念
  2. 土壌環境中の物質循環
  3. 土壌の環境管理の枠組み
  4. 有害化学物質の土壌中の存在形態
- 2節　土壌汚染の調査 —————————— 154
  1. 土壌汚染対策法の概要
  2. 土壌汚染調査の実施と区域指定
  3. 土壌汚染調査の流れ
- 3節　土壌汚染の対策技術 ———————— 159
  1. 土壌汚染対策技術の選定
  2. 直接摂取の防止対策
  3. 地下水経由摂取の防止対策
  4. 直接摂取および地下水経由摂取の同時防止対策
- ◆演習問題 —————————————— 162

10章 大気環境の汚染と対策

- 1節　大気汚染と法制度 ————————— 166
- 2節　おもな大気汚染物質とその発生源 —— 166
  1. 硫黄酸化物
  2. 窒素酸化物
  3. 一酸化炭素
  4. 光化学オキシダント
  5. 浮遊粒子状物質
  6. 微小粒子状物質
- 3節　大気汚染と気象 —————————— 172
  1. 大気境界層の厚さ
  2. 大気境界層の日変化
  3. 大気安定度の変化
  4. 大気安定度と煙の拡散
- 4節　大気汚染物質の濃度予測 —————— 175
  1. 汚染物質濃度の予測手法
  2. 煙突排ガスの上昇推定式
  3. 拡散排ガスの拡散幅の推定法
  4. プルームモデルによる解析法
- ◆演習問題 —————————————— 178

11章 音・振動の評価と対策

- 1節　音の基礎 ————————————— 182
  1. 音の性質
  2. 音の物理量と感覚量
- 2節　騒音問題の現況と対策 ——————— 185
  1. 騒音問題への法規制

2. 騒音問題の現況
3節　騒音の評価 ─────────── 186
　　1. 騒音レベル
　　2. 騒音の評価量と測定方法
　　3. dB の計算
4節　騒音への対策 ─────────── 190
　　1. 距離減衰
　　2. 遮音と吸音
　　3. 音源対策
5節　振動問題の現況と対策 ─────── 193
　　1. 振動問題への法規制
　　2. 振動問題の現況
6節　振動の評価 ─────────── 194
　　1. 振動レベル
　　2. 振動の評価量と測定方法
◆演習問題 ─────────────── 195

12章　生態系と生物多様性の保全

1節　生物多様性の危機 ─────────── 198
　　1. 生物多様性とは
　　2. 生物多様性の劣化
　　3. 生物多様性劣化の原因
　　4. 生物多様性の重要性
　　5. 経済学的手法による生物多様性の評価
2節　生態系と生物多様性の保全施策 ───── 203
　　1. 国際条約と国内法令の関連性
　　2. 生物多様性条約採択前から続く保全施策
　　3. 生物多様性条約採択後の保全施策
3節　生態系と生物多様性の保全手法 ───── 209
　　1. 生態系保全における考え方
　　2. 優先して保全対象となる種とその特性
　　3. 生物多様性に配慮した緑化技術の必要性
　　4. 生態系に配慮した河川整備と維持管理
◆演習問題 ─────────────────── 213

13章　環境アセスメントとミティゲーション

1節　日本の環境アセスメント制度 ─────── 216
2節　環境アセスの対象事業と実施者 ─────── 217
3節　環境アセスの手続きの流れ ───────── 217
　　1. 配慮書手続
　　2. 方法書手続
　　3. 準備書手続
　　4. 評価書手続
　　5. 報告書手続・フォローアップ

   6. 環境保全措置とミティゲーション
  4節　環境アセスの調査・予測・評価項目 ──── 224
  5節　環境アセスの事例（発電所リプレース計画） ── 225
  ◆演習問題 ──── 228

付録（環境基準） ──── 230
問題解答 ──── 242
索引 ──── 245

※本書の各問題の「解答例」は，下記URLよりダウンロードすることができます。キーワード検索で「PEL環境工学」を検索してください。　http://www.jikkyo.co.jp/download/

■章の学習内容の関係図

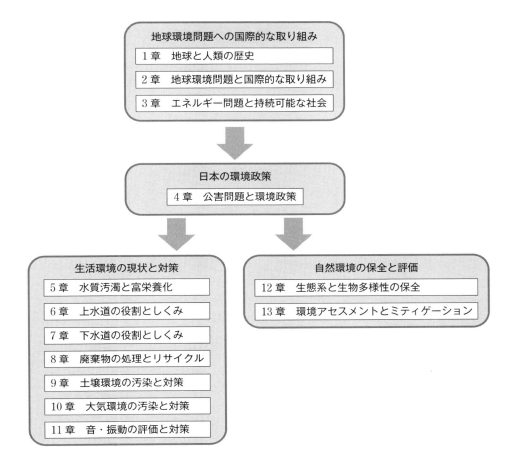

1章 地球と人類の歴史

図A ストロマトライト（オーストラリア）

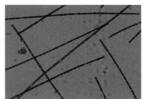
図B シアノバクテリア
（提供：ENIC河様）

　あなたは，地球に当たり前のように存在している酸素について考えたことがありますか。酸素がなければ我々人類は生きていくことができません。

　図Aは，かつて地球上で初めて酸素が発生したことを証明してくれる貴重なストロマトライトという岩石です。ストロマトライトは，いまから約27億年前，シアノバクテリア（図B）という生物によって地球で初めて光合成により酸素が作られたときにできた副産物です。現在，活動しているストロマトライトが見られるのは，オーストラリアにあるシャーク湾やセティス湖のごくわずかな場所しかありません。人類は，シアノバクテリアが光合成を行わなければ存在していなかったかもしれません。まさにストロマトライトは，現在，肌で感じることができる我々の原点です。

●この章で学ぶことの概要　　　　　　　　　　　　WebにLink

　あなたは，地球の形成過程や人間活動による環境問題について正確に理解していますか。地球や人間の歴史には，これからも地球環境を守っていくためのヒントが散りばめられています。本章では，地球形成の歴史や人間の歴史，エネルギーの歴史を学び，今後の地球環境保全について考えましょう。

予習 授業の前に調べておこう!!

1. 地球が誕生して約46億年を1年のカレンダーで示した地球カレンダーがある。インターネットなどで調べよ。
2. 1953年に無機物からアミノ酸のような有機物が生成できることを明らかにしたミラーの実験がある。どのようにして証明したのか調べよ。
3. 我々が家庭で使っているエネルギーには何があるか調べよ。

WebにLink
予習の解答

1　1　地球の成り立ち

*1 Let's TRY!!
ギリシャのエラトステネス（紀元前276－紀元前194年）は、太陽光の角度から初めて地球の大きさを求めた。Webで検索して、実際に計算してみよう。

*2 工学ナビ
地球の年齢は隕石の年齢により推測されている。アポロ計画で持ち帰った月の岩石によって推測された。このように技術革新によって地球の原点などの新しい知見を見出すことができる。

*3 Don't Forget!!
温室効果ガスは、太陽から得られる熱を宇宙に逃すのをさまたげるガスの総称（第2章参照）。

1-1-1 地球の誕生

地球は太陽系に属しており、1年をかけて太陽のまわりを1周する惑星である。現在の地球ができたのは、いまから約46億年前と考えられており、最初から現在の半径約 6400 km [*1] の惑星ではなかったと推測されている[*2]。地球は、微惑星と呼ばれる岩石や金属などから成る小さな天体の衝突により誕生した。このときの地球を**原始地球**（primitive earth）と呼び、微惑星よりも重力をもった惑星となった。その後、重力により微惑星が衝突を繰り返したことで、地球は現在の大きさになった（図1-1）。

1-1-2 大気・海洋の形成

原始地球の大気（原始大気）の形成は、微惑星の落下によって放出される微惑星内のガスにより二酸化炭素や窒素、水蒸気でおおわれたことにより始まった。また、このときにはまだ酸素は放出されておらず、酸素が生命活動に必要な生物は生息していなかった。原始地球は、おもに温室効果ガス[*3]である二酸化炭素でおおわれ、微惑星の衝突による熱によって灼熱のマグマオーシャンとなった（図1-1）。

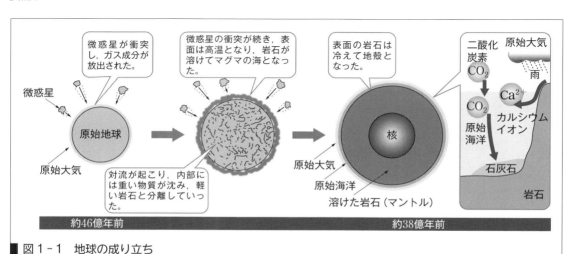

図1-1　地球の成り立ち

マグマは，地球の内部まで進行し，比重の大きい鉄*4が地球の中心に集まった。これが現在のマントルの原点である。その後，微惑星の衝突がなくなり地表面の温度が低下してくると，大気中の水蒸気が雨となり地上に降り注がれ，海洋が形成された。また，大気中の二酸化炭素は，海中に炭酸カルシウムの形で吸収されるようになり，大気中の二酸化炭素濃度が低下していった*5。大気中の二酸化炭素濃度が下がることで温室効果が弱まり，さらに地表面の温度が低下した。

*4 ＋α プラスアルファ
比重の大きい鉄は，地球上にある物質のなかで一番多く存在している。

*5 ＋α プラスアルファ
二酸化炭素が海中で炭酸カルシウムとして吸収されるメカニズムは以下のとおりである。

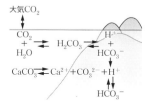

1-1-3 生物の誕生

約46億年前の原始地球の大気の主成分は，二酸化炭素，窒素，水蒸気などであり，酸素はほとんど含まれていなかった。よって，オゾン層もなく，地上には有害な強い紫外線や宇宙線が降り注いでいた。約38億年前，深海底の酸素が存在していない海中で原始生物が誕生したと推定されている。そして，約27億年前には光合成を行う**シアノバクテリア（cyanobacteria）***6が誕生し，酸素が作られ始めた。酸素は，海洋中の鉄イオンと結合し，酸化鉄として海底に蓄積された（＝鉄鉱石の起源）。酸化鉄の生成が進行することで，海洋中の鉄イオンが少なくなり，海洋中の酸素は大気に放出されるようになった。これが現在の大気の起源である。酸素が大気中に増えていくと太陽の紫外線の働きにより**オゾン（ozone，O_3）***7が発生し，約5億年前にはオゾン層が形成された（第2章参照）。オゾン層によって太陽からの紫外線がオゾンによりさえぎられ，海中だけでなく地上にも動植物が生息できるような環境が整ってきた（図1-2）。また，その頃はカンブリア紀と呼ばれる地質時代が始まり，海中で多様な生物群がみられるようになった。現在確認されるほとんどの動物門はカンブリア紀に出現しており，この急速な生物の多様化，複雑・大型化をカンブリア爆発と呼ぶ。その後，生物は大規模な大

*6 Don't Forget!!
シアノバクテリアは，体内に葉緑素を有しており，光合成をすることができる。しかし，シアノバクテリアの異常発生は，富栄養化や赤潮や青潮の原因となる（第5章参照）。

*7 工学ナビ
現在では，酸化力が強いオゾンが注目され，水処理にも応用されている。

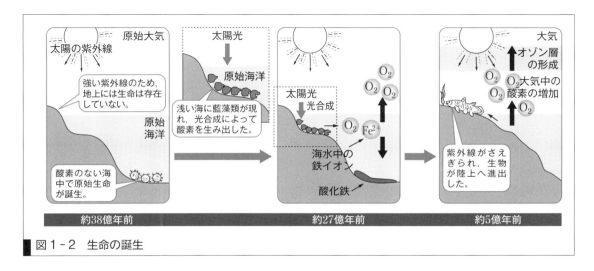

図1-2 生命の誕生

絶滅を何度か繰り返しつつ，自然環境の変化（温度や気候など）に対応しながら進化し，現在では約175万種が確認されている。

1.2 地球における物質循環

1-2-1 物質循環の相互関係

地球科学の分野では地球の表層領域を大気圏，水圏，岩石圏と分けることができる。また，微生物を主とする生物圏を加えた各環境における物質循環を図1-3に示す。図からわかるように各領域で物質循環が完結するのではなく複雑に関係している。

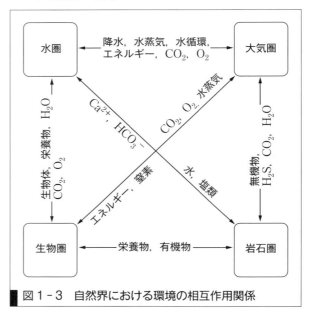

図1-3　自然界における環境の相互作用関係

1-2-2 水の循環

地球は**水の惑星**（watery planet）と呼ばれ，地球全体で考えると水は豊富に存在している。その水は動植物にとって重要であり，地球上で常に循環している。しかし，地球は約7割が海洋に覆われているが，水の約98%は海水で，淡水は全体の数%しか存在していない（図1-4）。さらに，我々が家庭（飲み水，料理，洗濯など）や産業（農耕，工場用水など）に使用できる淡水はごくわずかである。地球規模における水の循環を図1-5に示す。水の循環において大部分を占めるのは，太陽から入射した熱による海洋中の水の蒸発である。また，地表においても地表の水が温められ，大気に蒸発する。その後，大気中に存在する水蒸気は，雨や雪として地表や海洋に降り注ぎ，陸地に降った雨や雪は河川や地下を経由して再び海洋に流れ込む。我々は，雨や雪として陸地に降り注いだ水をさまざまな用途で利用している[*8]。

*8
工学ナビ
たとえば，身近な水として飲料水や洗濯などの生活用水がある。また，工学・産業的には，農耕や水力発電のためのエネルギー源に使用するなど，農業用水や工業用水への利用がある。

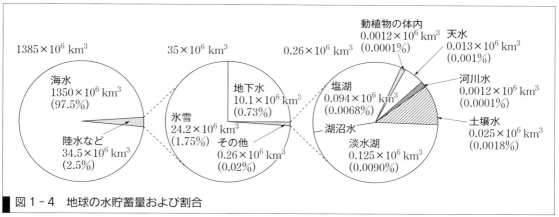

図1-4 地球の水貯蓄量および割合

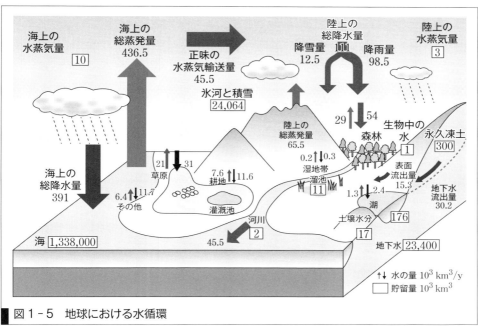

図1-5 地球における水循環

1-2-3 炭素の循環

炭素は，生物にとって不可欠な物質である。炭素は，海洋に38兆t（表層1兆t, 深層37兆t），陸地に2.3兆t（土壌1.7兆t, 植物0.5兆t），大気に0.8兆t存在する。図1-6に炭素の循環を示す。まず，植物は，大気中の二酸化炭素を光合成して取り込み，酸素を生成する。また，大気中の二酸化炭素は化学反応により海洋中に溶け込むことができる。さらに，海洋中には光合成ができるシアノバクテリアが存在しており，海洋に溶け込んだ大気中の二酸化炭素を酸素に生成することができる。その他，大気中の二酸化炭素は，動植物の呼吸や死滅した動植物などの分解や森林火災などによって発生している。このような従来の海洋，大気，陸上生態系の炭素循環とは別に，化石燃料（石炭，石油，天然ガス）の燃焼などによる人為的な二酸化炭素の放出[*9]によって大気中の二酸化

*9
工学ナビ
土木分野では，コンクリートの製造過程においても二酸化炭素が発生しており，これは二酸化炭素排出量全体の約2％を占めている。セメントの主原料は，炭酸カルシウム（$CaCO_3$）であり，セメント製造において，熱により炭酸カルシウムが二酸化炭素（CO_2）と酸化カルシウム（CaO）に分解され，二酸化炭素が排出される。

$$CaCO_3 \rightarrow CaO + CO_2$$

炭素量が年々増加している（図1-7）[*10]。2016年では南極で測定している大気中の二酸化炭素濃度が，計測して初めて400 ppm (v/v)[*11]を超えており，二酸化炭素排出の対策が急務となっている。

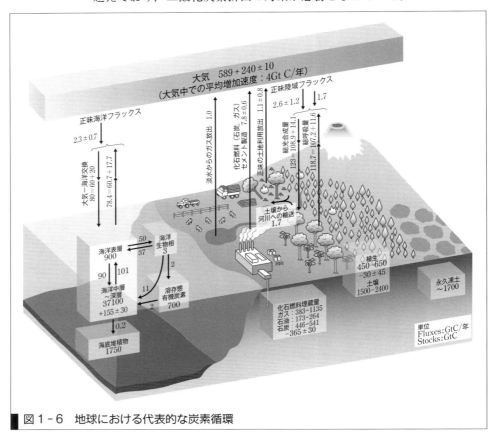

図1-6　地球における代表的な炭素循環

[*10]
人為的な二酸化炭素の放出については，第2章で詳しく説明する。

[*11]
ppmは，parts per millionの略であり，100万分の1の意味である。(v/v) は体積/体積比である。

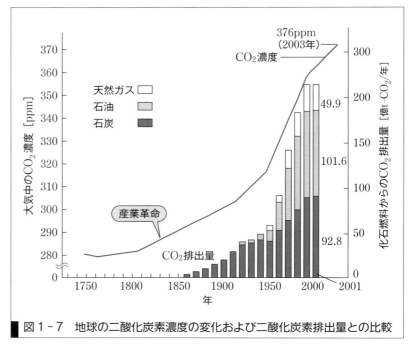

図1-7　地球の二酸化炭素濃度の変化および二酸化炭素排出量との比較

1-2-4 窒素，硫黄，リンの循環

その他の物質循環としては，窒素循環，硫黄循環，リン循環がある。例として図1-8に窒素循環の循環図を示す。窒素は，大気中に窒素ガス(N_2)として3.9千兆t，一酸化二窒素(N_2O)として1.4千t存在しており，貯蔵庫の役割を担っている。植物は，大気中の窒素を直接利用できないため，アンモニウムイオン(NH_4^+)や硝酸イオン(NO_3^-)として窒素を取り込むことができる。アンモニウムイオンや硝酸イオンは，微生物が枯れ葉や動物の排泄物や死骸を分解することで生成される。アンモニウムイオンは亜硝酸菌や硝化菌[*12]である**原核生物**(**prokaryote**)[*13]により酸化され，硝酸イオンになり最終的には脱窒菌(原核生物)による脱窒[*14]により1.5億t/年大気中に窒素ガス(N_2)として排出される[*15]。その他，窒素は，生物燃焼(腐敗すること)で0.5億t/年，人為的な放出で0.2億t/年が放出されている。窒素の固定[*16]は，窒素固定細菌(原核生物)による固定で2.0億t/年，肥料生産などの人為的な固定で0.8億t/年である。また，雷による窒素固定もされている。近年では，肥料などの人工的な窒素の添加により，湖沼や海にアンモニウムイオンや硝酸イオンが大量に流れ込むことで湖沼が富栄養化(第5章参照)になり水環境の悪化(第5章参照)が発生している。

その他，地球上には硫黄，リン循環がある。また，これまで紹介した物質循環は，化学的な化学反応だけでなく，微生物代謝によるものが大きい。たとえば，土壌にミカンが落ちた際の微生物を主としたミクロな視点からの物質循環を図1-9に示す。土壌中には多くの微生物が生息しており，ミカンが腐敗するとさまざまな微生物によってさまざまな形に変換されて，最終的にはガスとして大気に放出される。

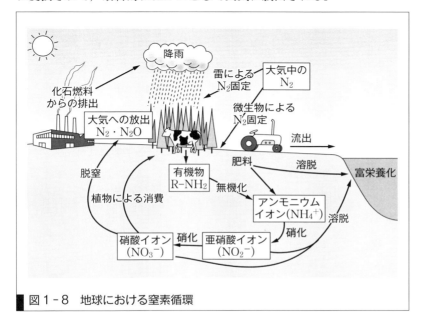

図1-8 地球における窒素循環

[*12] **+α プラスアルファ**

硝化は，亜硝酸菌によりNH_4^+がNO_2^-に，硝化菌によりNO_2^-がNO_3^-に酸化される現象をいう。

[*13] **+α プラスアルファ**

微生物は，肉眼では見ることができない生物のことをいう。微生物には原核生物と真核生物が存在しており，硝化菌，脱窒菌，窒素固定細菌などは原核生物に属する微生物である。以下に原核生物の構造を示す。

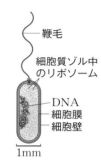

[*14] **+α プラスアルファ**

脱窒は，一般に土壌に存在する脱窒菌の働きで，主としてNO_3^-がN_2もしくはN_2Oの形に還元されて，大気中に土壌からガス状で揮散する現象をいう。

$NO_3^- \rightarrow NO_2^- \rightarrow NO \rightarrow N_2O \rightarrow N_2$

[*15] **Let's TRY!!**

近年アナモックス細菌やコナモックス細菌も窒素循環にかかわっている。調べてみよう。

[*16] **+α プラスアルファ**

窒素固定は，おもにマメ科の植物の根と共生している根粒菌が大気中のN_2ガスをNH_4^+に変換する現象をいう。

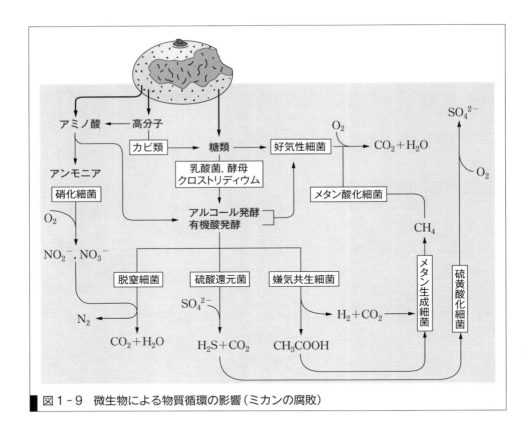

図1-9 微生物による物質循環の影響（ミカンの腐敗）

1　3　人類とエネルギーの関係

1-3-1　人類の歴史

　現生人類は，**ホモ・サピエンス**（homo sapiens）として1種類しか存在していないが，チンパンジーよりもヒトに近い化石は，これまでに約20種類が発掘されている。最古の化石は，2002年に発見されたサヘラントロプス・チャデンシスであり，約700万年前に生きていたことが明らかとなっている。その後，脳が大型化し発達したのは，約200万年前に生きていたヒト属（Homo）[17]からであると推測されている。ネアンデルタール人として知られる *Homo neanderthalensis* は，現生人類を上回る大きな脳をもち，火や炉を使用し，石や木材から高度でさまざまな道具を作っていた。しかし，3万年前に絶滅したため，現生人類にネアンデルタール人の遺伝子は残っていない。現生人類であるホモ・サピエンスの化石は東アフリカで発見された19.5万年前の化石が最古である。ホモ・サピエンスは，高度な道具を製作し，衣服や住居を作り集落で暮らすようになった。日本では縄文時代と呼ばれる約1万年前になると，狩猟や植物の採集から野生動物の牧畜や野生植物の農耕が始まった。紀元前数世紀頃から生活は安定し，文明や都市ができた。

[17] **工学ナビ**
生物の学名としてリンネが確立したラテン語の二名法を用いる。生物の分類は以下のように分類される。
界＞門＞綱＞目＞科＞属＞種
たとえば，ヒトは以下のとおりである。
動物界＞脊椎動物門＞哺乳綱＞霊長目＞ヒト科＞ヒト属＞サピエンス
学名は，属＋種で表される。ラテン語にすると *Homo sapiens* となる。

1-3-2 文明の発展によるエネルギー資源の変遷

エネルギー資源の変遷は文明や都市の発展と大きく関係している。文明とエネルギー消費量の関係図を図 1-10 に示す。農耕を主とした時代では森林の樹木がおもなエネルギー資源であり，木材をエネルギーとして使用していた。ここでは，枯渇性エネルギー資源を使用しておらず，循環型社会が形成されていた。しかし，人口が増加し文明が発達することで，森林の破壊，灌漑（かんがい）による塩害，水質汚染（第 5 章参照）や排ガスによる大気汚染（第 10 章参照）を引き起こした。

中世になるとヨーロッパでは，農業と手工業が発達し，さまざまな機械が農業や運輸業で活躍した。動力には風車や水車が使用された。このように農業，機械産業，運輸業などの発展が人口を増やすことにつながった。近代になるとヨーロッパでは，イギリスから**産業革命**（industrial revolution）[*18] が始まり，木材のエネルギー資源から石炭を中心とするエネルギー資源に転換した。エネルギー資源が石炭になるとコークス[*19] を利用した製鉄法が開発され，機械生産が増加した。手工業が主流であった中世ヨーロッパと比較して，工場生産は劇的に発展した。また，蒸気機関が発明され物資の輸送が容易になり，陸には線路が敷かれ，帆船は蒸気船に発展した。鉄製の蒸気船や蒸気機関車は，大量に物資を輸送することを可能にした。一方，石炭の燃焼による大気汚染（第 10 章

[*18] **Let's TRY!!**
イギリスで産業革命が起こった時代背景およびなぜイギリスで起こったのか調べてみよう。

[*19] **+α プラスアルファ**
コークスとは，石炭をコークス炉の中で約 1200℃ の高温で乾留（蒸し焼き）することによって，炭素部分だけ残した固形燃料である。

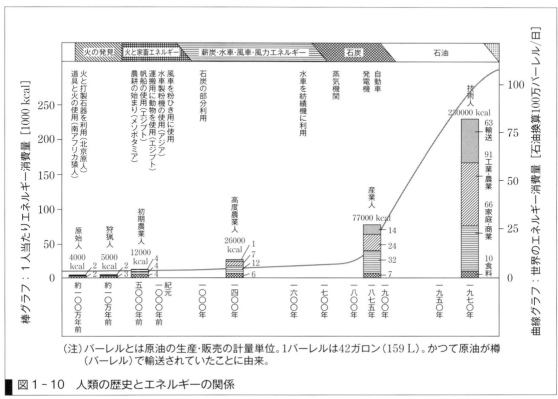

(注) バーレルとは原油の生産・販売の計量単位。1バーレルは42ガロン（159 L）。かつて原油が樽（バーレル）で輸送されていたことに由来。

図 1-10 人類の歴史とエネルギーの関係

出典：NIRA「エネルギーを考える」に加筆

参照)，都市に人口が集中した結果，衛生悪化による水質汚濁が大きな問題となった（第5, 6, 7章参照）。

さらに，1950年代頃からエネルギー効率が高く石炭よりもばい煙などの発生が少ない石油がエネルギー資源として世界的に利用された。自動車や航空機が普及すると石油の消費量は飛躍的に増加した。石油は，深海底から大量に採取し，石油運搬船によって世界中に運ばれているが，石油の利用で温室効果ガス排出の加速（第2章参照），化学物質汚染，内分泌攪乱物質といった環境問題が発生している。近年では，ウランの核分裂で発生する熱エネルギーを用いてタービンを回す原子力発電が使用されているが，使用済み放射性廃棄物の処理などの問題が指摘されている[20]。

1-3-3 枯渇性資源と再生可能な資源

エネルギー資源とは，我々が生活・活動するうえで有効的に利用できるエネルギー源である。また資源は，エネルギー源が枯渇するか，再生可能であるかの視点で分類される。エネルギー資源の分類を図1-11に示す。化石燃料などのエネルギー資源や金属鉱物などの鉱物資源は，すべて掘り起こしてしまうと再生することができず枯渇する。このように枯渇する資源は**枯渇性資源**（exhaustible resources）と呼ぶ。また，太陽の光や熱は，地球外から降り注がれるため枯渇しない。さらに地熱や潮力も自然に発生する資源であるため枯渇しない。このように枯渇しない資源は**再生可能な資源**（renewable resources）と呼ぶ。

これまで我々がおもに利用しているエネルギー源は化石燃料である。化石燃料には，石油，石炭，天然ガスがあり，図1-12に日本における各化石燃料の地域別輸入比率を示す。日本のエネルギー自給率は約5%のみであり，日本で使用するエネルギーのほとんどを輸入に頼っている

[20] **+α プラスアルファ**
現在，放射性廃棄物の処理は，高レベルと低レベルの放射性廃棄物で分けられる。低レベル放射性廃棄物は，セメントで固めてドラム缶で管理させ，低レベル放射性廃棄物埋設センターで埋設処分する。高レベル放射性廃棄物は，ガラスと混ぜ合わせ，ステンレス製の容器に固化させる。その後，専用の貯蔵庫に30〜50年間，冷却して管理・保管し，最終的には地下深い地層の中に埋設処分する。

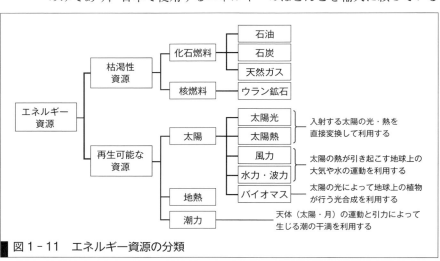

図1-11 エネルギー資源の分類

のが現状である。とくに，自動車や航空機などの燃料となっている石油は中東に依存しており（図1-13），日本における発電で一番利用されている天然ガスにおいても，各国からの輸入に依存している。しかし，近年，枯渇性エネルギー資源である**メタンハイドレート**（methane hydrate）[*21] が日本周辺の海底に存在していることがわかり，国産のエネルギー源として注目されている。さらに，近年では，ウランがエネルギー源として利用されている。ウランによる核燃料は，常に一定量の電力を供給できることからさまざまな国で利用されているが，燃料となるウランの廃棄問題や，2011年に発生した東日本大震災のような地震や津波による発電所の倒壊にともなう放射能汚染問題などが生じている。

[*21]
メタンハイドレート
天然ガスの原料であるメタンガスが海底に氷状で固まっている物質である。

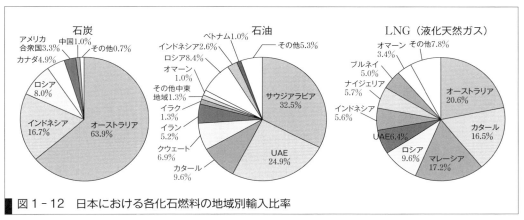

図1-12 日本における各化石燃料の地域別輸入比率

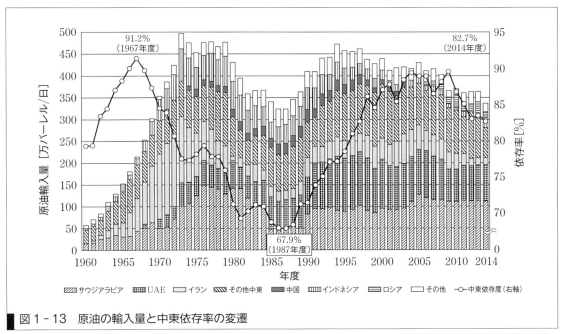

図1-13 原油の輸入量と中東依存率の変遷

出典：経済産業省「資源・エネルギー統計年報・月報」をもとに作成

一方,再生可能な資源として現在,利用されているのは,太陽熱,太陽光,水力,風力がある。化石燃料の燃焼による二酸化炭素の排出が地球温暖化に関与すると考えられるようになり,さまざまな再生可能な資源が注目されている。その他,木質資源,下水汚泥,家畜糞尿などの動植物から発生した再生可能な有機性資源を利用したバイオマスエネルギーや,微生物を利用した微生物燃料電池などの研究が進められている。

1-3-4 人口増加による資源消費と環境への影響

2016年現在,地球上には約73億人の人間が生活している[*22]。図1-14は国連による今後の人口の推計を示している。図によると,2010年では69億人であるのに対して2050年では97億人程度まで人口が増加すると予想されている。とくに,新興国ではこれまで以上の人口増加が見込まれており,アジアやアフリカの人口増加が顕著である。また,現在は中国の人口が世界で一番多いが,予想では2030年にはインドの人口が中国の人口を超えると推測されている。一方,経済が成長すると出生率が低下し人口の増加が抑制される傾向にあり,日本においても出生率が低下し少子化・高齢化が進んでいる。また,新興国においても人口が密集する都市では,経済成長により少子化になる傾向がある。

世界人口の増加は,生活水準の向上により1人当たりの資源消費量も同時に増加させている。人口増加にともなって,食料,エネルギー,枯渇性資源の供給に対応できるかが世界的に懸念されている。図1-15に2035年におけるエネルギー需要の予測を示す。とくに2016年現在,

[*22] ヒント
世界人口の推移や今後の推測は総務省のHPで見ることができる。

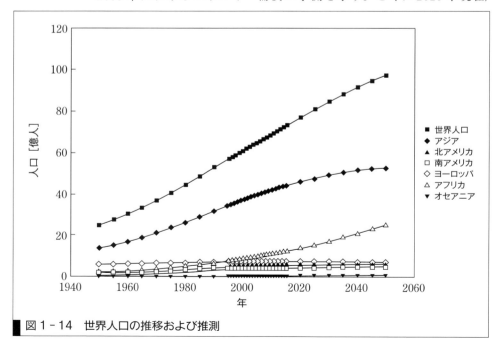

図1-14 世界人口の推移および推測

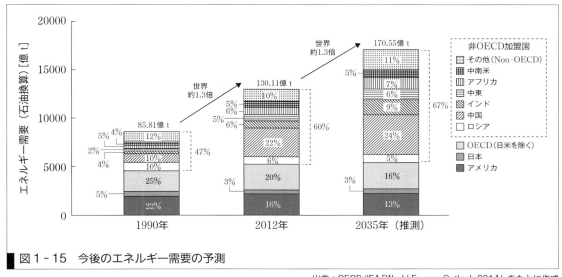

図1-15 今後のエネルギー需要の予測

出典:OECD/IEA「World Energy Outlook 2014」をもとに作成

OECD (Organization for Economic Cooperation and Development, 経済協力開発機構) に加盟していない国の人口増加によるエネルギー需要の増加が予測されている。人口増加による問題として,たとえば耕作面積がある。現在の耕作面積は,約 14×10^8 ha (2013年) であり,1960年の耕作面積とあまり変化していない。しかし,化学肥料,灌漑施設,品種改良などによる影響により,穀物生産量は1960年の約2.9倍に増加している。しかし,今後も人口が増加することを考慮すると,現在の耕作面積よりも約1.5~2倍の農地が必要であると試算されている[*23]。耕作面積の確保は,森林伐採により行うため,森林破壊や地球温暖化の促進(第2章参照),生物の生態系の崩壊(第12章参照)が懸念されている。また,人口が増加し,資源消費量が増えることで,一般廃棄物および産業廃棄物の増加も考えられる(第8章参照)。現在,世界の廃棄物量は,105億t(一般廃棄物18.4億t,産業廃棄物86.3億t)であり,とくにアジア地域での増加が顕著である。このように増え続ける廃棄物は,2050年には223億t(一般廃棄物30.9億t,産業廃棄物192億t)に達すると推測されている。

[*23] エコロジカルフットプリントの考え方は第3章を参照すること。

1-3-5 地球の未来像

現在,我々が安全かつ健康に生活できているのは,祖先からさまざまな恩恵を受けているからである。たとえば,祖先が環境問題に対して対策をしていなかった場合,いまの生活はどのようになっていただろうか。我々は,将来の世代に祖先から受けた恩恵を継承し伝えていかなければならない。将来,安全に生活できる環境を作るには,現在を生きている我々が個々で考え行動を起こさないといけない。

*24
+α プラスアルファ
ある資源の確認埋蔵量を年間生産量で除した値であり，今後何年間生産が可能であるかを把握する指標である（3-1-1項参照）。

たとえば，地球温暖化がこのまま進行すれば，地球にとって重要な問題になり，生態系や人間の生活・活動に深刻な問題を与えることが予想できる。また，枯渇性エネルギー資源をこれまでどおり使用していくと，いずれ枯渇しエネルギー資源がなくなってしまうことが容易に予想できる。可採年数[*24]は推測されているが，これからも海底を開拓することを考えれば，この先いつ枯渇するのかは予測できない（現在の資源埋蔵量については第3章参照）。しかし，枯渇性エネルギー資源がいずれ枯渇することは明確である。したがって，数年を考えるのではなく，地球で共存するためにもさらに先を見越した活動が必要である。また，我々は，ものづくりにより経済成長し，いまや70億人を超える人口に達した。これからも世界人口が増えることを考慮すると，それぞれの物質的な要求を満足させるには自然や生態系の破壊が必要である。しかし，環境工学を学び，技術発展による持続可能な社会（第3章参照）の構築をめざすことが重要となる。持続可能な社会の実現に向けては，2015年9月の国連サミットにおいて「持続可能な開発のための2030アジェンダ（2030アジェンダ）」が採択され，17のゴール・169のターゲットから成る「持続可能な開発目標」（Sustainable Development Goals：SDGs）を掲げており，世界規模での持続可能な社会の構築をめざしている（第3章参照）。

本章の最後になるが，環境という分野は，自然科学と人文科学の複合領域であるため非常に幅広い分野であり，さまざまなことが複雑に関係している分野である。また，環境工学とは，このような複合領域を理解し，ものづくりの工学から持続可能な社会を作り上げるための基礎となる学問である。この講義を通じて，環境を考えられる技術者になることを期待している。

WebにLink
演習問題の解答

演習問題　A　基本の確認をしましょう

1-A1　文明と環境問題の関係性を簡潔に説明せよ。

WebにLink
演習問題の解答

演習問題　B　もっと使えるようになりましょう

1-B1　窒素の物質循環に関与している微生物を調べ，微生物を含めた窒素の物質循環の図を作成せよ。

1-B2　身近で簡単にできる地球環境問題の解決方法を3つ列挙せよ。

あなたがここで学んだこと

この章であなたが到達したのは
- □ 地球の成り立ちを説明できる
- □ エネルギー資源について列挙できる
- □ 物質循環と微生物の関係を説明できる

　本章では環境工学の基礎として，地球の成り立ちから地球を守っていく将来像まで紹介した。次章からは実例をもとに環境問題やエネルギー問題を列挙しながら環境工学について勉強していく。そのためにも本章で学んだことは忘れないでほしい。

2章 地球環境問題と国際的な取り組み

図A 集中豪雨の発生回数（日降水量100 mm以上の月別日数）（出典：気象庁）　図B ゲリラ豪雨の様子
（提供：123RF）

あなたは地球環境問題を身近に感じたことはありますか。図Aのグラフは，全国51地点で合計した日降水量100 mm以上の月別日数を，20世紀初頭の30年（1901〜1930年）の平均値と最近30年（1977〜2006年）の平均値で比較したものです。日本の月平均降水量は130〜150 mm程度ですので，それが1日で降ったということは非常に強い雨であることがわかります。最近30年での平均値は増加傾向にあり，とくに9月において大きく増加しています。これは，地球温暖化による日本の気候，気象の変化が原因と考えられています。また近年では，我々の日常生活にも直接的に影響が出始めています。都市部では，大雨による浸水に対応するために多額の予算を割いて排水路の建設に着手しています。地球環境問題は，地球に住むすべての人々が関係しており他人事ではありません。我々も積極的にこの問題の解決をめざさなければならないのです。

● この章で学ぶことの概要

本章では，現在，世界規模で顕在化している地球環境問題（地球温暖化・オゾン層破壊・酸性雨・生物多様性の危機・森林破壊・砂漠化・海洋汚染・開発途上国の環境問題）の発生メカニズム，影響と対処方法について学習します。地球環境問題は，さまざまな問題が複雑に絡み合っており，解決を難しくしています。これらの本質を理解し，地球環境問題の解決に貢献できる技術者に必要な基礎知識を身につけましょう。

予習　授業の前に調べておこう!!

1. 地球環境問題にはどのようなものがあるか。
2. 地球温暖化の原因となる物質にはどのようなものがあるか。
3. 二酸化炭素の発生源には何があるか。
4. ppmとは何か。380 ppmは何％か。

予習の解答

2　1　人類の存続と地球規模の環境問題

我々の日常生活をはじめ経済活動や産業活動は、地球環境に少なからず悪影響を与えており、その結果として深刻な**地球環境問題**（global environmental issues）を引き起こしている。地球環境問題とは、影響が国境を越え複数の国にまたがったり地球規模におよんだりする環境問題[*1]を指すが、こうした問題には、影響が明らかになるまで長期間を要すること、一度顕在化した影響は長期的に影響し続けること、発生のしくみやその影響の科学的解明が十分でないことなどの特徴がある。そして、その解決には多国間の協力や調整が必要であり困難をともなう。代表的な地球環境問題には、**地球温暖化、オゾン層破壊、酸性雨、生物多様性の危機**[*2]**、森林破壊、砂漠化、海洋汚染、開発途上国の環境問題**があげられる。これら問題の原因や影響はさまざまだが、突き詰めていくと、「有限な地球」上での「人口増加と経済活動の拡大」にともなう「地球環境の変化」という3つの要素が複雑に絡み合っていることがうかがえる。図2-1に三者の相互性を図示したモデルを示す。このよ

*1
Don't Forget!!
地球環境問題は国境を越えて影響がおよぶ問題であり、原因が特定されても解決が難しい。

*2
生物多様性の危機については、第12章で詳しく説明する。

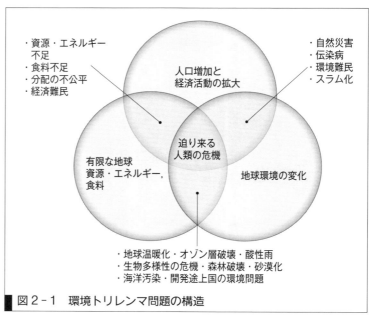

図2-1　環境トリレンマ問題の構造

出典：トリレンマへの挑戦より作成

な状態を**環境トリレンマ**(trilemma of energy, economy and environment)と呼ぶ。たとえば，地球温暖化を例にとってもその構造は複雑である。地球温暖化の一番の原因は人類の過剰な化石資源の利用による二酸化炭素の増大であるが，化石資源は文明の発展を支えるうえで必要不可欠な資源であったため，産業革命以後，利用が増大した。しかし，化石燃料の使用が地球温暖化をまねき，さらには枯渇性の資源であることがわかった現在においても，化石資源は発展途上国，新興国にとっても必要不可欠なものとなっており，利用をおさえることが難しくなっている。また地球温暖化によって気象が極端に変化したり，生息を脅かされる生物が出現したりと，さらなる環境問題を引き起こしている。このように個別の環境問題が複雑かつ相互に関連しながら自然の物質循環や生態系へ大きな影響をおよぼすことで，地球環境問題は人類の存続を脅かすほど深刻化している。また近年では，急速なグローバル化や社会経済の変化も著しく，地球環境問題の深刻度はさらに増大している。

　地球環境問題を解決することは容易ではないが，現状と対策を知ることが解決の第一歩である。本章では，代表的な地球環境問題を列挙し，その発生メカニズムや影響，そして国際的な取り組みを解説する。

2　2　地球温暖化

2-2-1　地球温暖化のしくみ

　地球の表面は，太陽からの放射エネルギーによって温められている。温められた地表からは赤外線の形で熱が放射されるが，この赤外線が大気中に含まれる**温室効果ガス**(Greenhouse Gases：GHGs)に吸収されることで地球表層はさらに温められている（図2-2）。これを**温室効**

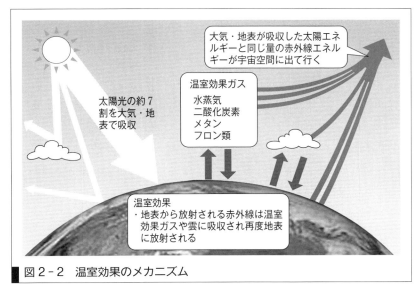

図2-2　温室効果のメカニズム

> *3
> **Don't Forget!!**
> IPCC
> 1988年に，温暖化による気候変動のメカニズムと対応策について，広く公共に提供する政府間組織として発足した。

> *4
> **+α プラスアルファ**
> IPCCは温室効果ガスの直接的な寄与率を報告している。

温室効果ガスによる地球温暖化への寄与度
（出典：IPCC第3次評価報告より作成）

果（green house effect）と呼ぶ。もし，温室効果ガスが存在していなければ，地球の表面の気温は−19℃になると見積もられている。温室効果ガスは，地球の表面を適度に温める役割を果たしており，地球の平均気温は14℃に保たれている。しかし18世紀以降，産業活動が活発化するとともに温室効果ガスの増加が確認されている。それにともない温室効果も増大しており，産業革命以後，地球の平均気温は年々上昇している。このように人為的な要因で温室効果ガスが増加し，地球の気温が上昇する現象を**地球温暖化**（global warming）と呼んでいる。

温室効果ガスには，二酸化炭素，メタン，亜酸化窒素，フロン類などがある。これら温室効果ガスは，気体によって温室効果が異なる。ある期間において二酸化炭素と比べてどのくらい温室効果があるのかを同じ質量当たりで示した値を**地球温暖化係数**（global warming potential）と呼ぶ。表2−1に各温室効果ガスの地球温暖化係数を示す。二酸化炭素は，他の温室効果ガスと比較して地球温暖化係数は小さいが，地球上で4番目に多いガスでありその総量は莫大である。また**気候変動に関する政府間パネル**（Intergovernmental Panel on Climate Change：IPCC）[*3]は，産業革命以降に排出された地球温暖化ガスによる地球温暖化への直接的寄与率[*4]を報告しており，二酸化炭素が約60％で最も高い気体だと述べている。二酸化炭素は，人類が排出してきた地球温暖化ガスの最たるものであり，地球温暖化を考えるうえで重要な気体として扱われている。

表2−1 温室効果ガスの地球温暖化係数と排出源

温室効果ガス	地球温暖化係数（※）	性質	用途，排出源
二酸化炭素（CO_2）	1	代表的な温室効果ガス	化石燃料の燃焼など
メタン（CH_4）	25	天然ガスの主成分で，常温で気体。よく燃える	稲作，家畜の腸内発酵，廃棄物の埋め立てなど
一酸化二窒素（N_2O）	298	数ある窒素酸化物のなかで最も安定した物質。他の窒素酸化物（たとえば二酸化窒素）などのような害はない	燃料の燃焼，工業プロセスなど
HFCs（ハイドロフルオロカーボン類）	1430など	塩素がなく，オゾン層を破壊しないフロン。強力な温室効果ガス	スプレー，エアコンや冷蔵庫などの冷媒，化学物質の製造プロセスなど
PFCs（パーフルオロカーボン類）	7390など	炭素とフッ素だけから成るフロン。強力な温室効果ガス	半導体の製造プロセスなど
SF6（六フッ化硫黄）	22800	硫黄の六フッ化物。強力な温室効果ガス	電気の絶縁体など
NF3（三フッ化窒素）	17200	窒素とフッ素から成る無機化合物。強力な温室効果ガス	半導体の製造プロセスなど

出典：全国地球温暖化防止活動推進センター（JCCCA）

（※）地球温暖化係数とは，温室効果ガスそれぞれの温室効果の程度を示す値である。
ガスそれぞれの寿命の長さが異なることから，温室効果を見積もる期間の長さによってこの係数は変化する。
ここでの数値は，京都議定書第二約束期間における値である。

2-2-2 地球の平均気温と将来予測

図2-3に地球における二酸化炭素濃度の変動と平均気温の推移を示す。大気中に排出された二酸化炭素は，大気，陸地，海洋などで循環しているため，人為的な二酸化炭素の排出がなければ，常に一定の濃度で大気中に蓄積される。したがって，18世紀以前までは，二酸化炭素濃度は280 ppm程度で安定していた。これは，地球の中の炭素循環が一定のサイクルで平衡状態にあったためと思われる。しかし，産業革命以後，化石燃料の使用が始まると二酸化炭素の排出が急激に増加し，炭素循環のバランスが崩れた[*5]。二酸化炭素の濃度は，産業革命後の約250年の間に100 ppm以上上昇している。また，280 ppmから330 ppmへの上昇は200年以上の月日を要したが，330 ppmから380 ppmへはわずか50年足らずで上昇している。これらの結果からも，二酸化炭素の増加がいかに人為的な活動によるものかがわかる。

[*5]
+α プラスアルファ
おもな人為的な二酸化炭素の放出源は，石炭，石油，天然ガスなどの化石燃料の燃焼であるが，セメント製造における二酸化炭素の自然放出も全体の2%を占めている。

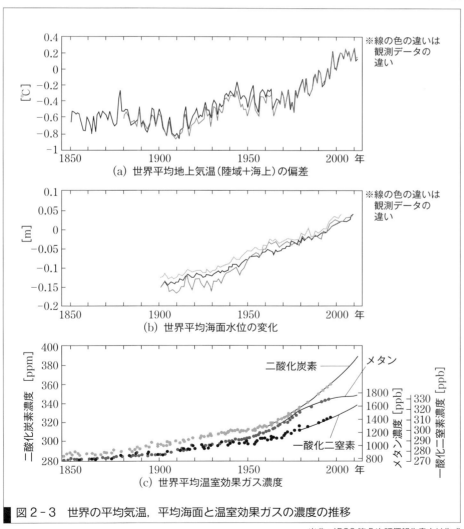

図2-3　世界の平均気温，平均海面と温室効果ガスの濃度の推移

出典：IPCC第5次評価報告書より作成

*6 ＋αプラスアルファ
我々が利用するエネルギーのうち，変換加工する前の自然界に存在する化石燃料や風力，太陽輻射などを一次エネルギーと呼び，変換加工後の電力やガソリンなどを二次エネルギーと呼ぶ。

*7 工学ナビ
同位体比
酸素には質量数が16, 17, 18の同位体が存在している。気温が高いと質量比の重い酸素が多くなることがわかっており，そこから当時の平均気温を推定している。

*8 シナリオ
IPCCは約1200のシナリオを使って将来予測をしている。そのなかでも代表的な4つのシナリオについての詳細を第5次報告書で報告している。

　二酸化炭素の増加とともに地球の平均気温も上昇している。IPCCの第5次評価報告書によると，1906～2005年の100年間に世界の平均気温は，上下に変動しながら0.74℃上昇した。とくに最近10年間の温度上昇は，0.13℃と加速され，この値は過去100年間の約2倍にもなる。さらに1980年代以降は高温になる年が頻出し，1990年代が20世紀で最も気温が高かった。我々は一次エネルギー*6の約80%を化石燃料に依存しており，いますぐに化石燃料の使用をやめることは難しい。今後も二酸化炭素をはじめとする温室効果ガスは排出し続けると予想されるが，それをどのように抑制し，制御できるかが問われている。

　地球の気温の観測記録があるのは最近100年程度である。現在，地球の代表的な二酸化炭素濃度はハワイ本島にあるマウナロア観測所で観測されている。100年以上前の二酸化炭素濃度や気温の変化は，南極の氷の中に存在している二酸化炭素や酸素の同位体比*7などを測定することで推測されている。

　将来の二酸化酸素濃度の上昇などによる地球温暖化の影響は，スーパーコンピュータを用いたシミュレーションモデルによってIPCCが算出している。二酸化炭素の将来予測をするためには，大気中の気象や地球上での物質循環などを数式で表し，過去の観測データから影響因子を選定する必要がある。シミュレーションの際には，将来の世界人口，経済活動，エネルギー消費量などを設定する必要があり，これらから複数の**シナリオ（scenario）***8が作成される。さらに，その後の対策次第で最終的な地球の平均気温が予測されている。図2-4，表2-2に各シナリオで計算された予想される地球の平均気温を示す。温暖化対策をまったく行わないRCP8.5では，21世紀末の気温はいまよりも3.7℃上昇すると予想されている。また，温暖化対策を最大限行った場合（RCP2.6）においても，約1℃程度は気温が上昇すると予測されている。

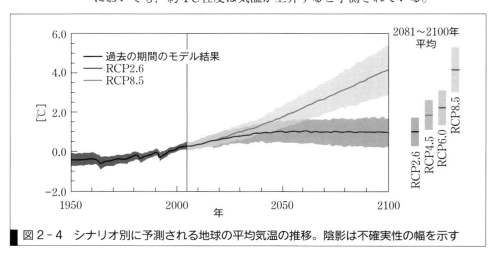

図2-4　シナリオ別に予測される地球の平均気温の推移。陰影は不確実性の幅を示す

表2-2 シナリオ別に予測される21世紀末の地球の平均気温

シナリオ名称	温暖化対策	平均 [℃]	「可能性が高い」予測幅 [℃]
RCP8.5	対策なし	+3.7	+2.6～+4.8
RCP6.0	少	+2.2	+1.4～+3.1
RCP4.5	中	+1.8	+1.1～+2.6
RCP2.6	最大	+1.0	+0.3～+1.7

RCPシナリオとは代表濃度経路シナリオ(Representative Concentration Pathways)のこと。

出典：IPCC第5次評価報告書

2-2-3 地球温暖化による環境への影響

地球温暖化により地球上の気温が上昇することでさまざまな影響が現れると予想されている。たとえば、海水温も上昇して海水が膨張し、海面が上昇する[*9]。さらに高山地帯や南極に存在する永久凍土や氷が溶け、海に流れ出ることでも海水面は上昇する。実際に1961～2003年における世界の平均海面水位の上昇は1.8 mm/年、1993～2003年では3.1 mm/年となっており、その上昇速度は加速している（図2-3）。海面の上昇により、海抜の低い土地では高潮や浸水の危険性が高まっており、さらに深刻になると居住地そのものを奪われる可能性も懸念されている。また、地球温暖化により大気や海洋の温度が上昇すると気象にも影響をおよぼすと考えられており、台風の大型化やゲリラ豪雨の発生頻度の増加などが危惧されている[*10]。さらにこうした気象の変化は、農作物にも影響を与え、十分な収穫量が得られないことで価格が高騰したり、これまで適地であった農作物が気温の変化で作れなくなったりすることも予想される。

ほかにも、生物多様性の低下をまねくことも懸念されている。生物は、環境の変化や気候の変化に応じて長い時間をかけて進化してきた。しかし、地球温暖化により種の進化よりも速い速度で環境が変化した場合、生息地の移動や進化の速度が追いつかず絶滅する生物が現れる可能性が考えられる。

2-2-4 地球温暖化への対応と国際的な取り組み

地球温暖化の対策は、その原因である温室効果ガスの排出を減らし大気中の温室効果ガスの濃度の上昇をおさえる**緩和策**と、地球温暖化が進んだとしても最小限の影響に留める**適応策**に分類される（図2-5）。地球温暖化の緩和策として一番有効な方法は、大気中への温室効果ガスの排出を減らすことである。そのためには、温室効果ガスの排出源である化石燃料の使用を減らすことが重要である。たとえば、太陽光、風力、地熱、潮力、バイオマスなどの再生可能エネルギーを利用した発電や、水素を用いた燃料電池などの利用が望まれる。また化石燃料を使用した

[*9] 工学ナビ
水の膨張率
水は4℃で膨張率が0であり、10℃を超えたあたりから膨張し始める。温度によって値は変わるが、一般的には2.1×10^{-4}/K（20℃時）で求められる。この膨張が海面上昇の原因になっている。

[*10] +αプラスアルファ
地球温暖化にともない、過去に起こった気象現象とは大きく異なる気象になることを**極端現象**(extreme event)と呼ぶ。

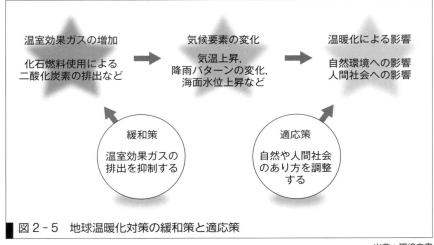

図2-5 地球温暖化対策の緩和策と適応策

出典：環境白書

*11
コンバインドサイクル発電
ガスタービンの排気から熱を回収し二重に発電を行う方法。

*12
＋α プラスアルファ
二酸化炭素を地中や海中に留めることで削減を進める方法をCCS (Carbon dioxide Capture and Storage) という。

*13
＋α プラスアルファ
国際的な取り決めでは，まず条約が採択されたあと，議定書が採択され，各国の批准をもって発効となる。

*14
詳細については第3章で学習する。

場合でも**コンバインドサイクル発電**（combined cycle, CC）[*11]などでエネルギーの高効率利用を進めることで化石燃料の使用を抑制することも可能である。ほかにも，二酸化炭素を吸収する森林の面積を増やすことも地球温暖化の緩和策の一つである。植林し，適切に伐採などの管理を行うことで二酸化炭素の吸収が見込まれる。さらに，近年では，発電所や工場で発生した二酸化炭素を地下や海中に蓄積する研究なども進められている。二酸化炭素は水深3000 mでは液体で存在し，海水より重くなる。さらに3800 mほどに達すると二酸化炭素はハイドレートと呼ばれる水と固体の混合物になり海水に溶けにくい物質に変わる。この性質を利用すれば深海に二酸化炭素を固定することができる[*12]。

また，地球温暖化を完全に防止することは困難であり，ある程度の進行は避けられないとする地球温暖化の適応策が考えられている。たとえば，生物種の生息地の確保や，品種改良による高温でも耐える品種の開発などがあげられる。また温暖な地域が増えることで蚊を媒介とした感染症や伝染病などの健康リスクが高まる可能性があり，ワクチンや新薬の開発も求められる。さらに海面の上昇，気候の変動による台風や高波の被害も多くなるために防災関連のインフラ設備，避難所の整備やハザードマップの作成なども適応策となる。

地球温暖化の進行をおさえるべく，1992年には地球サミットにおいて**気候変動枠組条約**（United Nations Framework Convention on Climate Change）が署名され，1997年にはこの条約に基づきCOP3で**京都議定書**（Kyoto Protocol）が採択され二酸化炭素の排出削減に向けた具体的な取り決めがなされた[*13]。また2015年にはポスト京都議定書として位置づけられた**パリ協定**（Paris Agreement）がCOP21で合意され，地球温暖化の抑制に向けて先進国，途上国の垣根を越えた

国際的な議論が行われている*14。

2-3 オゾン層の破壊

2-3-1 オゾン層とオゾンホール

　大気の成層圏には，オゾン濃度の高い**オゾン層**（ozone layer）がある。オゾン層では常にオゾンの生成や分解が繰り返されているが，最終的には一定の濃度で保たれている。オゾン層は，太陽から地球に降り注ぐ紫外線を吸収することで紫外線が地表まで到達することを抑制している。波長が 300 nm より短い紫外線は，生物の DNA やたんぱく質の機能に大きな損傷を与える。したがって，我々をはじめ多くの陸上生物は，オゾン層の恩恵を受けて生息している。

　1974 年，マリオ・モリーナ（Mario José Molina Henríquez，メキシコ，1943 –）とフランク・ローランド（Frank Sherwood Rowland，アメリカ，1927 – 2012）*15 は，**クロロフルオロカーボン類（以下フロン）***16 が成層圏にてオゾンを破壊しているのではないかと仮説を発表した。さらに 1982 年には，日本の南極越冬隊が，春に増加するはずの南極上空のオゾン層の濃度が急激に減少し，その後再び回復する様子を報告した。続いてイギリスの研究チームは，人工衛星により南極上空にオゾンの穴が開いたような状態であることを観測し，**オゾンホール**（ozone hole）と名づけた（図 2 – 6）。また，彼らはオゾン濃度が 1970 年以降に急激に減少していることを報告している。こうしたさまざまな報告によって，1980 年代後半には，オゾンホールが地球環境問題の一つとして認識されるようになった。

*15
モリーナとローランドはともにアメリカの化学者であり，オゾン層の破壊を指摘した功績から 1995 年にノーベル化学賞を受賞している。

*16
フロン
狭義のフロンは，炭素，フッ素，塩素のみから成るクロロフルオロカーボンを指すが，本書では，塩素を含まないフルオロカーボンや水素を含むハイドロクロロフルオロカーボン，臭素を含むハロンも含むこととする。

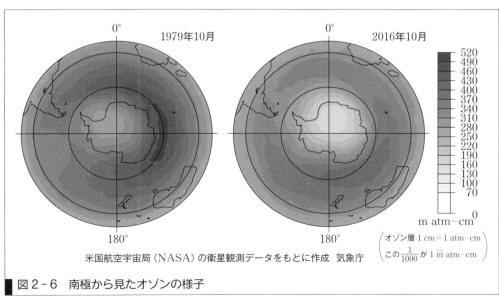

図 2 – 6　南極から見たオゾンの様子

出典：気象庁

2-3-2 オゾンホールの原因と影響

　フロン類は1930年頃発明された冷媒であり，無臭，不燃，無害であり，またきわめて安定的な物質であったため冷蔵庫やエアコンなどに広く利用されていった。またフロンは，精密機器や半導体の洗浄用やスプレーなどの充填剤としても利用でき，その生産量はさらに増加していった。図2-7にフロンによってオゾンが分解されるメカニズムを示す。大気中に放出されたフロンは，その安定性から対流圏では分解されず，約10年かけて徐々に成層圏に拡散していく。成層圏に到達したフロンは，210 nmの高エネルギー紫外線により分解され，塩素原子(Cl)を生じる。この塩素原子がオゾンと反応し，酸素(O_2)と一酸化塩素(ClO)に分解される。一酸化塩素は，さらに酸素原子と反応し，酸素と塩素原子になる。この塩素原子が繰り返しオゾンと反応することで，塩素原子1個で約10万個のオゾン分子が分解される。オゾン層が破壊されることで地表に到達する紫外線量が増え，皮膚がんや白内障などの人体への影響や植物の成長への影響などが懸念されている。

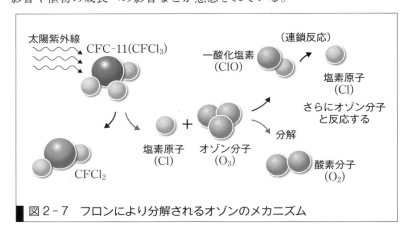

図2-7　フロンにより分解されるオゾンのメカニズム

2-3-3 オゾン層の保全に向けた国際的な取り組み

　フロンによるオゾン層の破壊は，南極のみでなく北半球でも観測されている。こうした背景を受け，1985年にオゾン層の破壊防止のためにウィーン条約が合意された。さらに1987年にモントリオール議定書が締結され，オゾン層の破壊につながるフロン類使用の廃絶に向けた具体的なスケジュールが定められた。日本をはじめ先進国の多くは1996年以降，議定書で示された特定フロン類[*17]を廃絶し，代替フロン[*18]への移行が進められた。2014年の世界気象機関(World Meteorological Organization：WMO)と国連環境計画(United Nations Environment Programme：UNEP)の報告によれば，大気中のフロン類の濃度は減少しており，21世紀半ば頃には1980年のレベルにまで回復すると予測されている。

[*17]
+α プラスアルファ
とくにオゾン層の破壊に影響が強いとされたフロン類を指す。塩素を含むフロン類でCFC-11, CFC-12, CFC-113, CFC-115などの15種類が指定されている。

[*18]
+α プラスアルファ
塩素を含まないHCFCやHFCなどがある。これらは，オゾン層は破壊しないが，温室効果ガスでもあり，2016年のCOP22において排出削減が検討されている。

2　4　酸性雨

2-4-1　酸性雨の原因

　地球の大気には，約 21％の酸素が存在している。酸素はさまざまな物質と化学反応して酸化物を生成する。酸化物はやがて硝酸や硫酸に代表される酸性物質を生成するので，それが自然界の分解能力を超えれば地球は酸性化していくことになる。酸性物質が雨水に入り，酸性の雨として降ってきたものを**酸性雨**（acid rain）[19]と呼ぶ。

　酸性雨の原因は，化石燃料の使用により生成される硫黄酸化物（SO_x）と窒素酸化物（NO_x）である。

2-4-2　酸性雨による環境への影響

　酸性雨が初めて観測されたのは 19 世紀半ばのイギリスである。産業革命を経て世界でいち早く工業化が進み，石炭使用の増大とともにばい煙と硫黄酸化物の大気汚染に悩まされ，酸性雨の被害も確認された。1872 年にロバート・スミス（Robert Angus Smith，イギリス，1817 – 1884）によって出版された著書『大気と雨』の中で「acid rain（酸性雨）」という言葉が初めて使われた。また 1952 年 12 月のロンドンスモッグ事件（第 10 章参照）の直後に降った雨では，pH が 1.4～1.9 であったと記録されている。この当時の酸性雨による影響については，湖沼の酸性化，川のサケの漁獲量が減少する，森林の立ち枯れなど，生態系にも異常がみられた。さらにこれら異常現象の原因を調べるために「欧州大気化学ネットワーク」が設立され観測が続けられた。こうした取り組みを経て，1972 年のストックホルムで開催された「国連人間環境会議」において酸性雨は国際的な地球環境問題の一つとして広く認知されるようになった。

　日本では，1973 年の梅雨の時期に山梨県や静岡県で濃霧の中で作業をしていた人が目に痛みを訴えるという，人体への直接の影響という形で酸性雨の被害が明らかになった。翌年には関東地方の広い地域でも同様の症状が発生している。また植物に関する被害については，スギやマツの枯死被害がみられている[20]。

2-4-3　酸性雨対策における国際的な取り組み

　我が国では，東アジア酸性雨ネットワークに参加し，酸性雨のモニタリング調査を継続的に行っている。また，国際的な酸性雨対策として 1979 年にジュネーヴ条約が締結され，ヘルシンキ議定書において硫黄の大気への排出量を最低限 30％削減するなどの目標を採択している。

[19]
酸性雨
不純物を含まない水に大気中の二酸化炭素が飽和して生じた炭酸水の pH は 5.6 である。したがって，降雨の pH が 5.6 以下であれば何らかの人間活動に由来する酸性物質が入り込んできたと考え，pH が 5.6 以下を酸性雨と定義している。

[20]
+α プラスアルファ
しかし，日本はヨーロッパに比べ植物の被害は少ないといわれている。それは火山国の日本の土壌がもともと酸性土壌であったこと，多雨気候のため汚染物質が薄まり洗い流されることなどが理由としてあげられる。

2 5 森林破壊と砂漠化

2-5-1 森林破壊と砂漠化の現状

図2-8に2000〜2010年の森林減少率を示す。近年,顕著に森林が減少しているのは,東南アジア,アフリカ,南アメリカである。世界の森林面積は,いまもなお減少しており,世界中で毎年約1500万ha(日本の土地の半分程度)の熱帯雨林が減少している。森林減少の理由としては,木材資源としての過剰利用があげられる。近年では途上国での需要も高まっており,木材資源の利用が森林の再生の速度を大幅に超えている。また,古くから伝統的に行われてきた焼畑農業[*21]にも課題がみられる。通常,焼畑農業を行ったとしても,適切に管理すれば長い年月をかけて再び森林に戻ることが可能である。しかし,現在では人口増加にともなって森林の回復を待たず焼畑を行っており,森林再生のスピードが追いついていない。ほかにも土地利用としての課題もみられる。先進国は広大な土地と安価な労働力を求めて次々と途上国に進出してきており,プランテーションやレジャー施設を建設するために森林が切り開かれている。こうしたことが原因で森林破壊の速度は年々加速している。

さらに,森林伐採を行った土地で過放牧や過耕作,灌漑を用いた耕作を行うことで,植物が存在できなくなり塩害が発生するなど砂漠化も深刻になっている[*22]。砂漠化を引き起こす原因には,豪雨,熱波,干ばつといった異常気象もあげられる。サバンナやステップなどの草原地帯では,大干ばつによって砂漠化が進行している。また熱帯雨林のように,本来小雨が頻繁に起こらなかったところで小雨が頻発・長期化し,植生が衰退し砂漠化が進行する。こうした状況に加えて前述の過放牧や灌漑による塩害などの人為的な要因が重なり砂漠化はさらに進行している。

[*21]
+α プラスアルファ
おもに熱帯から温帯において行われる農業形態で,森林を焼いてその灰を肥料とする。耕耘や肥料の追加を行わず,作物の栽培後に農地を一定期間放置して土地の栄養分を回復させる。

[*22]
Let's TRY!
20世紀最大の環境破壊として知られるアラル海事例について調べてみよう。

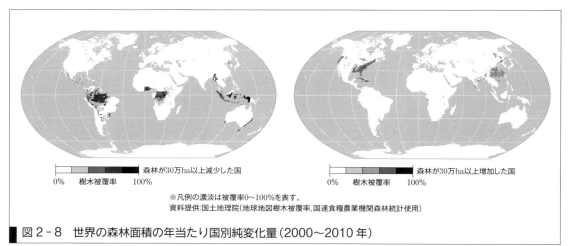

図2-8 世界の森林面積の年当たり国別純変化量(2000〜2010年)

※凡例の濃淡は被覆率0〜100%を表す。
資料提供:国土地理院(地球地図樹木被覆率,国連食糧農業機関森林統計使用)

出典:環境省

森林破壊，砂漠化が進行するとさまざまな影響が現れる。まず，二酸化炭素の吸収源であった森林が消えることで地球温暖化はますます進行してしまう。また，森林が消えることでそこに生息する植物や動物が姿を消し，生物多様性の低下や生態系サービスの劣化[*23]が懸念される。このほかにも砂漠化による食料生産基盤の悪化，黄砂のような飛砂による大気汚染などが考えられる。食料生産基盤の悪化は，生活基盤の悪化，難民の増加，都市への人口集中を引き起こし，社会や経済においても影響をおよぼしている。

[*23] 第12章で詳しく説明する。

2-5-2 森林破壊と砂漠化への国際的な取り組み

　森林破壊，砂漠化の対策としては，1996年に採択された砂漠化対処条約がある。日本を含む194か国＋EUが参加しており，アフリカなどの砂漠化が深刻な地域の対策に，積極的に資金援助が行えるようになった。この条約は，各国が連帯・協調し，砂漠化によってもたらされた問題を解決し，持続可能な発展をめざしている。日本においては，政府開発援助（ODA）による調査や技術面での協力や資金の貸付などさまざまな支援を行っている。このように各国が取り組みを行っているにもかかわらず砂漠化が進んでいるのも事実であり，解決の難しい問題の一つといえる。

2　6　海洋汚染

2-6-1 海洋汚染の現状

　地球の面積の約7割は海洋であり，海洋の表層100m程度は移動性を有しており周辺の海域と容易に混ざり合うことが可能である。したがって，海洋汚染は海流に乗って国境を越えてひろがる可能性がある。また海洋には多くの生物が生息しており，それら生物への影響も懸念される。

　我が国における海洋汚染の発生件数とおもな原因について図2-9に示す。約60％が油による汚染であり，ついで廃棄物の海洋投棄が原因である[*24]。

　油に関しては，そのほとんどが船舶にかかわる事故や取り扱い不注意などによる人為的要因であり，船舶の給油時の失敗や船舶の座礁などがおもな原因である。海洋投棄については，陸地からの一般人による廃棄物の投棄が多くを占めている。投棄される廃棄物には，生物分解されにくいプラスチックなども含まれ，海鳥やカメなどの海洋生物が誤食することで死亡するなどの事態が危惧される。

　原油は海洋に流出すると，揮発しやすい炭化水素化合物は大気に蒸発するが，残りは海洋中で拡散しながら水分を含み，粘性の高い油塊となり海面を浮遊し，一部は海底に沈んでいく。こうした油分により，海洋

[*24] ＋αプラスアルファ
かつては漁業関係の海洋投棄が目立っていたが，近年は改善されている。

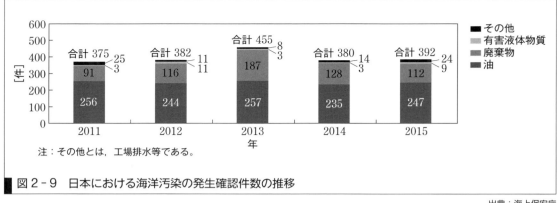

図2-9 日本における海洋汚染の発生確認件数の推移

出典：海上保安庁

生物の呼吸系に障害を起こしたり，海鳥の羽が汚染され飛行に支障をきたしたりする被害が報告されている。

世界的にみても船舶にかかわる油流出事故は多い。1990年以降では，アンゴラ沖でのABTサマー号の火災事故，イギリスでのブレア号の座礁事故などがあり，日本においても1997年に島根県沖にてナホトカ号の原油漏れ事故が発生している。

2-6-2 化学汚染物質による海洋生物への影響

海洋汚染では，陸地から排出された微量化学物質も少なからず被害をひろげている。カドミウム，スズ，有機水銀やPCB（Polychlorinated Biphenyl）などの残留性有機汚染物質（Persistent Organic Pollutants：POPs）[*25]は環境基準以下の排出であっても，プランクトンなどの海洋生物に取り込まれ，食物連鎖によって徐々に**生物濃縮（bioconcentration）**[*26]され蓄積していく。最終的に食物連鎖の頂点にいるマグロやクジラを捕食する人間にも影響が懸念される。

さらに近年では，2011年に発生した福島第一原子力発電所の事故により，放射性物質が海洋に流出し，日本周辺の海流に乗って放射性汚染物質は太平洋にひろがっていったことが予測されており，いまもなおモニタリングは続いている。放射性物質も生物濃縮が考えられ，その影響が世界的にも懸念されている。

2-6-3 海洋汚染対策における国際的な取り組み

国際的な海洋環境保全の取り組みとしては，1980年に制定されたロンドン条約がある。1996年には議定書が発効され，海洋への廃棄物の投棄，海洋上での廃棄物の焼却処分を原則禁止とした。また近年では，船舶のバラスト水[*27]の排出によって外来生物や病原菌が海洋を人為的に移動してしまう問題などについても規制が検討されている。

*25
+α プラスアルファ
自然に分解されにくく，生物濃縮によって生態系や人体に悪影響をおよぼす有機物のこと。ダイオキシン類やPCB，DDT（Dichloro-Diphenyl-Trichloroethane）などがある。大気，海洋を経由する場合，国境を越えて広範囲に影響することが懸念されている。

*26
生物濃縮
第5章で詳しく説明する。

*27
+α プラスアルファ
貨物船が空荷で出航する際に船の安定化のために船底に積む海水のこと。荷物を積む際に排出される。

2-7 開発途上国の環境問題

2-7-1 開発途上国の経済発展による代償

　中国やインドなどは著しい経済発展をとげ，もはや途上国とは呼べず新興国として世界の経済を支えている。図2-10に二酸化炭素排出国の移り変わりについて示す。中国，インドともに二酸化炭素の排出量は10年前と比較しても増加しており，中国は，世界の排出量の1/4を超えるまでに増加した[28]。しかし，その経済発展の裏側には，かつて我が国が遭遇した公害問題に近い現状が見えてくる。急速に発展した都市部では，工業化と交通渋滞により大気汚染が発生し，また下水道の整備が不十分なところでは深刻な河川の水質汚濁，富栄養化などがみられている。また人口増加にともない，土地不足から森林を伐採したり，食料資源を求めて生物の乱獲が起きたりしている。さらに廃棄物問題から井戸水の利用過多による地盤沈下なども顕在化している。こうした問題に対し，すでにそれらを経験してきた先進国の技術の適用が期待されるが，生活環境や文化の違い，また急速に発展した都市の状況なども相まって，十分なインフラ設備や対応策が講じられないのも現実である。

[28]
+α プラスアルファ
日本の二酸化炭素排出量は10年で減少している。これは京都議定書の目標を達成した結果である。第3章で詳しく説明する。

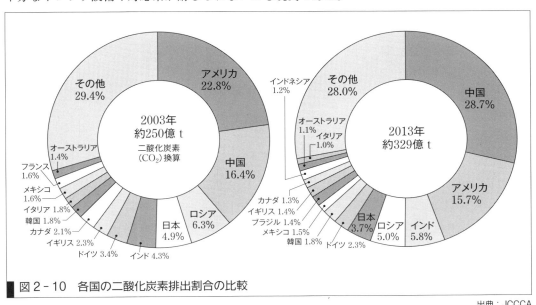

図2-10　各国の二酸化炭素排出割合の比較

出典：JCCCA

2-7-2 先進国による資源開発と廃棄物の越境

　アフリカや東南アジアなどの開発途上国には，豊富な資源が残されている。これら資源を狙って先進国は次々と開発途上国に踏み込んできた。熱帯雨林やマングローブ林などの森林資源，鉱物資源などはいち早く手をつけられ，途上国としても外貨が獲得できることもあり，自然環境などは考慮されず森や山は減少していった。さらに人件費の安い開発途上

*29
+α プラスアルファ
廃棄物の越境問題での国際的な取り決めとしては，1992年に発効されたバーゼル条約がある。

*30
廃棄物の適切な処理方法については，第8章で詳しく説明する。

WebにLink
演習問題の解答

国での工場の建設，大型のプランテーションの開発などで土地の開拓が進み森林はさらに減少していった。

また廃棄物の越境問題もみられるようになった[*29]。途上国では比較的土地も余っており，先進国で排出された産業廃棄物を安価で受け入れる業者がみられるようになった。これら業者は先進国から廃棄物を引き取り，適切な処置を講じずに埋め立て処理をしてきた[*30]。こうしたことから有害物質の地下水への浸出や土壌汚染などの問題もみられている。

演習問題 A　基本の確認をしましょう

2-A1　温室効果とはどのような効果か。
2-A2　オゾン層の破壊メカニズムを説明せよ。
2-A3　途上国で問題となっている環境問題には何があるか。

演習問題 B　もっと使えるようになりましょう

2-B1　海洋の平均水温は15℃である。地球温暖化の最悪のシナリオであるRCP8.5の場合，2100年には3.7℃の気温上昇が見込まれている。海洋の水温が3.7℃上昇すると仮定し，海面がどの程度上昇するか計算せよ。ただし，氷河などの流れ込みは考えず，水の膨張のみを考えるものとする。

2-B2　海洋油流出事故が起きた際の対応方法として用いられている手法にはどのようなものがあるか。

2-B3　自動車を運転することで10 Lのガソリンを使用した。このとき，発生した二酸化炭素量は何kgか。ただしガソリンはオクタン（比重0.703）だけから成ると仮定する。またオクタンの燃焼方程式を以下に示す。

$$C_8H_{18} + 12.5O_2 \longrightarrow 8CO_2 + 9H_2O$$

あなたがここで学んだこと

この章であなたが到達したのは
- □ どのような地球環境問題が起きているのか説明できる
- □ 地球温暖化のメカニズムについて説明できる
- □ 各地球環境問題の関連性について説明できる

　本章では代表的な地球環境問題を列挙し，その発生メカニズムと対応策，国際的な取り組みを学習した。一つ一つの地球環境問題をみても原因は複雑かつ，影響はその他の問題と関連しており，その解決は容易ではない。また我々は地球環境問題のすべてを知り得ているわけではない。地球環境問題を解決するための技術者になるためにも，日々進展する解析技術やそれによって得られる最新情報に常に目を向けて，学習を継続してほしい。

3章 エネルギー問題と持続可能な社会

イースター島のモアイ像

　この写真は，チリ領の太平洋上に位置する火山島であるイースター島に建てられたモアイ像です。モアイ像は，その建設理由についても諸説あるなど，いまでも多くの謎をもつ像として知られています。その建設には多くの石材，運搬用の木材が必要と思われますが，現在，イースター島には大規模な森は存在していません。しかし，近年の花粉分析などの結果からモアイ像が建てられた当時のイースター島には多くの樹木が生い茂っていたことがわかっており，これらの森林は，当時の島民が耕地をひろげるため，また部族の権威を高める祭事に使うモアイ像をさかんに建てたことですべて消失したと考えられています。森林の減少は，土地の侵食などの環境悪化を引き起こし，食料や耕地などの資源をめぐって部族間の対立が激化したともいわれています。結果，島民は島の資源を使い果たし，人が暮らすことすらままならなくなったため，人口は最盛期の1万人から100人程度にまで減少しました。

　イースター島の島民は，なぜ資源がつきるまで島の危機に気づかなかったのでしょうか。ほかのところに行けばまだ木はあると思ったのでしょうか。また，たとえ1本の木を残しても誰かに取られてしまうと思ったのでしょうか。モアイ像は我々に何を問いかけているでしょうか。

●この章で学ぶことの概要

　本章では，まず持続可能な社会の構築に向けて世界と日本が歩んできた歴史について学習します。次に技術者として持続可能な社会の構築に必要な基本的な考え方として環境倫理，環境教育について学習します。さらに持続可能な社会の構築に向けた国内外の取り組み事例を学習し，社会の持続可能性の評価方法について学習します。環境問題に携わる技術者，科学者として，正しい知識と倫理観を持ち合わせた人材になるべく，持続可能な社会に関する知識と理解を深めます。

> **予習** 授業の前に調べておこう!!
>
> 1. エネルギー資源を列挙せよ。
> 2. そのエネルギー資源は枯渇性か再生可能なものかのどちらか示せ。
> 3. 一次エネルギー，二次エネルギーとは何か。
> 4. 先進国，途上国，新興国をそれぞれの特徴の違いに注意して説明せよ。

WebにLink
予習の解答

3.1 資源の枯渇と持続可能な開発

3-1-1 世界のエネルギー利用と埋蔵資源

第2章では地球環境問題について学習した。地球環境問題は，我々人類が歩んできた大量生産・大量消費社会がもたらした人類共通の課題である。図3-1に世界の一次エネルギー[*1]（1-3節参照）消費量の推移について示す。産業革命以後，化石燃料に依存するエネルギー利用社会が構築され，また近年では新興国の著しい経済成長にともない，エネルギーの総利用量も増加している。結果，CO_2をはじめとする温室効果ガスの排出が増大し，地球温暖化が進行している。

図3-2におもな枯渇性資源の埋蔵量と可採年数[*2]を示す。地球に埋蔵する資源量は有限であると考えられており，このまま利用が続けば近い将来に枯渇すると考えられている。

[*1] ➕α プラスアルファ
エネルギーは資源を加工することで得られる。加工する前の状態を一次エネルギーという。加工したあとの状態は二次エネルギーと呼ばれる。世界の一次エネルギーは石炭，石油，天然ガスをはじめとする化石資源がそのほとんどを占めている。

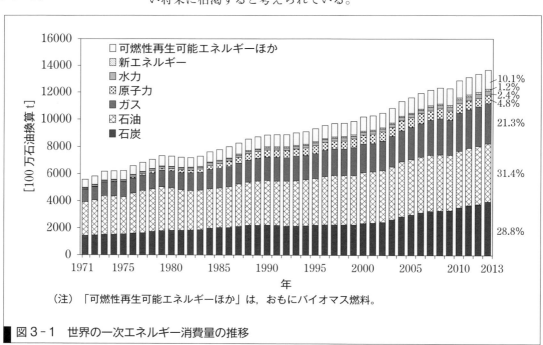

図3-1 世界の一次エネルギー消費量の推移

（注）「可燃性再生可能エネルギーほか」は，おもにバイオマス燃料。

出典：IEA[*3]「World Energy Balances 2015」をもとに作成

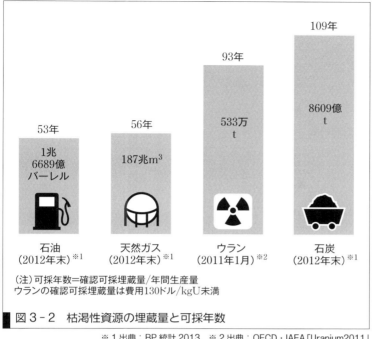

図3-2 枯渇性資源の埋蔵量と可採年数

※1 出典：BP統計2013，※2 出典：OECD・IAEA「Uranium2011」

+α プラスアルファ
可採年数は現在の資源利用速度から埋蔵量を除して計算されたものである。したがって，資源利用方法を改めることで伸ばすことも可能である。

+α プラスアルファ
国際エネルギー機関，International Energy Agency。
IEAは，29の加盟国から成り，エネルギーを安定供給するための諮問機関である。

3-1-2 持続可能な開発という考え方

表3-1に地球環境問題が顕在化してから現在にいたるまでの持続可能性に関しての国際的な取り組みについてまとめた。地球環境問題が顕在化したのは，第二次世界大戦後の科学技術の進展と経済発展がみられる1960年代後半からである。こうした背景を受けて，1972年にスウェーデンのストックホルムで**国連人間環境会議**（United Nations Conference on the Human Environment）が開催され，世界で初めて国際的な環境問題の解決に向けた協議がなされた。また，この会議に

表3-1 持続可能な開発に関連するおもなできごと

年	事項
1962	・レイチェル・カーソンの『沈黙の春』が発行される
1972	・国連人間環境会議（ストックホルム）が開催 「人間環境宣言」が採択，「国連環境計画（UNEP）」が設立 ・ローマクラブが「成長の限界」を報告
1984	・国連「開発と環境に関する世界委員会」が設置される
1987	・同委員会から「Our Common Future」（ブルントラント報告書）が報告される
1992	・「環境と開発に関する国際連合会議」（リオ地球サミット1992）が開催 「環境と開発に関するリオ宣言」「アジェンダ21」が採択
2000	・国連ミレニアムサミット（ニューヨーク）が開催 「ミレニアム開発目標（MDGs）」を採択
2002	・「持続可能な開発に関する世界首脳会議」（ヨハネスブルグサミット）が開催 「ヨハネスブルグ宣言」が採択
2012	・「リオ＋20」会議（リオデジャネイロ）が開催
2015	・首脳会議国連総会（ニューヨーク）で「2030アジェンダ」を採択

合わせてローマクラブ*4から報告書「成長の限界（The Limits to Growth）」が発表された。この報告書では，「このまま人間が人口増加と工業投資を続ければ地球の天然資源は枯渇し，環境汚染，破壊は自然が許容しうる容量を超えて進行し100年以内に成長は限界点に達する」と述べており，地球の有限性について指摘した。

さらに，1984年に環境と開発に関する世界委員会（ブルントラント委員会）が設置され，報告書「我ら共有の未来（Our Common Future）」において「**持続可能な開発（sustainable development）**」という概念が初めて打ち出された。この概念は，環境と開発は不可分かつ共存の関係にあり，開発は環境や資源の上に成り立つものととらえ，持続的な発展を続けるためには環境の保全が必要不可欠であるとするものである。この考え方は，その後の地球環境問題の協議においても重要視されており，さまざまな取り組みの根幹となっている。

1992年にはブラジルのリオデジャネイロで**環境と開発に関する国連会議（リオ地球サミット1992，United Nations Conference on Environment and Development）***5が開催され，地球環境問題への具体的な取り組みが示された。リオ地球サミットでは，各国が遵守すべき行動原則である**環境と開発に関するリオ宣言（Rio Declaration on Environment and Development）**と同宣言を達成するための行動計画である**アジェンダ21（Agenda 21）**が採択された。環境と開発に関するリオ宣言では，「共通だが差異のある責任」の原則という考えが打ち出された。これは，「地球環境問題のような全人類が抱える課題は，先進国のみならず発展途上国にも共通の責任がある」という主として先進国側の主張と，「原因の大部分は先進国にあり，また対処能力においても異なっている」とする途上国側の主張の両方が織り交ぜられた形で表現されている*6。すなわち，地球環境問題に対しては，先進国，途上国ともに共通に責任はあるが，各国の責任回避への寄与度と能力は異なっているという考え方である。

その後，持続可能な開発という視点での議論は，2002年にヨハネスブルグで開催された持続可能な開発に関する世界首脳会議（リオ＋10），2012年にリオデジャネイロで開催された国連持続可能な開発会議（リオ＋20）を経て，2015年にニューヨークで開催された首脳国連総会において「**2030アジェンダ（The 2030 Agenda for Sustainable Development）**」として示された。「2030アジェンダ」は，2030年に向けた持続開発目標であり，経済的，社会的，環境的側面の統合（**三側面の統合**）を意識したもので，17のゴール（Sustainable Development Goals：SDGs）を設定している*7。またこのゴールは，途上国と先進国の両者に適用されるという普遍性をうたっている。これは，三側面の

---

*4
＋α プラスアルファ
1970年にスイスで設立された民間組織。科学者，経済学者，教育者，経営者などによって構成され，深刻化しつつある天然資源の枯渇化，環境汚染の進行，開発途上諸国における爆発的な人口増加などによる人類の危機に対してその回避の道を模索することを目的としている。

*5
Don't Forget!!
リオ地球サミットはその後の国際的な取り組みの出発点となった。

*6
＋α プラスアルファ
地球環境問題にかかわる国際会議では，先進国と発展途上国の間で意見が衝突するケースが多々みられる。これを先進国が北半球に多く，発展途上国が南半球に多いことから南北問題と呼ぶこともある。

*7
Let's TRY!!
Webで2030アジェンダの行動計画と17のゴールについて調べてみよう。

統合という概念が途上国の現状にも配慮されており，持続可能な開発という考え方が先進国，途上国の枠を越え，世界に広く深く浸透し始めていることをうかがわせる。

3-1-3 日本における環境政策

地球サミットのあと，先進国をはじめ各国は，地球環境問題に対する国際的な対応策について議論をスタートさせた。日本でも法整備を進めるとともに具体的な行動計画を策定した。

1. 環境基本法　環境基本法は1993年に公布された。同法の目的は，「環境の保全に関する施策を総合的かつ計画的に推進し，もって現在及び将来の国民の健康で文化的な生活の確保に寄与するとともに，人類の福祉に貢献すること」としており，持続可能な開発を念頭にした環境政策の柱となっている。基本理念には，1）環境の恵沢の享受と継承，2）環境負荷の少ない持続的発展が可能な社会の構築，3）国際的協調による地球環境保全の積極的推進が掲げられている。

同法では，国，地方自治体，事業者，国民に対して義務と責任を明確に示している。たとえば，国や地方自治体は具体的な行動計画を策定し実施すること，事業者は環境負荷の低減に努め廃棄物の適正処理を求めること，国民も日常生活において環境負荷の低減に努めるとともに地域社会が行う環境保全活動に積極的に参加することなどがあげられる。さらに各主体の行動を，より具体的に規制するために環境基本法をもとに水質汚濁防止法や大気汚染防止法などの個別法や条例なども整備されている[*8]。

2. 環境基本計画　環境基本法に基づいて我が国は，環境保全のために地方自治体，事業者，国民がすべきことを定めた環境基本計画を策定した。第一次環境基本計画は1994年に定められ，以後5年を目処に見直しが行われている。現在は，第四次計画が示されており，目指すべき持続可能な社会の姿として「低炭素」「循環」「自然共生」「安全」をキーワードとしてあげ，持続可能な社会の構築とともに人々が安全に暮らせる社会をめざすとしている[*9]。また環境基本計画では，それを達成するための具体的な行動計画や考え方が示されている[*10]。

3. 循環型社会形成推進基本法　環境基本法の理念に基づき，個人や事業者の行為や行動を規制するためには，環境基本法を枠組みにした個別法の制定が必要不可欠である。循環型社会形成推進基本法は，大量生産，大量消費型の経済社会から資源の消費を抑制し，環境負荷の少ない循環型社会を形成することを目的に2000年に公布された。同法では，国民

---

*8 **Don't Forget!!**
環境基本法は，このあとの各章においても何度も出てくる，環境工学において重要な法律である。目的と基本理念をしっかり理解しよう。

*9 **＋α プラスアルファ**
第四次環境基本計画では，環境政策のほかに震災復興，放射性物質による汚染対策も盛り込まれた。

*10 **Let's TRY!!**
環境省のHPを参考に環境基本計画について調べてみよう。

や事業者には，ごみを適正に処理しなければならないという**排出者責任**（discharger responsibility）を明確に示している。また事業者には，生産した製品が消費者に使用されて廃棄物となったあとも廃棄やリサイクルなどについて一定の責任を負うという**拡大生産者責任**（extended producer responsibility）を課している。国は同法をもとに**循環型社会形成推進基本計画**を策定しており，資源生産性，循環利用率，ごみの最終処分量の3つの観点からその目標値を設定している*11。

*11 第8章で詳しく説明する。

3 2 技術者に必要な倫理観

3-2-1 環境倫理の必要性

環境倫理（environmental ethics）とは，行動の当事者が自らの行動によって環境が損なわれないように配慮するための規範を示す概念である。1991年に**国際自然保護連合**（International Union for Conservation of Nature and Natural Resources）*12 が報告した「かけがえのない地球を大切に（Caring for the Earth）」の中で環境倫理の必要性が打ち出された。人類が持続可能な社会の実現に向けて誤った方向に進まないためにも，一人一人が正しい知識をもち，世界の人々が進もうとする方向性をしっかりと理解することが重要である。そのためにも我々は，環境倫理を理解し，みずからの行動に反映させるだけでなく，法整備や行動計画といった具体的な方策として次世代に引き継いでいかなければならない。とくに環境とのかかわりが深い科学者や技術者には，環境倫理への格段の配慮が求められる。ここでは，欧米や日本でも一般的になりつつある環境倫理の三主張と経済学者であるハーマン・デイリーの三原則について紹介する。また，こうした倫理観をもとに行われている持続可能な開発のための教育についても紹介する。

*12 国際自然保護連合
1948年に国際的な自然保護を目的に設立された。絶滅のおそれのある野生生物種を示すレッドリストを作成している。

3-2-2 環境倫理の三主張

欧米で派生したさまざまな環境倫理にかかわる概念は1980年代に日本でも議論されるようになった。**環境倫理の三主張**は，持続可能な社会の構築において重要な考え方でありさまざまな政策を決める際の道標ともなってきた。以下に3つの考え方について示す。

1. 地球の有限性 *13 地球は，太陽から注ぐエネルギーを除くと，閉じられた有限な球体である。したがって人間をはじめとするあらゆる生物は，その生命維持と再生を太陽エネルギーと有限な資源に依存している。この地球には，資源もエネルギーも十分にあった時期がある。しかし，産業革命以後，人間は，その使い方を誤り，近い将来に資源が枯渇する

*13 +α プラスアルファ
「地球の有限性」が身近に感じられる例としては，化石燃料（ガソリンや石油など）の使用があげられる。ほかにもどのようなものが考えられるか話し合ってみよう。

かもしれない状況に陥っている。地球は有限であり，自然資源や汚染物質・廃棄物の収容の容量にも限界がある。我々はこの現実をもっと真摯に受け止め，大量生産，大量消費，大量廃棄という生活スタイルを改める必要がある。

2. 生物種の保護[*14]　人間は単独で生きていくことはできず，地球上のあらゆる生物種や資源およびエネルギーの流れを含めた生態系システムが全体として相互に関連し合いながら存在している。したがって人間だけでなく，生物の種，生態系，景観などにも平等に生存の権利があり，勝手にこれを否定してはいけないという考えである。もし，人間の都合で絶滅に瀕している生物がいるのであれば保護すべきである。しかしながら，究極にすべての生物の生存権を認めた場合，人間が排除されるべき存在になる可能性もあり，こうしたジレンマにぶつかることも少なからずある。環境への影響を最小限に留めるとともに，再生，修復に向けた技術開発も求められている。

[*14] +α プラスアルファ
「生物種の保護」が身近に感じられる例としては，ニホンウナギの乱獲などがある。種の再生の速度を超えて利用すると，その種を絶滅にまで追い込むこともある。

3. 世代間倫理[*15]　環境に対する倫理的配慮の対象は，空間的なひろがりだけではなく，時間を軸としたひろがりもまた重要である。世代間倫理とは，現在の我々が行っている人間生活が未来世代に決定的な影響をおよぼすという観点で地球環境問題にかかわろうとする考え方である。いい換えれば，未来の人々に対する現在世代の義務や責任を明らかにしようとする作業でもある。もし我々が枯渇性資源を使い切ってしまったら，それは未来の人々の生活の一部を奪ってしまうことになる。この世代間倫理は，持続可能な社会の構築においてきわめて重要な考え方になる。

[*15] +α プラスアルファ
「世代間倫理」が身近に感じられる例としては，原子力発電所から排出される放射性廃棄物の問題などがある。放射性廃棄物は，地中深くに何十万年も保管する必要があり，後世への負の遺産となる。

3-2-3 ハーマン・デイリーの三原則

ハーマン・デイリー（Herman Edward Daly，アメリカ，1938 –）[*16]は，持続可能な社会における資源利用と廃棄物の排出に関する3つの原則を提唱した。

[*16] +α プラスアルファ
ハーマン・デイリーはエコロジー経済学者である。環境倫理を経済学と科学的な考察を取り入れて論じた。ローマクラブにも所属し「成長の限界」の基本的な概念を打ち出した人物でもある。

1. 再生可能な資源について（For a renewable resource）　再生可能な資源（土壌，水，森林，魚など）の持続可能な利用速度は，それらが再生する速度を超えるものであってはならない（たとえば魚の場合，繁殖により一定量に戻る速度を考慮して捕獲すれば持続可能である）。

2. 再生不可能な資源について（For a non-renewable resource）　再生不可能な資源（化石燃料，良質な鉱石（地面に閉じ込められていて循環しない）や地下水など）の持続可能な利用速度は，再生可能な資源を

持続可能なペースで利用することで代用できる限度を超えてはならない（石油使用の場合，埋蔵量を使い果たしたあとも同等量の再生可能エネルギーが入手できるよう，石油使用による利益を再生可能エネルギーの発展に投資するのが持続可能な利用である）。

3．汚染物質について（For a pollutant） 汚染物質の持続可能な排出速度は，環境が汚染物質を循環，吸収し無害化できる速度を超えるものであってはいけない（たとえば下水を河川や湖沼に排出する場合には，水生生態系が汚濁分を吸収できる速度でなければいけない）。

3-2-4 持続可能な開発のための教育

地球環境問題が顕在化すると，それまで個別に扱われていたと思われる国際的な課題（環境，開発，平和，人権など）が相互不可分の関係にあることがわかってきた。したがって，従来から取り組まれていた環境教育や平和教育，人権教育などは個別の教育ではなく，持続可能性という視点から見ると，一つの教育としてひとくくりにできる。これが**持続可能な開発のための教育**（Education for Sustainable Development：ESD）である。ESDは，たんに環境問題を理解することだけが目的ではなく，世界で起こっていること，日本で起こっていることが自分たちの暮らしとどのようにつながっているかに気づき，環境問題にかかわっていくことを重要視している。

ESDは，1992年の地球サミットで報告された「アジェンダ21」に取り上げられており，国際的にも広く浸透している。日本では，2005年より「国連持続可能な開発のための教育の10年」としてESDに力を入れて取り組んできており，環境教育のモデルとして世界に発信してきた。ESDを積極的に進めていくことで，正しい知識と環境倫理を兼ね備えた人材を育成することができ，持続可能な社会の構築に向けて最も難しい課題である人々の意識の改革につながっていくと思われる。

3-3 持続可能な社会に向けた国際的な取り組み

3-3-1 化石燃料資源からの脱却

日本をはじめ世界の国々は，持続可能な社会の構築をめざし，さまざまな取り組みを行っている。なかでも枯渇が懸念される化石燃料からの転換の必要性は各国が十分に認識している。図3-3に先進国の一次エネルギーに占める発電電力量の割合を示す。依然として，石炭，天然ガス（LNG）[17]などの化石燃料からのエネルギー利用率は高いものの，ヨーロッパでは，水力発電や風力，バイオマス燃料，地熱，太

[17] **＋αプラスアルファ**
LNG（Liquefied Natural Gas，液化天然ガス）はメタンを主成分とした天然ガスを冷却して液化したもの。これまでは，ガスの輸送にパイプラインを用いていたが，液化したことにより運搬が容易になり，世界的に普及した。

陽光といった**再生可能エネルギー**（renewable energy）の利用率も伸びてきており，スペインでは全体の約40%を占めるまでになっている。こうした値は，図3－1と比較しても世界の水力発電と再生可能エネルギーを合わせた利用率の値12.5%を超えており，世界の脱化石燃料という流れを牽引しているといえる。一方，我が国の再生可能エネルギー利用率は12.2%と先進国のなかではアメリカよりも低い[*18]。こうした状況下でも日本政府は2030年までに再生可能エネルギーの利用率を22－24%まで伸ばす目標を掲げており，脱化石燃料に向けてより一層取り組む姿勢をみせている（図3－4）[*19]。

[*18] Let's TRY!!
各国のエネルギー別の発電量をみるとその国のエネルギーに関する方向性が見えてくる。各国の取り組みの違いはなぜ生まれるのだろうか。各国の地域性などにも注意して調べてみよう。

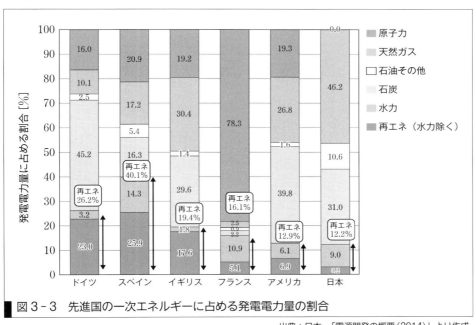

図3－3　先進国の一次エネルギーに占める発電電力量の割合

出典：日本…「電源開発の概要（2014）」より作成，
日本以外…IEA Energy Balances of OECD Countries 2015

[*19] ＋α プラスアルファ
我が国においては，CO_2の排出削減を目指し，再生可能エネルギーの導入を進めているが，同時に原子力発電の割合についても一定量は見込んでいる。2015年には，原子力発電の再稼働が徐々に始まっている。

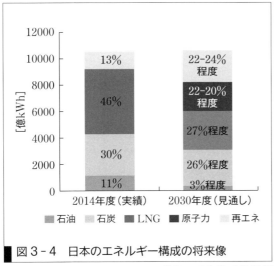

図3－4　日本のエネルギー構成の将来像

出典：エネルギー白書2015

3-3-2 再生可能エネルギーへの転換と課題

化石燃料からの脱却には，再生可能エネルギーへの転換が必要不可欠である。再生可能エネルギーの転換が進むヨーロッパでは，風力発電が主力となっており，近年では太陽光発電や菜種由来のバイオディーゼルなども増加傾向にある。さらにドイツでは，脱原発を掲げ，再生可能エネルギーによる転換をより一層加速させている。

世界のこうした背景には，再生可能エネルギーの**固定価格買取制度（Feed-in Tariff：FIT）**[20]の導入が効果を上げていると思われる。日本でも2012年にようやく**再生可能エネルギー特別措置法**が成立し，再生可能エネルギー関連の産業が活性化し始めている。再生可能エネルギーの転換をうながすためには，その市場規模の拡大が急務である。現在，日本の再生可能エネルギー産業の市場規模は約3.5兆円であり，とくに太陽光発電の成長が著しい。企業が再生可能エネルギー市場に参入しやすい環境を整えることで，より一層の技術革新が期待でき，再生可能エネルギーへの転換が進むと思われる。

しかしながら，再生可能エネルギーの転換に向けての課題は，市場面だけではない。日本では，風力発電や地熱発電の導入が期待されているが，風力に関しては供給安定性が低いこと，風力，地熱に関しては立地が偏在すること，また山間部などでは送電網が不足するなどの課題がある[21]。

さらに再生可能エネルギーの普及には，発電コストと価格の問題も見受けられる。図3-5に我が国におけるエネルギー別の発電コストについて示す。再生可能エネルギーによる発電は，化石燃料を用いた発電方法に比べ発電コストが高く，世界での普及には補助金政策などに頼らざるを得ないのが現実である。FITの財源は，既存の電力の単価に上乗

[20] FIT
再生可能エネルギーの導入をうながすために再生可能エネルギーで発電された電気を一定期間，固定価格で買い取ることを義務づけた制度。

[21] +α プラスアルファ
日本では風力発電のほとんどが海沿いや山間部の尾根に建設されている。また近年，洋上発電が注目されており，海域の多い日本での普及が期待されている。

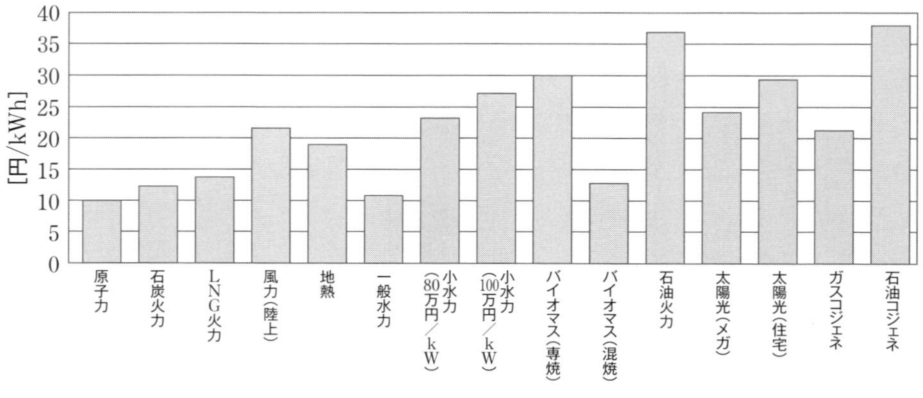

図3-5　エネルギー別の発電コスト

出典：エネルギー白書2014

せされており，消費者が負担するしくみになっている。現在の再生可能エネルギーの普及には，設備の整備の段階ですでに政府や自治体の税金が投入されており，助成金としての後押しがある。こうした後押しがあるいまこそ，産業界は発電コストを下げる努力を続け，再生可能エネルギーへの転換に向けての持続可能な社会のしくみ作りをしなければならない[*22]。

3-3-3 低炭素社会への国際的な取り組み

持続可能な社会を構築するためには，化石燃料からの脱却も重要であるが，地球環境に多大な影響を与える地球温暖化をこれ以上進行させないことも重要である。これまでに人類は，化石燃料を大量に消費することで地球の炭素循環のバランスを崩し，地球温暖化という問題を引き起こしてきた。このような問題を次世代にまで先延ばしせず，我々の世代において解決に向けて動き出す必要がある。

地球温暖化の進行を緩和し，二酸化炭素の排出をおさえた社会を**低炭素社会**（low-carbon economy）と呼ぶ。低炭素社会をめざすには，二酸化炭素の排出量が多い化石燃料の使用をおさえることは勿論，エネルギー供給技術の高効率化や自動車などの燃費の向上，**水素燃料電池**[*23]の開発など新たな技術革新も必要不可欠である。

我が国では，低炭素社会の構築をめざし，国際的にも議論を深め具体的な政策を打ち出してきた。1992年に地球サミットで採択された**気候変動枠組条約**（United Nations Framework Convention on Climate Change）は，地球温暖化防止のための国際的な条約であり，温室効果ガスの大気中の濃度を自然の生態系や人類に危険な悪影響をおよぼさない水準で安定させることを最終目的とした。また，この条約に基づいて，1997年には日本で開催された第3回気候変動枠組条約締約国会議（COP3）にて**京都議定書**（Kyoto Protocol）が採択され，先進国において法的拘束力をもつ二酸化炭素の削減目標が掲げられた。また京都メカニズム[*24]と呼ばれる二酸化炭素の排出に関する国際的な取引制度を導入し，先進国は自国だけではまかなえない削減分を他国から買い取ることで達成するしくみもできた。日本は，2008年から2012年までの第一約束期間において，基準年となる1990年における二酸化炭素の排出量に比べて6％の削減目標が課せられたが，基準年の8.7％減を達成した。しかし，京都議定書では，先進国のみを対象とした削減目標であり，新興国の経済発展も重なったことから，第一約束期間において排出削減義務を負う国の排出量は世界の1/4にすぎず，さほど効果が期待できないことが指摘されていた[*25]。

こうした背景を受けて，ポスト京都議定書をめざす動きが活発化し，

[*22] Let's TRY!!
近年，技術革新がめざましく，再生可能エネルギーの発電コストは格段に下がってきている。今後さらに高効率化することが予想される。最新の発電コストを調べてみよう。

[*23] +α プラスアルファ
水素と酸素の反応によって水が生成される際に生まれる電力を用いる電池。水素燃料電池そのものからはCO_2は一切排出しない。これまで，水素を作る段階でCO_2が発生していたが，近年，水素生成方法にも技術革新があり，よりCO_2の排出をおさえた生成方法が確立されつつある。

[*24] +α プラスアルファ
自国だけでは削減できないCO_2に関して他国の削減量を買い取り，自国分として埋め合わせる制度。カーボンオフセット（3-3-4項参照）の考え方が基本となっている。

[*25] Let's TRY!!
各国のCO_2の排出量は，新興国の発展にともない年々変化が大きい。最新のCO_2の排出量について調べてみよう。

3-3 持続可能な社会に向けた国際的な取り組み

2015年にフランスで開かれたCOP21において新たに**パリ協定**（Paris Agreement）が採択された。パリ協定では，京都議定書の問題点であった「削減目標は先進国のみを対象とする」ものから，「すべての国が自国で作成した目標を提出し，そのための措置を実施すること」とした。また産業革命以前と比較して，世界の平均気温の上昇を2℃を十分に下回る水準に抑制し，1.5℃以内におさえる努力をするという国際的な長期目標を掲げている[*26]。さらに今世紀後半には，人為的な温室効果ガスの排出と吸収を均衡するレベルにまで削減すると定め，今世紀後半には排出を実質ゼロにする脱炭素化，**ゼロ・エミッション**（zero emission）[*27]のビジョンを示している。パリ協定は，2016年11月にアメリカや中国などの批准[*28]を受けて発効された[*29]。パリ協定は，発効のあと，5年ごとに目標の見直しが検討されており，徐々に削減目標を引き上げることで最終目標の達成をめざしている。

3-3-4 カーボンオフセットとカーボンニュートラル

カーボンオフセット（carbon offset）とは，我々や企業などが自ら排出した温室効果ガスに対し，できるうるかぎりの削減に努めるがそれでも削減が困難な部分を，他の場所で実現した排出削減・吸収量で置き換え埋め合わせることで，温室効果ガスの削減をうながすしくみである。京都メカニズムで整備された制度で，先進国が培ってきたCO_2の排出削減のノウハウを積極的に他国や途上国，新興国に適用することで地球全体のCO_2の排出量を削減しようとするものである。カーボンオフセットを具体的に運用するためには，先進国間での取引である**共同実施**（Joint Implementation：JI），先進国が途上国に技術や資金を援助して取り組む**クリーン開発**（Clean Development Mechanism：CDM），削減が容易でない国が削減量を市場取引する**国際排出権取引**（International Emission Trading：IET）やパリ協定の採択に向けて課題となったCDMの問題点を改善する**二国間クレジット制度**（Joint Crediting Mechanism：JCM）などのしくみがある[*30]（4-3-4項参照）。

さらにカーボンオフセットを究極にまで深化させた考え方に**カーボンニュートラル**（carbon neutral）がある。カーボンニュートラルは，対象とする範囲を広範囲でとらえ，排出される二酸化炭素と吸収される二酸化炭素が同じ量になるという概念であり，CO_2が増えない状態を意味する[*31]。

[*26] **＋αプラスアルファ**
IPCCの第5次評価報告書において，地球の将来像について，4つのシナリオが示され，いま現在から十分な対応がとれれば将来の気温上昇は2℃におさえられると試算されている。（2-2-2項表2-2参照）

[*27] **ゼロ・エミッション**
人間活動により自然界へ排出されるごみや汚染物質などをゼロにするしくみ。

[*28] **＋αプラスアルファ**
条約に対する国家の最終的な同意の手続きのこと。日本では国会での審議を経て決定される。

[*29] **＋αプラスアルファ**
日本は，パリ協定発効後に批准しており，先進国のなかでは少し出遅れた。今後の取り組みが注目される。

[*30] **Let's TRY!!**
実際に行われたCO_2排出量の国際間の取引の事例を調べてみよう。

[*31] **＋αプラスアルファ**
カーボンニュートラルは，地球全体の規模での実現は難しいが，かぎられた事業内においては成り立つ場合もあり，取り組む企業も出てきている。持続可能な社会の理想ともいえる目標であり，めざすべき方向性であることは間違いない。

3-4 持続可能性の評価

3-4-1 環境容量とエコロジカルフットプリント

地球は有限であるから，当然そこには限界が存在する。この限界値を**環境容量**（carrying capacity）と呼ぶ。地球の環境容量は，一般的には環境汚染物質の収容力を指し，その環境を損なうことなく受け入れることのできる人間の活動や汚染物質の量を表している。環境容量には，環境基準などを設定したうえで許容される排出総量を考えるものと，自然の浄化能力の限界量から考えるものとがある。

環境容量の定量的な表現は複雑な因子が影響し合うことから容易ではない。環境影響の定量化の一つに**エコロジカルフットプリント**（Ecological Footprint：EF）という指標がある。EF は，人類が地球に与える負荷を資源供給と廃棄物吸収に必要な生産性のある陸地と海洋の面積として計算したものである。日本人1人当たりの EF は，どんなに小さく見積もっても 2 gha[*32] といわれている。また，日本の生産能力のある土地の面積を人口で割った数は，0.24 gha しかない。したがって日本人は 1.76 gha 分をどこかの国から調達していることになる。

図 3-6 に世界の EF の推移と今後の予測について示す。1970 年代に入り世界の EF は地球1個分を超え始め，現在は地球約 1.5 個分の土地が必要と試算されている。新興国の生活水準が上昇することは容易に予測できることから，さらに EF の値は大きくなることが予想され，2030 年には地球2個分の土地が必要になると考えられている。このよ

[*32]
Don't *Forget!!*
単位は gha と示し，平均的な生物生産力をもつ土地1ヘクタールという意味でグローバルヘクタールと呼ぶ。

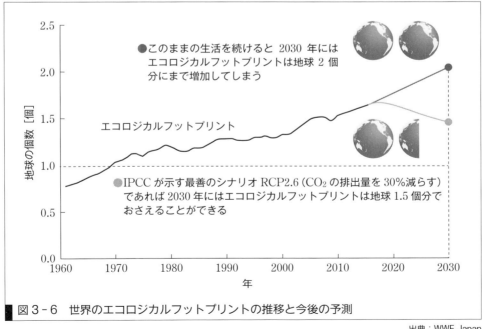

図 3-6　世界のエコロジカルフットプリントの推移と今後の予測

出典：WWF Japan

うに地球の環境容量を超えた行き過ぎ状態をオーバーシュートと呼ぶ。持続可能な社会の構築のためには，人類すべてのEFが地球上の生態学的な生産力のある面積より小さくなくてはならない。そのためにも，我々の生活スタイル，社会構造を変えていく必要がある。

3-4-2 カーボンフットプリント

カーボンフットプリント（Carbon Footprint : CF）とは，人間活動によって排出される温室効果ガス量を「見える化」したものである。ある製品が製造されて販売，廃棄されるまでに発生した二酸化炭素などの総合計量を重量で表し，商品に表示している（図3-7）。カーボンフットプリントは，製品を生産する事業者と消費者の双方にCO_2排出量を認識，自覚させることで排出量の抑制をうながすことを目的としている。またカーボンフットプリントの単位にはt-CO_2eq（二酸化炭素換算トン）が用いられる。これは**地球温暖化係数**[*33]を用い，二酸化炭素を基準に温暖化に対する寄与度を表した数値である。

[*33] **Don't Forget!!**
地球温暖化係数とは，各温室効果ガスの地球温暖化に対する効果をCO_2の効果に対して相対的に表した指標のこと。

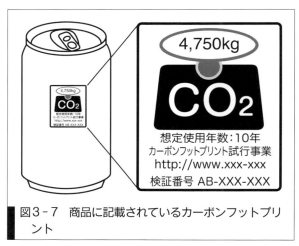

図3-7 商品に記載されているカーボンフットプリント

3-4-3 ウォータフットプリント

EFでは表現しづらい分野の一つに水資源の消費量がある。これを評価したものが**ウォータフットプリント**（Water Footprint : WF）である。WFとは，水利用に関する環境影響から原材料の栽培，生産，製造，加工，輸送，流通，消費，廃棄，リサイクルまでのライフサイクル全体で必要とされる水量を求め，そのものを評価する手法で，水に着目した**ライフサイクルアセスメント**（Life Cycle Assessment : LCA）[*34]といえる。水を消費することだけでなく，水質汚染物質を排出するといった観点からも影響評価を行う。図3-8に我が国のウォータフットプリントを示す。海外から多くの水が日本に輸入されていることがわかる。これは水自体を輸入しているのではなく，さまざまな輸入品が製品になる

[*34] LCA
製品の製造，輸送，販売，使用，廃棄，再利用までの各段階における環境負荷を明らかにし，その改善策をステークホルダ（利害関係者）と検討すること。

までに使用された水の量を含んでいる。これを**バーチャルウォータ**（virtual water）[35]と呼んでいる。

*35 Let's TRY!!
牛1頭を育てるために必要な水の量は何Lか。またさまざまなもののバーチャルウォータの量を調べてみよう。

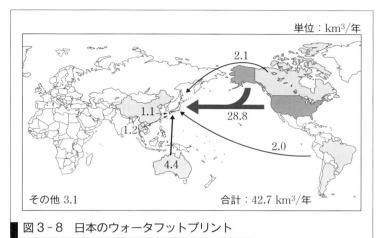

図3-8　日本のウォーターフットプリント
出典：東京大学生産技術研究所「日本のウォーターフットプリントの7％は非持続的な水源？」

3-4-4 人間開発指数

人間開発指数（Human Development Index：HDI）[36]とは，ある国の人間によって開発された度合いを評価して示す指標である。HDIは，1990年に国連開発計画（UNDP）が報告した「人間開発報告書」で初めて示された。この報告書において，人間開発とは「人々が長寿で，健康で，創造的な人生を送る自由，その他，意義のある目標を追求する自由，さらには，すべての人類の共有財産である地球のうえで，平等に，そして持続可能な開発のあり方を形づくるプロセスに積極的に関わる自由を拡大すること」と定義している。すなわち，HDIは「長寿で健康な生活」，「知識へのアクセス」，「人間らしい生活の水準」という3つの側面から人間開発の達成度をまとめて表す指標である。HDIの登場以前では，各国の開発の程度は，国内総生産（GDP）などの指標により評価されていた。しかし，UNDPは，GDP以外にもその国の平均寿命，識字率，貧困状態やジェンダの不平等なども基準にすべきと考えた。現在では，HDI以外に，不平等調整済み人間開発指数（IHDI），ジェンダ不平等指数（GII），多次元貧困指数（MPI）などが取り入れられ，より正確に対象の国の開発状態を評価できるようになった。

*36 Let's TRY!!
UNDPがWeb上で人間開発報告書を公開している。確認してみよう。

演習問題　A　　基本の確認をしましょう

3-A1　持続可能な社会とはどのような社会か。
3-A2　国際社会が持続可能な開発をめざすなか，各国の間で方向性が合意できない場合がみられる。その理由にはどのようなことがあるか。
3-A3　環境容量とはどのようなものか。

WebにLink
演習問題の解答

3-A4 「地球の有限性」を考えるうえで,自分の身近に起きている問題は何か。

3-A5 再生可能エネルギーの普及に向けての課題は何か。

WebにLink
演習問題の解答

演習問題　B　　もっと使えるようになりましょう

3-B1 ある自動車会社が発売した5人乗りの普通乗用車がある。この普通乗用車には2つのタイプがあり,1つは電気とガソリンのハイブリッドエンジンを搭載(A Type)しており,もう1つはガソリンで駆動するエンジンのみを搭載(B Type)している。両者の車体価格と燃費を表アに示した。どちらのタイプの自動車を買うほうがよいか,持続可能な社会の構築を念頭にあなたの意見を述べよ。

表ア　ある自動車の車体価格と燃費

	A-Type	B-Type
車体価格	230万円	170万円
燃費	27 km/L	20 km/L

＊ただし,購入者は年間10000 km走行し,10年間乗り続けるものとする。
＊また,部品の消耗などは同時に起きると仮定し,電池の積み替えはないものとする。

3-B2 私たちの生活水準を下げずにエコロジカルフットプリントを下げるにはどうすればよいか。

3-B3 自然保護における「保全」と「保存」はどのような違いがあるか。世界遺産などでみられる問題を例に,持続可能な発展という視点に立ってあなたの考えを述べよ。

3-B4 世代間倫理を考えるうえで課題がいくつかある。それは何か。

あなたがここで学んだこと

この章であなたが到達したのは
- □ 持続可能な社会をめざす国際的な取り組みを説明できる
- □ 持続可能な開発について説明できる
- □ 環境倫理の基本的な考え方を説明できる
- □ 環境容量について説明できる

　本章では,国際的な枠組みで持続可能な社会の構築をめざしてきた歴史と考え方をみてきた。またそのなかで具体的な日本の取り組みを紹介し,さらにその評価方法についても解説した。また技術者として必要な環境倫理,環境教育の重要性についても学習した。正しい知識と正しい考えをもち,かけがえのない地球を次世代にバトンタッチできる人材になってもらいたい。

4章 公害問題と環境政策

エコパーク水俣（熊本県水俣市） （提供：水俣市）

　この写真にある美しい公園は熊本県水俣市にあるエコパーク水俣です。いまでは，多くの人たちのレクリエーションの場となっているこの公園は，「公害の原点」とも呼ばれる水俣病が発生した水俣湾の水銀汚泥を取り除き，埋め立ててできたということを知っていますか。かつて，水銀に汚染された汚泥が58 ha（東京ドーム12個分）という広大な埋立地に堆積していたことを考えると，同公害が長期間にわたり多大な被害を引き起こしたことが理解できるでしょう。

　四大公害病の一つである水俣病は，1956年5月に公式確認され，2016年5月で60年を迎えました。同公害病の背景には，日本が急速な経済成長を進めていくなかで，十分な環境汚染対策が講じられていなかったことと，公害病発生後，原因物質および発生源の特定，それらと公害病との因果関係の認定に長期間を要したことがあげられます。

　人々の生活を豊かにするための経済発展の裏で，健康被害を受けている人々もいるという矛盾に対して，技術者はどのように向かい合っていく必要があるのでしょうか。

●この章で学ぶことの概要

　本章では，我が国における公害の発生およびそれらに対応するために制定された法制度について学びます。公害発生の背景や時代変遷，それらにともなってどのような法制度が整備されてきたかを解説します。

> **予習　授業の前に調べておこう!!**
>
> 1. 公害について調べてみよう。
>   (1) 典型七公害とは何か。
>   (2) 四大公害病とその原因物質は何か。
> 2. 公害対策のために制定された代表的な法制度について調べてみよう。
>   (1) 公害対策基本法
>   (2) 環境基本法
>
> WebにLink
> 予習の解答

4.1 産業発展による公害問題

4-1-1 公害の歴史と典型七公害

公害(environmental pollution)とは，環境基本法(4-3節にて後述)により，事業活動その他の人の活動にともなって生ずる相当範囲にわたる**大気汚染**(air pollution)，**水質汚濁**(water pollution)，**土壌汚染**(soil pollution)，**騒音**(noise pollution)，**振動**(vibration pollution)，**地盤沈下**(land subsidence)，**悪臭**(odour pollution)によって，人の健康または生活環境にかかわる被害を生ずること，と定義されている。

表4-1に我が国における環境問題の推移を示す。我が国では，1950年代後半から始まった高度経済成長期において，工場から排出される排水やばい煙などによる環境汚染が発生し，それらが人の健康被害をもたらし，深刻な社会問題となった。これらのいわゆる産業型公害に対処するため，1967年に公害対策基本法が制定された。1970年代後半からは，自動車排気ガスによる大気汚染や生活排水による水質汚濁など，いわゆる生活型公害が深刻化してきた。1988年にIPCC(Intergovernmental Panel on Climate Change，気候変動に関する政府間パネル)が設立されたことを受けて，我が国も地球規模の環境問題へ対応するため，1993年に公害対策基本法が廃止され，環境基本法が制定された。1990年代後半からは，循環型社会の形成に関する法案が整備され，2000年代には生物多様性に関連する法案も制定された。2011年の東日本大震災・福島第一原子力発電所事故後，我が国のエネルギー政策が見直され，2012年に再生可能エネルギー特別措置法が制定されている。このように，時代の変遷にともなって環境問題の形態も変化しており，その時代に則した対策が必要となっている。

公害の定義で述べた，大気汚染，水質汚濁，土壌汚染，騒音，振動，地盤沈下，悪臭は**典型七公害**(seven major types of pollution)と位置づけられている。4-1-2項から4-1-8項で典型七公害の概要につ

表4-1 我が国における環境問題の推移

年代	発生した公害				政策	
	大気汚染	水質汚濁	土壌汚染	その他	国内	国際社会
1890		足尾銅山鉱毒事件				
1920		イタイイタイ病				
1950		水俣病				
1960	四日市ぜんそく 川崎公害 尼崎大気汚染公害	新潟水俣病		カネミ油症事件	公害対策基本法 大気汚染防止法 騒音規制法	
1970	東京都で光化学スモッグ被害 四大公害裁判で原告勝訴 土呂久ヒ素公害		六価クロム事件		公害関連14法案（公害国会） 環境庁発足	国際連合人間環境会議（ストックホルム）
1980	自動車排出ガスによる大気汚染問題	富栄養化問題	地下水汚染問題		オゾン層保護法	IPCC設立
1990				ダイオキシン問題	環境基本法 容器包装リサイクル法 環境影響評価法 家電リサイクル法 地球温暖化対策推進法	地球サミット開催 COP3（京都）開催 京都議定書採択（気候変動枠組条約）
2000				アスベスト問題	循環形社会形成推進基本法 循環関連法6法案 環境省発足 フロン回収破壊法 外来生物法 生物多様性基本法	
2010	PM2.5問題	東日本大震災・福島第一原子力発電所事故		ニホンカワウソを絶滅種指定 ニホンウナギを絶滅危惧種指定	再生可能エネルギー特別措置法	COP10（名古屋）開催 名古屋議定書・愛知目標採択（生物多様性条約）

いて解説を行う。

4-1-2 大気汚染

　大気汚染とは，工場や自動車など（人為的発生源[*1]）から放出された大気汚染原因物質により，大気中の微粒子や汚染成分が増加したり，新たな大気汚染物質が生成されるなどして，人の健康や生活環境に悪影響を与える公害のことである（第10章参照）。大気汚染が原因で発生した公害病では，**四日市ぜんそく**（Yokkaichi asthma）が有名であり，主要な大気汚染物質は**化石燃料**（fossil fuel）[*2]を燃焼させる際に発生する**硫黄酸化物**（sulfur oxide）であった。近年では，中国から飛来する**PM2.5**[*3]などの浮遊粒子状物質（Suspended Particulate Matter：SPM）の問題が注目されている。

*1
＋α プラスアルファ
事業活動や交通機関などの人の活動に起因する発生源。

*2
化石燃料
動植物の死骸が大量に堆積し，数千万年から数億年にわたり，加圧・加熱されて生成されたもの。代表的なものとして，石炭，石油，天然ガスがあげられる。

*3
PM2.5
大気中に存在する粒子状物質のうち，粒子の直径が2.5 μm以下のもの。PM2.5は，大気中に溶け込んでいるため，体内に吸収されやすく，人体に悪影響をおよぼす。

*4
閉鎖性水域
内湾，内海，湖沼など，水の出入りがほとんどない水域のこと。内部の水が入れ替わりにくいため，水質汚濁が進行しやすい。

*5
富栄養化
人間活動により大量の栄養塩（主として窒素とリン）が閉鎖性水域に流入し，植物プランクトンが異常増殖する現象。

*6
バイオレメディエーション
微生物や植物を利用し，土壌中の有害物質を除去する方法。

*7
+α プラスアルファ
汚染土壌がある場所において，汚染物質の抽出や分解などの方式により，土壌汚染物質を除去する方法。

*8
+α プラスアルファ
農業において，川から田畑に水を引いて利用する時期をいう。この期間は，川の水量が少なくなる傾向にある。

4-1-3 水質汚濁

　水質汚濁とは，工場・事業所から排出される産業排水や一般家庭から排出される生活排水によって，河川・湖沼・海域などの水質が汚染される公害のことである。高度経済成長期においては，**水俣病（Minamata disease）** などのとくに重化学工場の排水中に含まれる重金属による公害病の発生が大きな社会問題となった。後述する**四大公害病（big four pollution-related diseases）** のなかの3つは水質汚濁に起因するものである。近年では，**閉鎖性水域（closed water area）** *4 および都市部の中小河川での水質汚濁が発生しており，とくに閉鎖性水域における**富栄養化（eutrophication）** *5 が問題となっている（第5章参照）。

4-1-4 土壌汚染

　土壌汚染とは，土壌が有害物質により汚染され，人の健康への影響，農作物や植物の生育阻害，地下水汚染などを引き起こす公害のことである（第9章参照）。土壌汚染は，工場跡地などで発覚することが多く，代表的な事件として1975年に東京都営地下鉄工事時に発生した六価クロム事件がある。とくに人の健康への影響については，汚染土壌への接触などによる直接的リスクと，汚染された地下水や農作物の摂取による間接的リスクが考えられる。土壌汚染の特徴として，水や大気と比べて移動性が低く土壌中の有害物質が拡散・希釈されにくいことから，汚染が長期化しやすいことがあげられる。また，その発生源も多岐にわたっており，水質汚濁防止法，大気汚染防止法，廃棄物処理法，農薬取締法などにより土壌汚染の未然防止対策が講じられている。近年では，**バイオレメディエーション（bioremediation）** *6 などの原位置浄化技術*7 が注目されている。

4-1-5 地盤沈下

　地盤沈下とは，生活の基盤である地面が相当範囲にわたって，徐々に沈んでいく公害のことである。地盤沈下が発生した背景には，高度経済成長期における地下水採取量の急増があげられており，とくに地盤の比較的軟弱な地域において発生しやすい状況にある。一度沈下した土地はもとに戻らないため，水道管やガス管などのライフラインの損壊や，洪水時の浸水被害の拡大など，大きな被害をもたらす危険性がある。現在は，地下水採取制限が行われているため，長期的にみると地盤沈下は沈静化の傾向となっている。近年，地盤沈下の生じている地域における地下水利用状況をみると，水溶性天然ガス溶存地下水の揚水が多い地域，冬季の消融雪用としての利用が多い地域，都市用水としての利用が多い地域，灌漑期*8 において農業用水としての利用が多い地域があり，こ

れらの地域では，代替水源の確保などの措置も講じられている．

4-1-6 騒音

騒音とは，聴く人に不快と感じさせる騒がしい音のことを示す公害である（第11章参照）．騒音では，環境基本法による環境基準および騒音規制法による許容限度などが定められているが，感覚公害の側面もあり，感じ方に個人差があることが特徴となっている．騒音は，精神的ストレスや健康被害の原因にもなるとともに，近隣住民間や居住地域におけるトラブルを引き起こす可能性を有しており，訴訟に発展したケースもある．

4-1-7 振動

振動とは，振動による家屋などの物理的被害や，精神的ストレス，健康被害を与える公害のことである（第11章参照）．主要な発生源は，工場などの事業活動や建設作業，自動車や鉄道である．また，近年では，人の耳に感知されにくい低周波空気振動（低周波音）に関する問題も発生している．

4-1-8 悪臭

悪臭とは，人が感じる嫌な臭いや不快な臭いの総称であり，感じ方に大きな個人差があるため，感覚公害の代表といえる．1995年に臭気指数規制が導入されるまでは，悪臭のおもな発生源は畜産農業や各種製造工場であったが，近年では野外焼却が悪臭発生源の1/4を占めている．

4 2　環境汚染による公害病

我が国では，1950～1970年代にかけて，公害により住民への大きな健康被害，公害病が発生した．このうち被害の大きいものは四大公害病といわれている（表4-2）．本節では公害病の種類と形態，四大公害病，その他の公害病についての解説を行う．

*9 **Don't Forget!!**
四大公害病の発生した年代，原因物質，発生した地域に関しては，公害防止管理者試験にもよく出題されるので覚えておこう．

表4-2　四大公害病の概要[*9]

問題の始まり	原因	病名	被害地	症状
1920年頃	排水中カドミウム	イタイイタイ病	富山県神通川流域	骨がもろくなり，体のあちこちが骨折し激しい痛みをともなう
1953年頃	排水中水銀	水俣病	熊本県水俣湾周辺	中枢神経系疾患（手足や口がしびれるなどの症状）
1961年頃	工場からのばい煙に含まれる硫黄酸化物	四日市ぜんそく	三重県四日市市	ぜんそくや気管支炎の発症
1964年頃	排水中水銀	新潟水俣病	新潟県阿賀野川流域	中枢神経系疾患（手足や口がしびれるなどの症状）

4-2-1 公害病の形態と四大公害病

公害病には，大気汚染と水質汚濁に起因するものが確認されているが，疾病の態様によって特異的疾患[*10]と非特異的疾患[*11]に分類される。現在，公害病として指定されているもののうち，特異的疾患には水俣病，イタイイタイ病および慢性ヒ素中毒症の3疾病が，非特異的疾患には慢性気管支炎，気管支ぜんそく，ぜんそく性気管支炎ならびに肺気腫の4疾病（閉塞性呼吸器疾患）がある。

4-2-2 イタイイタイ病

イタイイタイ病とは，富山県神通川流域で発生した公害病である。原因物質は神通川の上流にある三井金属鉱業神岡鉱山から排出された**カドミウム**(cadmium)であり，飲料水や農作物が汚染され，それらを近隣住民が摂取することにより被害が発生した（図4-1）。同公害病の患者は，カドミウムの慢性中毒[*12]により骨軟化症を発症し，全身のさまざまな部位が骨折し，「痛い，痛い」と泣き叫んだことからイタイイタイ病と名づけられた。

同公害病の最初の患者は1911年頃には確認されていたが，原因物質が究明され公害病として認定されたのは50年以上経た1968年であった。同公害病の患者に認定されると公害医療手帳が支給され，国から医療費・障害補償費・療養手当が給付され，原因企業である三井金属鉱業からも賠償費・医療費・入院費・医療介護手当・温泉療養費が支給されるが，認定のハードルが厳しいため，いまだに行政の救済を受けられない人々がいるのが現状である。2013年12月には，原因企業と被害者団体との間で補償に関する合意書が取り交わされ，同公害病の前段階の症状である肝臓障害をもつ非認定患者に対しても，原因企業が1人60万

[*10] **＋α プラスアルファ**
特異的疾患とは，原因とされる汚染物質とその疾病との間に特異的な関係があり，その物質がなければ，その疾病が起こりえないとされている疾病のことである。
例）メチル水銀と水俣病

[*11] **＋α プラスアルファ**
非特異的疾患とは，その疾病の原因となる特定の汚染物質が証明されていないものである。
例）大気汚染の影響による慢性気管支炎

[*12] **＋α プラスアルファ**
薬毒物などの長期にわたる摂取により，徐々に生体機能に異常をきたす状態。

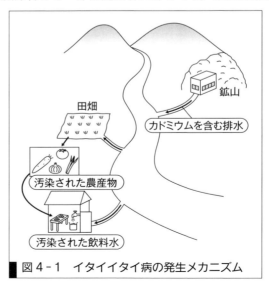

図4-1 イタイイタイ病の発生メカニズム

円の一時金が支払われることとなった。

4-2-3 水俣病

水俣病とは，熊本県水俣湾周辺で発生した環境汚染の食物連鎖で起きた人類史上最初の公害病であり，公害の原点ともいわれている。原因物質はチッソ水俣工場においてアセトアルデヒド製造工程で副生された**メチル水銀**（methylmercury）を含む排水であり，同排水が水俣湾にほぼ未処理[*13]のまま廃棄されたことにより，魚の体内でメチル水銀の**生物濃縮**（bioconcentration）[*14]が起こり，これを日常的に摂取した沿岸部住民などへの被害が発生した（図4-2）。同公害病はメチル水銀による中毒性中枢神経疾患であり，おもな症状には，四肢末端優位の感覚障害，運動失調，求心性視野狭窄，聴力障害，平衡機能障害，言語障害，手足の震えなどがある。また，胎盤を通じて胎児の段階でメチル水銀に侵された胎児性水俣病も存在する。

同公害病は1956年に発生が公式に確認され，1968年に原因物質がメチル水銀化合物であると公式に断定され，公害病として認定された。イタイイタイ病と同様に，同公害病に認定された患者は原因企業からの補償を受けるが，認定のハードルは厳しく，未認定患者による訴訟も続いている。

[*13] **工学ナビ**
水銀を含む排水の処理では，まず有機水銀を塩素で分解して無機水銀とし，硫化ナトリウムを加えることで硫化物として沈殿させる硫化物沈殿法が用いられている。また，沈殿法だけでは排水基準の達成が困難であることが多いため，その後に活性炭吸着法やキレート吸着法が併用されている。公害防止管理者試験にも出題されることがあるため，覚えておこう。

[*14] 生物濃縮
環境中に放出された微量の有害物質が，食物連鎖の各段階を経るごとに生物の体内での蓄積量が増加する現象。

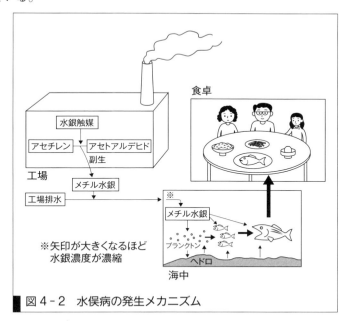

図4-2 水俣病の発生メカニズム

4-2-4 四日市ぜんそく

四日市ぜんそくとは，三重県四日市市で1960～1972年にかけて四日市コンビナート[*15]から発生した大気汚染による集団ぜんそく症状である。主要な原因物質は，同コンビナートにおいて石油の精製過程で排出

[*15] **+α プラスアルファ**
四日市コンビナートは日本初の本格的な石油化学コンビナートであり，三重県と四日市市が誘致を実施したことから，裁判においても行政の責任が問われた。

された亜硫酸ガス（硫酸ミスト）などの硫黄酸化物であり，コンビナートの風下に位置する地域の住民に被害が発生した。同公害病は大気汚染による慢性閉塞性肺疾患であり，息苦しさ，喉の痛み，激しいぜんそくの発作などの症状が起こる。症状がひどい場合，呼吸困難により死にいたり，心臓発作や肺気腫を併発することもあった（図4-3）。

同公害病は，ほかの四大公害病と異なり，複数の工場群が公害の発生源となっていたため，原因企業および原因物質の特定が困難であった。また，四大公害病のうち，同公害病のみ大気汚染が原因であり，唯一都市部で発生した公害病であった。同公害の教訓によって1968年に大気汚染防止法が制定された。

四日市市は公害病として認定した市民に対して，市費で治療費を補償する制度を1965年に開始したが，当時は国側にも公害患者を公費で救済する制度を有していなかったため，全国初の試みであった。その後，認定患者の増加にともない，国および原因企業も分担金を支給する形となった。また，同公害病の認定患者のうち，約4割が9歳以下の子供であった。

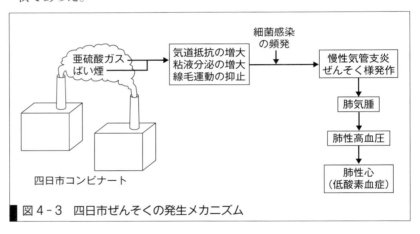

図4-3　四日市ぜんそくの発生メカニズム

*16
Let's TRY!!
四大公害病以外の公害病について，発生原因や被害状況，時代背景などを調べて，公害病の時代変遷をまとめてみよう。

*17
光化学スモッグ
窒素酸化物や揮発性有機化合物が紫外線を受けて反応すると光化学オキシダントと呼ばれる物質が発生し，目の痛みや吐き気，頭痛などを引き起こす。この光化学オキシダントが高濃度で大気中を漂う現象を光化学スモッグと呼ぶ。

4-2-5 新潟水俣病

新潟水俣病とは，新潟県阿賀野川流域で発生した水俣病と同様の特徴を有する公害病である。原因物質は昭和電工鹿瀬工場にてアセトアルデヒド製造工程で副生されたメチル水銀を含む排水であった。同公害病が確認されたのは，水俣病が公害病として認定される前の1965年であったが，チッソ水俣工場と昭和電工鹿瀬工場は同様の物質の生産を行っていたため，水俣病に対して的確な対応を政府がとっていたなら回避可能であったといわれている。同公害病は四大公害病のなかで，最も確認が遅かったが，四大公害裁判は同公害病から始まった。

4-2-6 その他の公害病*16

　四大公害病以外にも，鉱山においてヒ素中毒が発生した土呂久ヒ素公害，六価クロムによる土壌汚染が原因となった日本化学工業の六価クロム事件，四日市ぜんそくと同様の健康被害が発生した川崎公害など，1970年代までは産業型公害が各地で発生していたが，公害対策基本法が制定されたあとに減少した。一方で，**光化学スモッグ**（photochemical smog）*17 による健康被害など，日常生活で利用するものに由来する病気が新たに発生してきた。

4　3　環境保全のための法制度

4-3-1 公害対策基本法*18

　4-1節で述べた公害に対処するため，1967年に公害対策基本法が制定された。同法が改正および強化された1970年の第64回臨時国会は公害国会とも呼ばれ，公害関連14法案*19 が改正・成立し，我が国における公害対策の法体系の大部分が確立された。同法では，典型七公害のうち大気汚染，水質汚濁，土壌汚染および騒音については，人の健康の保護および生活環境の保全を行ううえで望ましい基準である**環境基準**（environmental standard）が設定された。同法が制定された翌1971年には環境庁（現環境省）が設立された。1972年には，大気汚染防止法および水質汚濁防止法が改正され，無過失損害賠償責任制度*20 が制定された。

4-3-2 環境基本法

　公害対策基本法の制定により，産業型公害の発生は減少していったが，おもに都市部において，自動車排気ガスによる大気汚染や生活排水による水質汚濁などの生活型公害が深刻化してきた。また，従来の公害に加えて，地球温暖化やオゾン層破壊などの地球規模の環境破壊が進行し，国際的協調のもとで環境問題に取り組むことが必要となり，公害対策基本法での対応が困難となった。

　そこで，1993年に公害対策基本法が廃止され，**環境基本法**（the basic environment law）が新たに制定された。環境基本法の法体系を図4-4に示す。環境基本法では，公害防止，廃棄物・リサイクル対策，地球環境保全の3つに関連する法案が定められている。公害防止関連法案では，公害対策基本法に関連する典型七公害に関する法案に加えて，特定化学物質を対象とした**PRTR法**[21]とダイオキシン類対策特別措置法が新たに加えられた。廃棄物・リサイクル対策関連法案では，循環型社会形成推進基本法と各種リサイクル法案が制定された。地球環境保全関連法案では，地球温暖化対策に関する法案が追加された。

*18 ＋α プラスアルファ
法制度は適宜改定されていく。最新の情報を環境省のHPで確認しておこう。
http://www.env.go.jp/hourei/index.html

*19 Let's TRY!
公害関連14法案にはどんなものがあるか調べてみよう。

*20 ＋α プラスアルファ
有害物質の排出によって生じた損害については，故意や過失にかかわらず，有害物質を排出した事業者が賠償の義務を負う制度。

*21 PRTR法
特定化学物質の環境への排出量の把握などおよび管理の改善の促進に関する法律。排出規制とは異なり，化学物質を適切に管理することにより，環境への排出量が削減されることを期待した制度である。

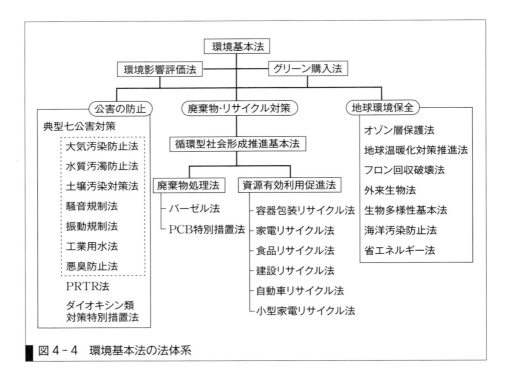

図4-4 環境基本法の法体系

1. 目的と定義[*22]　環境基本法の目的（第1条）と定義（第2条）は以下のとおりである。

(目的)第1条　この法律は、環境の保全について、基本理念を定め、並びに国、地方公共団体、事業者及び国民の責務を明らかにするとともに、環境の保全に関する施策の基本となる事項を定めることにより、環境の保全に関する施策を総合的かつ計画的に推進し、もって現在及び将来の国民の健康で文化的な生活の確保に寄与するとともに人類の福祉に貢献することを目的とする。

(定義)第2条　この法律において「環境への負荷」とは、人の活動により環境に加えられる影響であって、環境の保全上の支障の原因となるおそれのあるものをいう。

2　この法律において「地球環境保全」とは、人の活動による地球全体の温暖化又はオゾン層の破壊の進行、海洋の汚染、野生生物の種の減少その他の地球の全体又はその広範な部分の環境に影響を及ぼす事態に係る環境の保全であって、人類の福祉に貢献するとともに国民の健康で文化的な生活の確保に寄与するものをいう。

3　この法律において「公害」とは、環境の保全上の支障のうち、事業その他の人の活動に伴って生ずる相当範囲にわたる大気の汚染、水質の汚濁（中略）、土壌の汚染、騒音、振動、地盤の沈下（中

[*22] **Don't Forget!!**
環境基本法の第1条「目的」と第2条「定義」は公害防止管理者試験でもよく出題されるので、要点を押さえておこう。

略）及び悪臭によって，人の健康又は生活環境（中略）に係る被害が生ずることをいう。

2. 基本理念　環境基本法は，次の3つの基本理念のもと，環境保全の施策の基本事項およびその施策を総合的かつ計画的に推進するために必要な事項を定めている。

① 環境の恵沢の享受と継承（第3条）
② 環境への負荷の少ない持続的発展が可能な社会の構築（第4条）
③ 国際的協調による地球環境保全の積極的推進（第5条）

　同法はこれらの基本理念にのっとり環境保全の基本施策として，環境基本計画の策定（第15条），環境基準の設定（第16条），公害防止計画の策定（第17条），環境影響評価の推進（第20条），地球環境保全等に関する国際協力（第32条）などを定めている。また，同法において放射性物質は，「原子力基本法その他の関係法律で定めるところによる」（第13条）としていたが，東日本大震災による放射能汚染を踏まえて，2012年に第13条は削除され，放射性物質も同法の対象となった。

3. 環境基本計画　環境基本法に基づき政府が定める環境の保全に関する基本的な計画のことを環境基本計画といい，上記の基本理念実現のため，下記の4つの長期目標が掲げられている。

① 循環：資源・エネルギーの効率的な利用や物質循環を確保することにより，環境への負荷をできる限り少なくし，循環を基調とする社会経済システムを実現すること。
② 共生：保護あるいは整備などの形で環境に適切に働きかけることにより，健全な生態系を維持，回復し，自然と人間の共生を確保すること。
③ 参加：あらゆる主体が環境への負荷の低減や環境の特性に応じた賢明な利用などに自主的積極的に取り組むことにより，環境保全に関する行動に主体的に参加する社会を実現すること。
④ 国際的取組：地球環境を共有する各国との国際的協力の下に，我が国が国際社会に占める地位にふさわしい国際的イニシアティブを発揮することにより，国際的取組を推進すること。

　環境基本計画は，1994年の最初の閣議決定から6年ごとに4度改訂

され，東日本大震災後に策定された第四次計画では，9つの重点分野*23を掲げ，その他に震災復興，放射性物質による環境汚染対策など，東日本大震災に関連した対応策が追加された。

4. 環境基準 環境基準とは，人の健康を保護し，生活環境を保全するうえで維持されることが望ましい環境上の条件を，政府が定めるものである（環境基本法第16条第1項）。環境基準は，あくまで行政上の目標としての基準であって，事業者などに達成義務が直接に課せられるものではない。したがって，政府は経済的措置*24，受益者負担*25，原因者負担*26といった規制や課税などのさまざまな政策手法を用いて環境基準の達成をうながしている。

環境基準は，典型七公害のうち，大気汚染，水質汚濁，土壌汚染および騒音の4種について定められている（表4-3）。一方，大気汚染，水質汚濁および土壌汚染の原因になりうる排ガスと排水についてはそれぞれ，**排出基準**（discharge standard）と**排水基準**（effluent standard）が定められている。また，水に関しては上水として使用するための**水道水質基準**（water quality standard for drinking water）も定められている。環境基準が上述のとおり目標値であるのに対し，これらの基準は規制値となっており，基準を満たさなかった場合は罰則が適用される。図4-5に，環境基準と排水基準，水道水質基準の関係を示す。排水基準は，排水が環境中で希釈されることを想定しているため，環境基準の10倍程度に設定されている。一方，水道水は環境中から採取した水を浄水場で処理をして利用されているため，水道水質基準は環境基準よりもさらに厳しい値が設定されている。

なお，ダイオキシン類対策特別措置法第7条では，ダイオキシン類による大気汚染，水質汚濁，土壌汚染にかかわる環境上の条件について，政府が環境基準を定めることとなっている。

*23
＋αプラスアルファ
「経済・社会のグリーン化とグリーン・イノベーションの推進」，「国際情勢に的確に対応した戦略的取組みの推進」，「持続可能な社会を実現するための地域づくり・人づくり，基盤整備の推進」，「地球温暖化に関する取組み」，「生物多様性の保全及び持続可能な利用に関する取組み」，「物質循環の確保と循環形社会の構築」，「水環境の保全に関する取組み」，「大気環境保全に関する取組み」，「包括的な化学物質対策の確立と推進のための取組み」の9つを環境政策における重点分野とした。

*24
＋αプラスアルファ
環境負荷活動を行う者に対して，負担軽減のための助成措置や，逆に負担を課すことによって負荷軽減を誘導する制度。環境税，炭素税などの課税，補助金や税制優遇などがあげられる。

表4-3 環境基準一覧

公害の種類	環境基準項目
大気汚染	二酸化硫黄（SO_2），一酸化炭素（CO），浮遊粒子状物質（SPM），二酸化窒素（NO_2），光化学オキシダント（Ox），ベンゼン，トリクロロエチレン，テトラクロロエチレン，ジクロロメタン，ダイオキシン類，微小粒子状物質
水質汚濁	人の健康の保護に関する環境基準（健康項目），生活環境の保全に関する環境基準（生活環境項目），地下水の水質汚濁にかかわる環境基準（地下水環境基準）
土壌汚染	水質汚濁における健康項目とほぼ同じ（有機リンを含み，硝酸性窒素および亜硝酸性窒素，1,4-ジオキサンを含まない），農用地においては別途基準あり
騒音	騒音にかかわる環境基準，航空機騒音にかかわる環境基準，新幹線鉄道騒音にかかわる環境基準
ダイオキシン類	大気，水質（水底の底質を除く），水底の底質，土壌

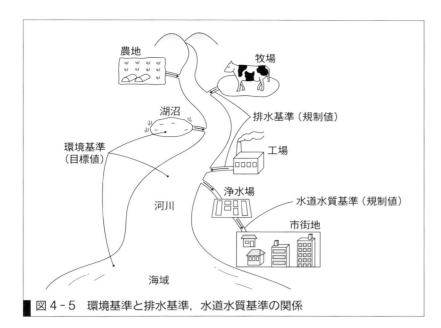

図4-5 環境基準と排水基準，水道水質基準の関係

*25
+αプラスアルファ
自然環境の保全のための事業の実施によって利益を受ける者（受益者）に，受益の限度によって事業の実施に要する費用を負担させる制度。

*26
+αプラスアルファ
公害または自然環境の保全のための事業が必要となった場合，その原因となる者（原因者）に，その事業にかかわる費用を負担させる制度。

4-3-3 循環型社会形成推進基本法

循環型社会形成推進基本法は，4-3-2項で述べた環境基本法とならぶ基本法として位置づけられている。同法において，環境行政の目標，施策の体系などに関する処分は，Reduce（**発生抑制**），Reuse（**再使用**），Recycle（**再生利用**）の3R[*27]の順に優先的に実施することを基本原則としており，3Rに対応できない場合は熱回収を行い，最後に適正処分を行う，という5段階の順序を定めている（図4-6）。また，同法では，基本理念として排出者責任[*28]と拡大生産者責任[*29]の2つの考え方を定めている。

*27
Don't Forget!!
3Rのうち，普段の生活で最も耳にするのはRecycleであるが，3Rの基本原則における優先順位は3番目であることを覚えておこう。

*28
+αプラスアルファ
受容可能な環境の状態を維持するために必要な汚染の防止・制御の費用は汚染者が負担するという考え方。一般の消費者に対しても，廃棄物の分別などをさせることで，廃棄物の処分やリサイクルに対する責任をもたせている。

*29
+αプラスアルファ
使用後の製品の処理処分による環境への影響だけでなく，材料の選択や製品設計に固有の上流活動に拡大する環境政策上の手法。生産者に対して，リサイクルや処分がしやすい製品設計・材質選定や，廃棄物の引取り・リサイクルの実施をうながす。

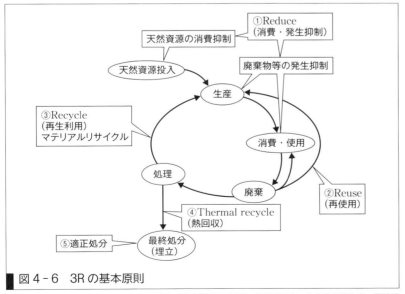

図4-6 3Rの基本原則

出典：平成25年版環境・循環型社会・生物多様性白書，環境省

4-3-4 地球温暖化対策推進法

　地球温暖化対策推進法は，地球温暖化対策に関する法令・計画のうち最も重要なものであり，1998年の導入以降，我が国における地球温暖化対策の基盤を形成している。同法では，地球温暖化対策に対して国・地方公共団体・事業者・国民の責務・役割を明らかにしており，すべての者が自主的かつ積極的に地球温暖化問題に取り組むことで，地球温暖化対策の推進をはかることを目的としている。同法案に関連する取り組みとして，「環境未来都市」構想[30]があげられる。図4-7に環境モデル都市[31]とおもな取り組み内容を示す。同構想では，各地方公共団体が地域の特性を活かした再生可能エネルギーの活用や，省エネルギー化，資源循環のまちづくりなどに取り組むことにより，温室効果ガスの排出量削減をめざしている。同都市には，気仙沼広域，釜石市，南相馬市などの東日本大震災で多大な被害を受けた地域や，水俣市，尼崎市などの過去に重大な公害が発生した地域も選定されており，震災復興や環境再生のモデルとなることも期待されている。

　削減対象となっている**温室効果ガス**（Greenhouse Gases：GHGs）は，二酸化炭素，メタン，一酸化二窒素，ハイドロフルオロカーボン類，パーフルオロカーボン類および六フッ化硫黄の6種類となっている。2016年時点で，国際的にコミットする我が国の2020年度の温室効果ガス削減目標は，2005年度比で3.8％としている。同目標達成に向け，国内では省エネの推進，再エネ導入を含めた電力の排出原単位の改善，フロン対策の強化を行うとともに，**二国間クレジット制度**（Joint Crediting Mechanism：JCM）[32]の実施も進められている。

---

[30] **＋α プラスアルファ**
環境や高齢化対応などの課題に対応しつつ，持続可能な社会システムをもった都市・地域作りをめざす構想。2015年度には，23の自治体が環境モデル都市に，うち11の自治体が環境未来都市に選定されている。

[31] **Let's TRY!!**
それぞれの環境モデル都市ではどのような取り組みがされているか下記URLで調べてみよう。
http://future-city.jp/

[32] 二国間クレジット制度（JCM）
途上国へのすぐれた低炭素技術などの普及を通じ，地球規模での温暖化対策に貢献するとともに，日本の削減目標の達成に活用するクレジットの獲得をめざすもの。2015年11月時点でのJCM署名国はモンゴル，バングラデシュ，エチオピア，ケニア，モルディブ，ベトナム，ラオス，インドネシア，コスタリカ，パラオ，カンボジア，メキシコ，サウジアラビア，チリ，ミャンマー，タイの16か国である。

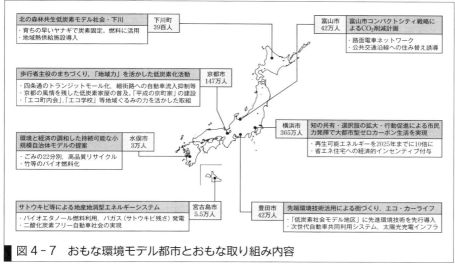

図4-7 おもな環境モデル都市とおもな取り組み内容

出典：平成24年版環境・循環型社会・生物多様性白書より作成

演習問題　A　基本の確認をしましょう

4-A1 次の5つのうち，典型七公害に該当しないものを1つ選べ。
（ア）大気汚染　（イ）水質汚濁　（ウ）騒音　（エ）地盤沈下
（オ）地下水汚染

4-A2 次の4つのうち，四大公害病の原因物質に該当しないものを1つ選べ。
（ア）水銀　（イ）六価クロム　（ウ）カドミウム　（エ）硫黄酸化物

4-A3 以下の文章は環境基本法の条文の一部である。（　）内に入る適切な語句を（ア）〜（シ）のなかから選べ。

　この法律は，（　1　）について，（　2　）を定め，並びに国，地方公共団体，事業者及び国民の責務を明らかにするとともに，（　1　）に関する施策の基本となる事項を定めることにより，（　1　）に関する施策を（　3　）かつ計画的に推進し，もって現在及び将来の国民の健康で（　4　）な生活の確保に寄与するとともに（　5　）に貢献することを目的とする。

　この法律において「公害」とは，（　1　）上の支障のうち，事業活動その他の人の活動に伴って生ずる相当範囲にわたる（　6　）の汚染，（　7　）の汚濁，土壌の汚染，騒音，振動，（　8　）及び悪臭によって，人の健康又は生活環境に係る被害が生ずることをいう。

（ア）快適　（イ）国際社会　（ウ）水質　（エ）環境の保全　（オ）大気
（カ）人類の福祉　（キ）総合的　（ク）文化的　（ケ）基本理念
（コ）地下水の汚染　（サ）包括的　（シ）地盤の沈下

演習問題　B　もっと使えるようになりましょう

4-B1　公害対策基本法が廃止され，環境基本法が制定された背景について，「産業型」，「生活型」，「地球規模」のキーワードを用いて説明せよ。

あなたがここで学んだこと

この章であなたが到達したのは
- □ 典型七公害について説明できる
- □ 過去に生じた公害の歴史（公害病の発生など）を説明できる
- □ 公害問題，環境問題への対策として制定された法制度について説明できる

　本章では，経済の発展にともなって発生した環境汚染，およびそれらに起因する人への健康被害について学んだ。学生諸君は，今後これらの問題を発生させないためには，どのような技術者であるべきかを考えてほしい。

5章

水質汚濁と富栄養化

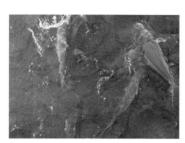

瀬戸内海のハマチ養殖場

　この写真は，瀬戸内海のハマチ養殖場の写真です。ハマチは瀬戸内海では代表的な養殖魚であり，香川県では県の魚に指定されています。一方で，瀬戸内海では，1970年代から赤潮による養殖産業への被害が頻発しました。そのため，赤潮の発生が懸念される閉鎖性水域に対して，赤潮のおもな原因物質である窒素・リンの排出規制が行われました。とくに汚濁が著しかった東京湾，伊勢湾，瀬戸内海では，濃度ではなく負荷量で汚染を削減する制度である総量規制が適用されました。その結果，赤潮による漁業被害は著しく減少しましたが，同時に漁獲量も減少してしまいました。瀬戸内海における漁獲量は1980年代前半と比較して2012年では約1/4まで減少しています。これは，赤潮を引き起こすプランクトンの栄養源である窒素・リンの流入量が減ったことで，魚の餌となるプランクトンの数も減ってしまったことが原因であると考えられています。瀬戸内海地域の漁業関係者からは，漁獲量を回復させるため，排水基準値緩和の要望が出されています。

　このように，「水をキレイにすること」＝「環境保全」となるわけではなく，水をキレイにしすぎることで，水産資源が減少してしまうこともあります。本当の意味で「環境にやさしい」，良い加減な基準値の設定が，今後は必要になってくるのかもしれません。

●この章で学ぶことの概要

　本章では，我が国における水質汚濁発生のメカニズム，水質汚濁に関する基本的な計算について学びます。

> **予習** 授業の前に調べておこう!!
>
> 1. 以下の項目について調べてみよう。
>   (1) 水質汚濁の原因物質
>   (2) 富栄養化
>   (3) 水質環境基準
> 2. 一般家庭における汚濁原単位を 60 g/人·日とした場合,人口 20 万人の都市で一般家庭から 1 日に排出される汚濁負荷量 [g/日] を計算してみよう。

WebにLink
予習の解答

5.1 水質汚濁と自浄作用

5-1-1 水質汚濁の発生源と原因物質

　水質汚濁は,家庭から排出される生活排水や,工場・事業所などから排出される産業排水などにより,河川・湖沼・海域などの水質が汚染されることで発生する。図 5-1 に水質汚濁の発生源を示す。水質汚濁の主要な発生源には,一般家庭からの生活排水や畜産業から排出される畜産排水,製造業から排出される工業排水など,人間活動に起因するものが多い。これらの排水は,特定の場所から汚濁物質が排出されていることから,**点源**(point source)と呼ばれている。一方,山林や農耕地などの面的にひろがる広い領域から排出されるものは,**面源**(non-point source)と呼ばれている。後者は,前者と比較して汚濁の程度は低いが,

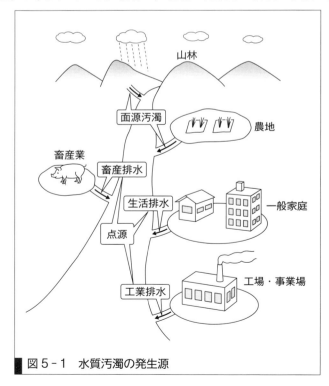

図 5-1　水質汚濁の発生源

湖沼の**富栄養化**（eutrophication）などに影響を与えている。

　水質汚濁が起こると，人間への健康被害や，水域における生態系の破壊などにつながる可能性がある。自然環境には，**自浄作用**（self-purification）が備わっているため，汚染物質の流入が少量であれば，水環境への影響は小さく，自浄作用により回復することが可能である。一方，大量の生活排水や産業排水が環境中に流入した場合，自浄作用を上回ってしまい，水質汚濁が進行する。

　水質汚濁を防ぐためには，より影響の大きい箇所への対策が必要となる。水質汚濁の影響は，環境中へ流入する排水中に含まれる水質汚濁物質の濃度と排水の量の双方が関連している。一般的に，水質汚濁防止対策としては，前者に**排水基準**（effluent standard）を定めて規制をしているが，実際に環境中へ与える影響には後者の影響も大きいため，水環境保全計画を策定する際には，汚濁物質濃度と排水流量を乗じた**負荷量**（loading）が用いられる。この負荷量は汚濁物質の総量を表したものでもあるため，指定水域への**総量規制**（total volume control）[1]にも用いられている。

　水質汚濁の原因物質は，有害物質と有機物・栄養塩類の大きく2つに分類される。前者は，鉱山，工場・事業場などからの工業排水中に含まれる重金属などがあげられ，産業型公害の原因物質となっている。また，これらの有害物質の一部は，**生物濃縮**（bioconcentration）の影響を受けやすく，人の健康被害を引き起こす可能性が高い。有害物質の処理は，物質ごとに処理法が異なるが，そのほとんどが化学処理で行われている[2]。

　一方，有機物・栄養塩類の発生源は，生活排水，農業・畜産業，食品関連事業場からの工業排水などであり，生活型公害の原因物質となっている。有機物・栄養塩類の処理には，生物処理法が適用されることが多い。

5-1-2　水質汚濁の管理指標

1. BOD・COD　有機物が水域に排出された場合，好気性微生物が酸素を消費して有機物を二酸化炭素と水に分解する[3]。この際，酸素の供給が酸素の消費に追いつかなければ，水中の**溶存酸素**（Dissolved Oxygen：DO）が不足する。DOがなくなった場合，魚介類などの水生生物は生息不能となり，貝などの自ら移動ができない水生生物は絶滅してしまう。

　有機物の水質指標には，河川に対しては**生物化学的酸素要求量**（Biochemical Oxygen Demand：BOD）が，湖沼・海域に対しては**化学的酸素要求量**（Chemical Oxygen Demand：COD）が適用されて

[1] 総量規制
環境基準の達成が困難な広域的閉鎖性水域に対して，当該海域の水質環境基準を確保するために，当該海域へ排出される汚濁物質の総量を基準値以下に削減する制度。東京湾，伊勢湾，瀬戸内海が指定水域とされている。

[2] Let's TRY!
各有害物質の処理法は公害防止管理者試験にもよく出題される。各物質にどのような処理法がとられているか調べてみよう。

[3] 工学ナビ
この原理を応用しているのが，活性汚泥法などの好気性生物処理法である（第7章参照）。

*4
Let's TRY!!
BODとCODについて，なぜ河川と湖沼・海域で使い分けられているのか調べてみよう。

*5
+α プラスアルファ
DOは20℃の水に8.8 mg/Lまでしか溶け込まないため，BODを測定する際は，5日間でDO_0の40〜70％が消費されるように試料を希釈する。

*6
+α プラスアルファ
式5-1は希釈水中に植種微生物が存在しない場合の式である。植種微生物を添加した場合は，希釈液のBODを測定し，補正する必要がある。

いる*4（第7章表7-1参照）。BODは，好気性微生物が20℃，5日間で有機物を酸化分解するのに要するDOのことであり，生物分解可能な有機物量として再現性のある値を与えることから，世界中で使用されている。図5-2にBODの測定方法を示す。まず，BODを測定する試料を適宜希釈し*5，2本のフラン瓶に分注する。15分後に片方のフラン瓶中のDO濃度を測定する（DO_0）。もう一方のフラン瓶は20℃の暗所で5日間培養後にDO濃度を測定する（DO_5）。測定値と希釈倍率から，式5-1*6を用いてBOD濃度を算出する。

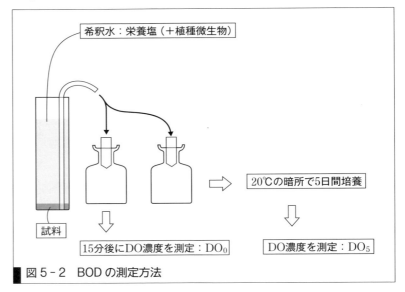

図5-2 BODの測定方法

$$BOD = (DO_0 - DO_5) \times 希釈倍率 \qquad 5-1$$

一方，CODは，酸化剤で酸化できる有機物量のことであり，我が国では酸化剤として過マンガン酸カリウムを使用している（COD_{Mn}）が，世界的に使用されている重クロム酸カリウム（COD_{Cr}）より酸化力が小さいため，有機物の全量には対応していない。式5-2，式5-3にそれぞれ，COD_{Mn}とCOD_{Cr}の酸化反応式を示す。

$$MnO_4^- + 8H^+ + 5e^- \rightarrow Mn^{2+} + 4H_2O \qquad 5-2$$

$$Cr_2O_7^{2-} + 14H^+ + 6e^- \rightarrow 2Cr^{3+} + 7H_2O \qquad 5-3$$

ここで，酸素による酸化反応式は以下のようになる。

$$O_2 + 4H^+ + 4e^- \rightarrow 2H_2O \qquad 5-4$$

式5-2〜式5-4の反応式中の電子の流れより，過マンガン酸カリウ

ムおよび重クロム酸カリウム 1 mol *7 はそれぞれ，酸素 1.25 mol および 1.5 mol 分の酸化力を有することになるため，各酸化剤の消費量から COD を算出することができる。

また，物質の構造式がわかっている場合，その物質の COD は完全酸化反応式を用いることで理論的に算出することが可能となる。たとえば，グルコース（$C_6H_{12}O_6$）の場合，以下のようになる。

$$C_6H_{12}O_6 + 6O_2 \rightarrow 6CO_2 + 6H_2O \qquad 5-5$$

1 mol のグルコースを酸化するのに必要な酸素量は 6（酸素分子のモル数）× 16（酸素の原子量）× 2（酸素分子中の酸素原子の数）g ＝ 192 g となる。この酸素量が COD となるため，グルコース 1 mol 当たりの COD は 192 g となる。また，物質の COD 量を分子量で除したものを COD 当量といい，グルコースの分子量は 180 g であるため，グルコースの COD 当量は，192 gCOD/180 g ＝ 1.07 gCOD/g となる。

図 5-3 に BOD，COD_{Mn}，COD_{Cr} の関係性を示す。COD_{Cr} は有機物のほぼ全量を示しており，BOD は COD 中の好気性微生物が 5 日間で分解可能な有機物という位置づけになっている*8。

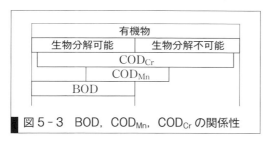

図 5-3 BOD，COD_{Mn}，COD_{Cr} の関係性

2. 全窒素・全リン 窒素およびリンは，湖沼や内湾などの閉鎖性水域の富栄養化に関連した水質指標である。植物性プランクトン（藻類）が必要とする栄養のうち，通常，水域では窒素とリンが制限栄養素（limiting nutrient）*9 となりやすいため，窒素・リンが閉鎖性水域に大量に流入した場合，藻類の異常増殖が起きる。

3. その他の管理指標 その他の管理指標には，水中の濁り成分を示す**浮遊物質量**（Suspended Solid：SS），水の酸性・アルカリ性を示す pH（水素イオン濃度），衛生指標と呼ばれる**大腸菌群数**（coliform count）*10，油分を示すノルマルヘキサン抽出物などがある。

*7 **工学ナビ**
ある物質の物質量を表す単位が mol（モル）である。1 mol の物質の質量は，その物質の原子量あるいは分子量と等しくなる。

*8 **Don't Forget!!**
一般的な考え方では COD のほうが BOD よりも大きくなるが，我が国では，COD_{Mn} が用いられているため，COD が BOD よりも小さくなることがある。

*9 **+α プラスアルファ**
藻類の増殖のために最も不足している栄養素。湖沼ではリンの場合が，海域では窒素の場合が多い。

*10
大腸菌群数
大腸菌の大部分の菌株は非病原性であるが，病原菌が存在するときは必ず大腸菌が存在しているため，衛生指標として利用されている。現在は，水道水質基準と同様の「大腸菌」への変更が検討されている。

5-1-3 水域における自浄作用

　自浄作用とは，河川や湖沼，海域に混入した汚濁物質が，沈殿，酸化，生物分解などにより浄化される作用のことである。有機物に対する自浄作用には，水中の微生物による生物分解，吸着・沈殿，酸化・還元，希釈・拡散が関係している。これらのうち，微生物による生物分解は，有機物の無機化による汚濁物質量の減少であることから，真の自浄作用と呼ばれている。一方，吸着・沈殿および希釈・拡散は，水中の汚濁物質濃度の低下であり，見かけの自浄作用と呼ばれている。

　図5-4に河川におけるDO濃度およびBOD濃度の変化を示す。有機物が流入した場合，初めは微生物による有機物の分解にともない，水中のDO濃度およびBOD濃度は低下する。この際に，流入した有機物量が少量であれば，大気中からの酸素の供給によりDOは回復し，飽和濃度へ近づいていく*11。BODの減少は一次反応に従うことが明らかとなっており，次式で表される。

$$\frac{dL}{dt} = -K_1 L \qquad 5-6$$

$$L = L_0 e^{-K_1 t} \qquad 5-7$$

ここで，LはBOD濃度［mg/L］，K_1は脱酸素係数*12［1/日］，tは時間［日］，L_0は初期BOD濃度である。一方，DO濃度の変化は，飽和溶存酸素量との差である酸素不足量で表され，次式のように表される。

*11 **＋α プラスアルファ**
自浄作用を上回る有機物が流入した場合，水中の酸素がすべて消費され，酸欠状態となり，生物が生存できなくなる。

*12 **＋α プラスアルファ**
河川の自浄作用の早さを決める定数であり，自浄係数と呼ばれる場合もある。

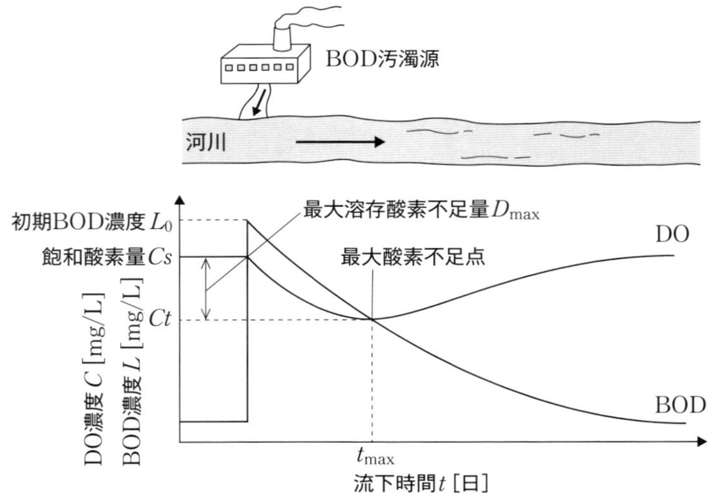

図5-4　河川におけるDO濃度およびBOD濃度の変化

$$\frac{dD}{dt} = K_1 L - K_2 D \qquad 5-8$$

$$D = \frac{K_1 L_0}{K_2 - K_1}(e^{-K_1 t} - e^{-K_2 t}) + D_0 e^{-K_2 t} \qquad 5-9$$

ここで，D は溶存酸素不足量[*13][mg/L]，K_2 は再曝気係数[*14][1/日]，D_0 は初期溶存酸素不足量[mg/L]である．式5-9は t 日後の酸素不足量を示しており，ストリーター・フェルプス(Streeter-Phelps)の式と呼ばれている．図5-4において，DOが最小となった点を最大酸素不足点と呼び，$dD/dt = 0$ とおくことで，最大溶存酸素不足量 D_{max} [mg/L]およびそれを生じる時間 t_{max} [日] を求めることができる．

[*13] プラスアルファ
飽和溶存酸素量 Cs と t 時間における溶存酸素量との差．

[*14] プラスアルファ
再曝気係数は水面での乱れが大きくなると大きな値となり，実際の河川では0.2～10[1/日]の範囲で報告されている．

5-1-4 食物連鎖による生物濃縮

生物濃縮とは，きわめて低い濃度で溶存している物質が食物連鎖を通して濃縮されていく現象である．生物濃縮は，体外に排出されにくい物質ほど起こりやすく，生物体内の脂質中などに蓄積される傾向がある．食物連鎖の下位から上位にいくにつれて高濃度になるため，環境中に排出された濃度が低濃度であっても，人の健康に被害をおよぼす可能性がある．図5-5に湖におけるPCBの生物濃縮の一例を示す．湖内のPCB濃度を1とした場合，食物連鎖で最下位の植物プランクトンの時点で250倍まで濃縮されており，食物連鎖の上位にいくにつれて濃縮が進行し，鳥では2500万倍にまで濃縮されている．

四大公害病の水俣病および新潟水俣病は，生物濃縮が原因で発生した公害病である．また，除草剤や殺虫剤に含まれる化学物質による生物濃

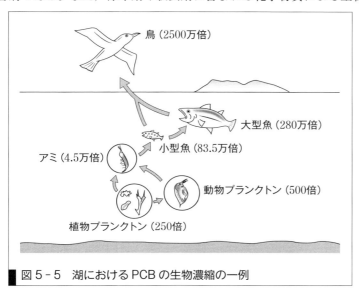

図5-5 湖におけるPCBの生物濃縮の一例

縮問題も発生している。

5 2 閉鎖性水域の富栄養化現象

　富栄養化とは，湖沼や内海・湾のような閉鎖性水域に，人間活動により大量の栄養塩が流入し，ある特定の植物プランクトンが異常増殖する現象のことである。代表的な富栄養化現象として，湖沼における**アオコ**（blue-green algae）と海域における**赤潮**（red tide）・**青潮**（blue tide）があげられる。富栄養化の発生は，水産資源（漁業・養殖業），水資源（水道水・用水の水源）としての価値の低下および観光資源（景観やレクリエーション，観光産業）への影響をもたらすため，経済および人間活動に大きな影響を与えることになる。

5-2-1 湖沼やダムにおける富栄養化

　湖沼やダムで発生する代表的な富栄養化現象をアオコと呼ぶ。アオコ発生のメカニズムを図5-6に示す。湖沼に栄養塩を含む排水が流入すると，植物プランクトンである藍藻類が栄養塩を利用しながら光合成によって増殖する（内部生産[*15]）。これらの増殖した藍藻類が青いマット状の層で水面をおおうため，アオコと呼ばれている。アオコが発生すると，水面付近では光合成により酸素が大量に供給されるが，発生したアオコによって日光が届かない層（無光層）の範囲が広がり，水中のDOが低下する。一方で，増殖した植物プランクトンはそれらを捕食する動物プランクトンの増殖をうながすが，これらのプランクトン類の死骸がヘドロ（有機物）として湖沼内に蓄積していく。有機物の分解[*16]は無光層の**好気性微生物**（aerobic microorganism）により行われるが，その際に水中のDOが消費され，栄養塩が供給される。さらに，富栄養化が進行すると，湖沼の底層が嫌気的環境になり，底層に堆積したヘドロからの栄養塩の溶出およびヘドロの嫌気的分解にと

[*15]
+α プラスアルファ
富栄養化現象が発生した場合に増殖する植物プランクトンは，閉鎖性水域内部で生産された有機物であるため，内部生産と呼ばれる。

[*16]
+α プラスアルファ
富栄養化現象では，内部生産により増加した有機物の分解にともない，最初は好気性微生物による分解によりDOが消費される。その後，DOがなくなり嫌気的環境になると，嫌気性微生物による有機物分解が始まり，硫化水素などの毒性を有するガスが発生する。

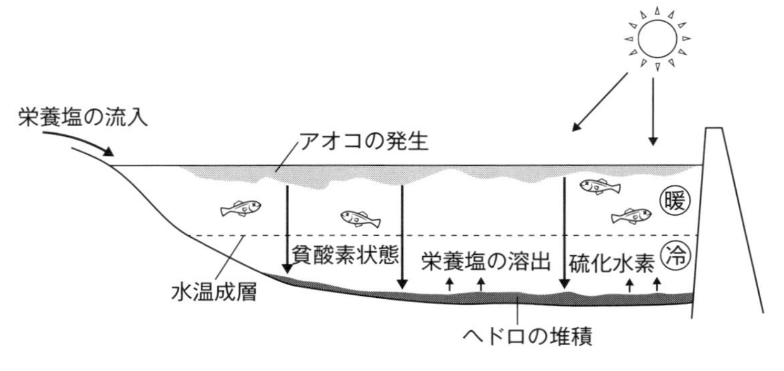

図5-6　アオコ発生のメカニズム

もなう**硫化水素**（hydrogen sulfide）などの毒性を有するガスが発生する。その結果，湖沼内の広範囲が魚介類の生育が困難な環境となり，魚介類の大量死や水質の悪化が発生する。

　湖沼では，夏季に水面温度の上昇により，表水層と深水層の密度差による層（水温成層）が生成され，両水層の混合はほとんど起こらなくなる。その結果，深水層への酸素供給は停止し，富栄養化が進行しやすくなる。

　水道水源として用いられている湖沼やダムでアオコが発生した場合，浄水場におけるろ過阻害や，水道水の異臭味（かび臭）を引き起こしてしまう。また，アオコを形成する藍藻類の一種である *Microcystis*（ミクロキスティス）は，有毒物質であるミクロシスチンを生産するため，人の健康に対する被害を引き起こす可能性がある。

5-2-2 海域における富栄養化

　海域で発生する代表的な富栄養化現象には，赤潮と青潮があげられる。図5-7にその発生メカニズムを示す。赤潮発生のメカニズムは，おおむねアオコと同じであり，珪藻類が異常増殖し，海水面を赤色でおおうことから赤潮と呼ばれている。赤潮が発生すると，アオコと同様に海底が嫌気的環境となり，硫化水素が発生する。この硫化水素を大量に含んだ海底付近の水塊（貧酸素水塊）は，海域内で対流が発生した際に上昇し，硫化水素の毒性および硫化水素が酸化される際にDOが消費されるため，酸欠状態となり，魚介類の大量死が発生する[17]。この際，硫化水素の酸化にともない，生成された硫黄や硫黄酸化物の微粒子が太陽光に反射されて青く見える[18]ことから，青潮と呼ばれている。

　指定水域の一つである東京湾では，夏から秋にかけて毎年数回青潮が発生しており，アサリ漁業などに被害を与えている。また，2020年に開催される東京オリンピック・パラリンピックでは，トライアスロンや水泳などの競技会場として東京湾が使用される予定となっており，早期の水質改善が求められている。

[17] **Don't Forget!!**
青潮は赤潮が発生したあとに発生するため，赤潮とセットで覚えておこう。

[18] **Don't Forget!!**
アオコと赤潮の名称は増殖した植物プランクトンの色に由来しているが，青潮は植物プランクトンではなく，硫化水素が酸化されて生成された硫黄や硫黄酸化物の色であることを覚えておこう。

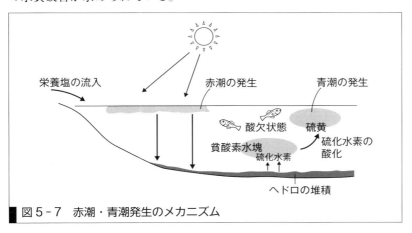

図5-7　赤潮・青潮発生のメカニズム

5-2-3 富栄養化の対策方法[*19]

富栄養化の発生原因は，外部から流入する栄養塩類と内部における栄養塩の供給（内部生産，底泥からの溶出など）があげられる。富栄養化対策のうち，前者を対象としたものを外部対策，後者を対象としたものを内部対策としている。外部対策では，富栄養化の原因物質である窒素・リンの除去を対象とした**高度処理**（advanced process）の導入があげられる。一方，内部対策では，異常増殖した植物プランクトンを人工的に取り除く装置の導入や，閉鎖性水域内の循環および底質改善，水生生物や水耕栽培による栄養塩類の除去などがあげられる。

5-3 水質保全のための環境基準

5-3-1 水域の水質環境基準と達成率

環境基本法第16条の水質汚濁にかかわる基準は水質環境基準と呼ばれている。水質環境基準は環境省告示として公布されており，1970年に制定されたあと，改正を経て現在の公共用水域の水質環境基準が定められている。また，地下水に関しても1997年に水質環境基準が設定された。

公共用水域の水質環境基準は，人の健康の保護に関する環境基準（健康項目）および生活環境の保全に関する基準（生活環境項目）に分けて定められている。また，水質環境基準の単位としては，**質量濃度**[*20]である mg/L が用いられている。また，水1Lは約1kgであることから，$1/10^6$ を表す **ppm**（parts per million）と呼ばれる場合もある[*21]。

1. 健康項目[*22]　水質環境基準の健康項目は，多くの項目で水道水質基準と同じ値となっている。健康項目では，場所による基準値の差はなく，全国一律の基準が適用されている。

1970年の環境基準設定時には，シアン，水銀，カドミウム，鉛，六価クロム，ヒ素の項目のみであったが，1975年にPCBが追加された。1989年には地下水汚染の問題からトリクロロエチレンとテトラクロロエチレンが，ゴルフ場の乱開発にともなう農薬使用などが問題となったため，1993年にはジクロロメタンなどの揮発性有機塩素化合物，農薬などが基準に追加された。さらに1999年には，硝酸性窒素および亜硝酸性窒素，ホウ素，フッ素が，2009年には1,4-ジオキサンが基準に追加された。健康項目のうち，全シアン，アルキル水銀およびPCBは基準値が検出されないこと[*23]となっている。また，地下水の水質環境基準は，健康項目について定められており，項目および基準値は同じものが適用される。

2014年度における健康項目の環境基準達成率は99.1%となっている。

[*19] **Let's TRY!!**
富栄養化対策として，どのような技術が導入されているか調べてみよう。

[*20] **+α プラスアルファ**
質量濃度とは，溶液の単位体積当たりの溶質質量のことである。

[*21] **工学ナビ**
1kg = 10^6 mg であることから，mg/L = mg/kg = mg/10^6 mg = 10^{-6} となる。

[*22] **Let's TRY!!**
健康項目の各項目がどのような業種から排出されているか調べてみよう。

[*23] **+α プラスアルファ**
各項目に対して指定された測定方法の定量限界値以下であること。

また地下水に関しても硝酸性窒素および亜硝酸性窒素とヒ素に関しては97.1〜97.5％，その他の項目に関しては99％以上の達成率となっている。

2. 生活環境項目　生活環境項目は，人の健康の保護や利水のために定められており，共通の項目として，pH，有機物の水質指標であるBODとCOD，SS，DO，**大腸菌群数**，湖沼および海域を対象として**全窒素**（total nitrogen）と**全リン**（total phosphorus），海域のみを対象としてノルマルヘキサン抽出物質の基準が設定されている。また，2003年以降に水生生物の保全を目的として，全亜鉛，ノニルフェノール，直鎖アルキルベンゼンスルホン酸およびその塩の基準が設定された。これらの基準は全国一律ではなく，各都道府県知事がその利用目的により類型*24を定めて基準値を設定している。

図5-8にBODおよびCODの環境基準達成率の推移を示す。2014年度における環境基準達成率は，河川で93.9％，湖沼で55.6％，海域で79.1％となっている。とくに河川に関しては，排水規制や下水道の普及により年々改善されている。

窒素とリンの環境基準にはそれぞれ，全窒素および全リンが適用されている。図5-9，図5-10に湖沼および海域における全窒素および全リンの環境基準達成率の推移をそれぞれ示す。2014年度における全窒素，全リンの環境基準の達成率は湖沼，海域でそれぞれ，50.4％および89.4％であり，河川のBODなどと比較して達成率が低い状況にある。窒素・リンは有機物と比較して面源負荷の割合が大きいため，湖沼水質保全特別措置法による面源への規制，湖沼水辺の環境保全などが行われ，

*24 **＋α プラスアルファ**
水道，水浴，漁業など，その水域の利水目的に応じて設定される。

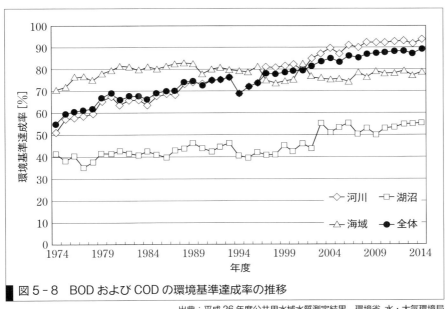

図5-8　BODおよびCODの環境基準達成率の推移

出典：平成26年度公共用水域水質測定結果，環境省 水・大気環境局

農業，養殖業，畜産業などに起因する流入負荷の削減，底泥を取り除くなどの対策が進められているが，環境基準の達成はいまだに困難な状況である。

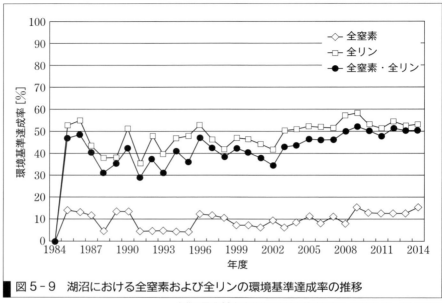

図5-9 湖沼における全窒素および全リンの環境基準達成率の推移

出典：平成26年度公共用水域水質測定結果，環境省 水・大気環境局

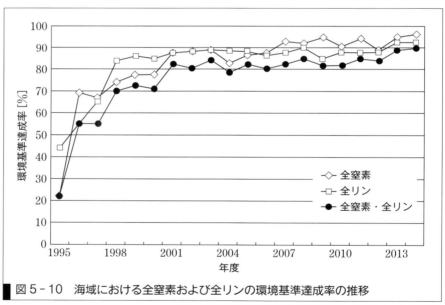

図5-10 海域における全窒素および全リンの環境基準達成率の推移

出典：平成26年度公共用水域水質測定結果，環境省 水・大気環境局

5-3-2 特定事業場における排水基準

水質汚濁防止法第3条に基づく環境省令による排水基準（一律排水基準）は，特定事業場からの排出水（effluent water）[*25]に対して，健康項目と生活環境項目に分けて定められている。

1. 健康項目　健康項目では，環境基準における健康項目に有機リン化合物（有機リン系農薬4種）を加えた項目について基準値が設定されており，すべての特定事業場に対して適用されている。ほとんどの項目において，排出水が放流先で10倍以上に希釈されるという前提で，排水基準は環境基準の10倍の濃度に設定されている。また，放射性物質に関しては，原子力基本法などによってこれまで管理されてきており，水質汚濁防止法による排水基準は定められていない。

2. 生活環境項目　生活環境項目では，環境基準の項目に対応して15項目について基準値が定められているが，1日当たりの平均的な排出水量が50 m³以上の特定事業場のみ[*26]に適用されており，対象となる特定事業場は全体の約13％であるため，多くの特定事業場には排水基準が適用されないことになる。そこで，都道府県は，**上乗せ基準**（more stringent effluent standard）として下記の①〜③を設定することが可能となっている。

① 国の基準値より厳しい基準値の設定
② 国の基準にない項目の設定（横出し基準）
③ 一律基準が適用されない事業者への規制

BODとCODについては，環境基準と同様に，前者は河川，後者は湖沼・海域に用いられる。また，全窒素・全リンは，植物プランクトンが増殖しやすい水域に排出される場合にのみ適用される。

5-4 水質汚濁に関する基礎的計算

5-4-1 汚濁負荷量

環境基準や排水基準など，水質の評価には「濃度」が中心に用いられている。しかしながら，排水基準を濃度とした場合，水で希釈することで排水基準は達成可能となるが，希釈した分，排水量が増加するため，環境中に排出される汚濁物質の量は変化しない。したがって，濃度とは別に，汚濁物質の量に対応する負荷量という概念が存在する。

負荷量とは，濃度に流量を乗じたものであり，単位としては [kg/日]

[*25] **+α プラスアルファ**
特定施設から出る汚水などに特定施設以外からの水を加え，工場などの敷地境界から公共用水域に排水される水。

[*26] **+α プラスアルファ**
環境基準や排水基準は「濃度」で定められているが，環境中に排出される汚染の量は濃度に流量を乗じた「負荷量」で表される。したがって，排出水量の少ない事業所に対しては，負荷量が小さいと考えられ，一律基準は適用されない。

のように［重量／時間］の次元をもち，総量規制の際に用いられている。負荷量を用いた場合，排水処理技術の機能向上による排出水中の汚濁物質濃度の低減だけでなく，排水量自体を減らすことに対しても有効である。

一般的に，排水基準などの濃度の単位としては［mg/L］が，排水量などの流量の単位としては［m³/日］が，負荷量の単位としては［kg/日］が用いられる場合が多いため，下記のような単位換算が必要となる。

$$\text{負荷量[kg/日]} = \text{濃度[mg/L]} \times \text{流量[m}^3\text{/日]} \times 10^{-3}\text{[kg·L/mg·m}^3\text{]}$$

5 – 10 *27

*27
Don't Forget!!
$1\text{ kg} = 10^6\text{ mg}$,
$1\text{ m}^3 = 10^3\text{ L}$
であるので，
$1\text{ kg}/10^3\text{ mg} \times 10^3\text{ L/m}^3 = 10^{-3}$［kg·L/mg·m³］
となる。負荷量などの計算では，計算過程に単位を入れることで，間違いにくくなる。また，$10^6\text{ mg} = 10^3\text{ g} = 1\text{ kg}$ や $10^6\text{ mL} = 10^3\text{ L} = 1\text{ m}^3$ など，重量や体積，時間に関する単位換算は覚えておこう。

5-4-2 汚濁原単位

汚濁負荷量は発生源ごとに異なっており，生活排水や工場排水などの場合，時刻や天候，季節などによって常に変化している。したがって，生活排水や小規模な事業所における排水など，性質が類似した発生源に関しては，文献値や過去の調査事例を参考に単位当たりの発生量として整理し，負荷量の計算に用いている。この単位当たりの汚濁発生量のことを**汚濁原単位**（pollution basic unit）といい，生活排水の場合は［g/人·日］，畜産排水の場合は［g/頭·日］，山林などの面源では［g/ha·年］といった単位が用いられる。汚濁原単位は，水環境保全計画策定時において，汚濁負荷量の予測を行う際に用いられる。

また，工場などから排出される負荷量を生活排水の汚濁原単位で除したものを**人口当量**（population equivalent）といい，工場などにおける汚濁負荷量の評価に用いられる。

例題 5-1 ある都市の3人家族の家庭から，1日 150 mg/L の BOD 濃度の生活排水が毎日 400 L/日ずつ排出された場合，この家庭における汚濁原単位［g/人·日］を求めよ。

解答 この家庭から排出される生活排水の BOD 負荷量は，式 5-10 より，

$$150\text{[mg/L]} \times 400\text{[L/日]} \times 10^{-3}\text{[g/mg]} = 60\text{[g/日]}$$

となる。この家庭は3人家族であるため，1人当たりの汚濁原単位は次のようになる。

$$\frac{60\text{[g/日]}}{3\text{[人]}} = 20\text{[g/人·日]}$$

5-4-3 流達率

　汚濁負荷量のうち，汚濁源での発生量を発生負荷量といい，このうち排水処理施設などで処理されたあとに環境中に排出される量を排出負荷量という。図5-11に環境中への汚濁負荷の流出過程を示す。排出負荷量のうち，ある地点まで到達したものを流達負荷量といい，流達負荷量 L_2 を排出負荷量 L_1 で除した割合を流達率という（式5-11）。流達率は自浄作用との関連も大きく，窒素のように水に溶解しやすい物質の流達率は高く，リンのように沈殿しやすい物質や，有機物のように生物分解されやすいものは，流達率が低くなる傾向がある。流達率は，汚濁原単位と同様に，汚濁負荷量を算定する際に用いられる。

$$流達率 = \frac{L_2}{L_1} \qquad 5-11$$

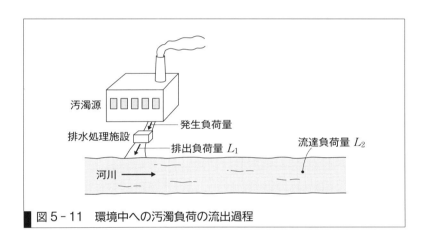

図5-11　環境中への汚濁負荷の流出過程

演習問題　A　基本の確認をしましょう

5-A1　次の4つの水質環境基準項目のうち，基準値が「検出されないこと」となっている項目を選べ。
（ア）全亜鉛　（イ）六価クロム　（ウ）アルキル水銀　（エ）カドミウム

5-A2　次の3つの富栄養化現象のうち，名前の由来が藻類の色ではないものを選べ。
（ア）アオコ　（イ）赤潮　（ウ）青潮

5-A3　BOD濃度が2000 mgBOD/L，排出量が300 m³/日の工場排水の人口当量［人］を計算し，何人分の生活排水に相当するか求めよ。ただし，生活排水の汚濁原単位は60 gBOD/人・日とする。

演習問題　B　もっと使えるようになりましょう

5-B1 有機物に関する水質指標である BOD，COD_{Mn}，COD_{Cr} のうち，同じ試料に対して分析を行った場合，最も数値が高くなるものはどれか選べ。また，その理由を述べよ。

5-B2 富栄養化現象の一つである青潮発生のメカニズムについて，図を用いて説明せよ。

5-B3 ある養豚場から，1500 mgN/L の窒素濃度の排水が 100 m³/日の排出量で排出されている。養豚場内には 2500 頭の豚が飼育されている。以下の問いに答えよ。

(1) この養豚場から排出される窒素負荷量 [gN/日] を計算せよ。

(2) 豚 1 頭当たりの汚濁原単位 [gN/頭・日] を計算せよ。

(3) この養豚場がある地域における一般家庭の窒素汚濁原単位が 12.05 gN/人・日であった場合，養豚場排水の人口当量 [人] を計算せよ。

(4) この養豚場に隣接されている下水処理場で，養豚場と同じ窒素負荷量で 4000 m³/日の下水が処理されている。この下水の窒素濃度 [mgN/L] を算出せよ。

あなたがここで学んだこと

この章であなたが到達したのは
- □ 水質指標を説明できる
- □ 水質汚濁の現状を説明できる
- □ 水質汚濁物の発生源と移動過程を説明でき，原単位，発生負荷を含めた計算ができる
- □ 水域生態系と水質変換過程（自浄作用，富栄養化，生物濃縮など）を説明できる
- □ 水質汚濁の防止対策・水質管理計画（施策，法規等）を説明できる

本章では，水質汚濁の現状と発生のメカニズム，水質汚濁に関する基礎的な計算について学んだ。本章で学んだ内容は，第 7 章下水道の内容にも大きく関連しているため，しっかりと理解を深めておいてほしい。

6章 上水道の役割としくみ

　上水道は我々の日々の生活に必要不可欠なものであり，重要なライフラインの一つです。いまでは水道の蛇口をひねるといつでも安全な水が勢いよく出てくるのが当たり前になっています。ですが，上水道がいざ災害に見舞われると，水道水の供給は止まり，人々の生命や生活に多大な影響を与えてしまいます。南海トラフ巨大地震は，今後30年以内に60〜70％程度の確率で発生するといわれています。上下水道，電気，ガスなどのライフラインは壊滅的なダメージを受け，なかでも上水道は水道管の破損，浸水や停電による浄水場の機能停止によって，被災直後には最大で数千万人が断水し，復旧にもかなりの日数を要すると予想されています。

　各々の自治体では，災害時を想定した水道管，浄水場，貯水槽の耐震化が進められています。しかし，地方の自治体では，厳しい財政状況からすべてを耐震化することは現実的ではなく，学校や公園の地下に3日間の緊急飲料水が備蓄できる非常用貯留槽の設置を推進しています。また，各家庭で非常時の飲料水を確保しておくことも重要です。

図A　東日本大震災の応急給水状況　　図B　耐震性非常用貯留槽工事

● この章で学ぶことの概要

　本章では，水道の施設整備の基本的な考え方や設計の方法を習得することを目的として，水道の役割と種類，水道の基本計画と施設設計，浄水のしくみ，そして近年導入が進められている高度浄水処理について学びます。

> **予習　授業の前に調べておこう!!**
>
> 1. あなたが日常生活の中で，水道をどのような用途にどれだけの量を使っているかを調べよ。
> 2. あなたが住んでいる地域の水道について，水源はどこにあり，どのような方法で飲み水が作られているかを調べよ。また，大規模な災害時に備えて，水道施設はどのような対策が講じられているかを調べよ。

WebにLink
予習の解答

6　1　水道の役割と種類

6-1-1　水道の歴史

世界で最も古い**水道**（waterworks）はローマ水道[*1]であり，その後はロンドンやドイツで建設され，**浄水処理**（water purification）を含む**近代水道**（modern water supply）[*2]は19世紀以降に発展した。日本で最も古い水道は16世紀中頃の室町時代に建設された小田原の早川上水であり，その後は江戸に神田上水などが建設された。明治に入り外国との貿易で外国人の往来がさかんになると，当時世界で流行していた**水系感染症**（waterborne disease）[*3]が蔓延するようになった。この問題に対応するため，神奈川県はイギリス人技師ヘンリー・スペンサー・パーマー（Henry Spencer Palmer，イギリス，1838－1893）に調査・設計を依頼して，1887年に日本で最初の近代水道が横浜で建設され，その後，函館，長崎，大阪など全国に近代水道の整備が進行していった。

図6-1に水系消化器系伝染病患者数，乳児100万人当たりの死亡数と水道普及率の推移を示す[*4]。**水道普及率**（waterworks diffusion rate）[*5]は，第二次世界大戦後の高度経済成長期に著しく向上し，普及率は水道法が制定した1957年の40.7％に対して，1970年には80％を

[*1]
＋α プラスアルファ
紀元前312年から3世紀にかけて古代ローマで建築された水道のこと。

[*2]
近代水道
ろ過や消毒をして人の飲用に適する水を水道管で有圧により安定供給する施設の総体のこと。

[*3]
水系感染症
腸チフス，赤痢，コレラなど病原微生物で汚染された水を飲用することによる感染症のこと。

[*4]
国土交通省資料より（日本の水，H26.3）

[*5]
水道普及率
総給水人口を総人口で除した割合のこと。

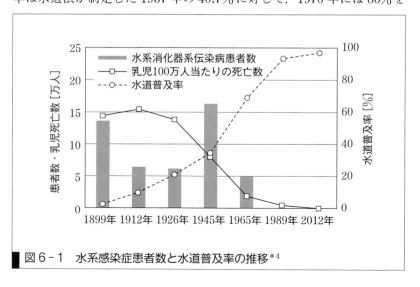

図6-1　水系感染症患者数と水道普及率の推移[*4]

超え，水系感染症患者は激減した。2020年度現在の水道普及率は98.1%に達したが，水道が未普及地域では生活用水を井戸水から得ていることが多く，地域の実情に応じた対策が進められている。また，世界の中で日本の水道水は良質であり，水道水がそのまま飲める日本のような国は世界の中で非常に少ない。

6-1-2 水道の役割と課題

水道法(1957年法律第177号)では，水道は水系感染症の予防や生活環境の向上などを目的に，飲用に適した安全な水を誰にでも低価格で安定的に供給することが明記されている[*6]。そのため，未普及地域への普及，水源水質の保全や水質基準の充実，老朽化施設の更新，渇水時対策や地震や降雨の自然災害によるリスク対応，施設運用の合理化などが今後の課題とされる。

[*6] **Let's TRY!!**
各都道府県や各市町村における水道普及率や水道料金の違いを調べてみよう。

6-1-3 水道の種類

水道の種類を表6-1に示す。水道には，水道事業，専用水道，水道用水供給事業などのほかに，水道法が適用されていない飲料水供給施設に区分される[*7]。水道事業は給水人口が101人以上の水道であり，5000人までを**簡易水道事業**(simple water project)，5001人以上を**上水道事業**(water supply project)といい，厚生労働大臣または都道府県知事の認可を受けて原則市町村により管理される。**専用水道**(private waterworks)は，寄宿舎，社宅など100人を超える居住者に給水する(または1日最大給水量が$20\,\mathrm{m}^3$を超える)水道であり，設置者によって管理される。飲料水供給施設は，人口が少ない地域への水道普及を目的に，市町村が衛生対策を行っている給水人口100人以下の水道である。2020年度の総給水人口に対する各種水道の給水人口の割合は，上水道事業98.3%，簡易水道事業1.4%，専用水道0.3%となっている[*8]。

[*7] **Don't Forget!!**
水道は給水人口に応じて事業名が違うことを覚えておこう。

[*8] 令和2年度水道の基本統計(厚生労働省)より

表6-1 水道の種類[*8]

種類		規模の条件等	人口普及率 [%]
水道事業	上水道事業	給水人口が5001人以上の水道	98.3
	簡易水道事業	給水人口が101~5000人の水道	1.4
専用水道		寄宿舎，社宅，療養所等で100人を超える居住者に供給する，または1日最大給水量が$20\,\mathrm{m}^3$を超える水道	0.3
水道用水供給事業		水道事業者に対して水道用水を供給する事業	―
飲料水供給施設		供給人口が50人以上100人以下の給水施設(水道法の規制外の施設)	―

6.2 水道の基本計画

6-2-1 計画時の留意点

水道の基本計画は，その地域の自然的条件（地形や地質，災害記録など），社会的条件（土地利用や整備の状況，文化財の保護など）のもとで，水道施設の改良，更新，拡張を行っていく長期的で総合的な計画である。基本計画の策定では，計画年次は計画策定時より10～20年程度を標準とし，計画給水区域，計画給水人口，計画給水量の推計のほかに，水源の開発や水質の予測，水量の安定性，水質の安全性，適正水圧の確保，施設の改良や更新，災害や事故対策，環境対策などを配慮する必要がある。

6-2-2 給水人口と給水量

計画給水人口は，計画年次における給水区域内人口に計画給水普及率[*9]を乗じて決定する。将来人口の推計方法にはコーホート要因法や時系列傾向分析などがある[*10]。この時系列傾向分析に用いられている式として，式6-1は人口が増加傾向にあるときに適用される**ロジスティック曲線式（logistic curve）**[*11]である。ここで，Pは人口［人］，Kは飽和人口［人］，nは年数，aとbは定数である。

$$P = \frac{K}{1 + \exp(b - an)} \qquad 6\text{-}1$$

水道水は，一般家庭における入浴，洗濯，台所，水洗便所，手洗洗面などの生活用水，官公署，学校，病院，事務所，一般営業などの業務・営業用水，そのほかに工場用水などで使用される[*12]。**計画1日平均給水量（planned average daily supply）**は，式6-2に示すように，これら用途別使用量の総和を計画有収率で除して算出する。計画有収率とは，計画有効率から無収率を差し引いたものである[*13]。**計画1日最大給水量（planned maximum daily supply）**は，式6-3に示すように，計画1日平均給水量を計画負荷率[*14]で除して算出する。**計画1人1日最大給水量（planned maximum daily supply per capita）**は，式6-4のように，計画1日最大給水量を計画給水人口で除して算出される。図6-2は上水道における1人1日給水量の推移を示したものである[*15]。1人1日最大給水量は減少傾向にあり，2014年度現在では全国平均で約377Lとなっている。

$$\text{計画1日平均給水量} = \frac{\text{計画用途別使用量の総和}}{\text{計画有収率}} \qquad 6\text{-}2$$

[*9] +α プラスアルファ
計画給水普及率は事業計画区域内人口に対する給水人口の割合である。

[*10] +α プラスアルファ
コーホート要因法は出生，死亡，転出入の要因から推計する方法である。
時系列傾向分析は実際の人口に傾向曲線を当てはめて推計する方法である。

[*11] ロジスティック曲線式
飽和人口を設定して推計する曲線式である。

[*12] Let's TRY!
一般家庭での1人1日当たりの使用量を調べてみよう。

[*13] +α プラスアルファ
計画有効率は給水量に対する漏水などの無効水量を除いた有効水量の割合。無収率とは給水量に対するメータ不感水量，公園用水，消火用水などの無収水量の割合。

[*14] +α プラスアルファ
計画負荷率は年間の給水量の変動の大きさを割合で示したものである（0.7～0.85）。

[*15] 厚生労働省資料より（2016年版厚生労働白書）

$$\text{計画1日最大給水量} = \frac{\text{計画1日平均給水量}}{\text{計画負荷率}} \qquad 6-3$$

$$\text{計画1人1日最大給水量} = \frac{\text{計画1日最大給水量}}{\text{計画給水人口}} \qquad 6-4$$

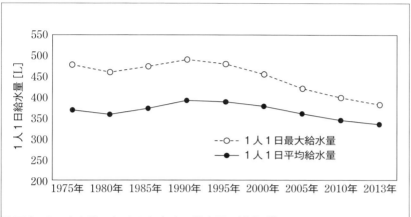

図6-2 上水道における1人1日給水量の推移[*15]

6-2-3 水質管理の基準

水道水は飲用に適した安全な水であることに加えて、異常な味や色、不快な臭いがあってはならない。これらを常時確保するために水道法で定められているのが**水道水質基準**（water quality standard）である。人の健康維持や生活利用、施設管理に障害をおよぼす恐れのある51項目で基準値が設定されており、表6-2にそのおもな基準項目を示す。また、将来、水道水から検出される可能性がある、水質管理上留意すべき項目として水質管理目標設定項目[*16]もある。

[*16] **Let's TRY!!**
水質管理目標設定項目にはどのような項目があるかを調べてみよう。

[*17] **+α プラスアルファ**
一般性状の項目と基準値は、有機物（全有機炭素）は 3 mg/L 以下、pH は 5.8 以上 8.6 以下、味と臭気は異常でないこと、色度は 5 度以下、濁度は 2 度以下である。

表6-2 水道水質基準におけるおもな基準項目

区分	おもな水質基準項目	混入や生成の要因	障害の内容
病原生物	一般細菌、大腸菌	糞便などによる汚染水の混入	健康被害
金属類	カドミウム、水銀、ヒ素、六価クロムなど	鉱山排水や工場排水などの混入	健康被害
	亜鉛、鉄、マンガン、カルシウム、マグネシウムなど	地質由来や工場排水などの混入	着色、味、異臭
無機物	フッ素、ホウ素	温泉水や工場排水などの混入	健康被害
	硝酸態窒素、亜硝酸態窒素	窒素肥料や生活排水などの混入	
有機物	四塩化炭素、テトラクロロエチレンなど	化学合成原料や溶剤などに含有	健康被害
	総トリハロメタン、臭素酸など	消毒時の副生成物	
	ジオスミン、2-メチルイソボルネオール	藍藻類や放線菌の代謝物質	カビ臭
	界面活性剤	生活排水や工場排水などの混入	泡立ち
一般性状[*17]	有機物、蒸発残留物、pH、味、臭気、色度、濁度	—	—

6.3 水道の水源と施設

6-3-1 水源の種類と特徴

水道の水源は表6-3に示すようにおもに**地表水**（surface water）と**地下水**（groundwater）に分けられる。地表水には河川水，湖沼水，ダム水，地下水には**伏流水**（subsoil water），**浅井戸水**（shallow well water），**深井戸水**（deep well water）がある[*18]。2014年度の総取水量に対する取水割合は，地表水74.2％，地下水22.9％となっている[*19]。

水源の特徴として，河川水は大量取水できるが，水質は気候や気象，流域の開発や産業活動の影響を受ける。降雨時には濁度が高くなり，洪水時には上流からの土砂や礫が堆積して取水に支障を生じさせることもある。湖沼水では，深い湖沼の場合は図6-3に示すような**温度成層**（temperature layer of discontinuity）[*20]が形成され，季節的に水塊の水深規模の循環が生じる。成層期には下層が嫌気性状態となり，鉄，マンガン，栄養塩類[*21]が堆積物から溶出する。循環期になると，成層期に溶出した溶解性成分が上昇して上層で藻類が増殖し，透明度の低下，異臭味の発生，昼夜のpH変動など浄水場で障害を生じさせる。富栄養化が進行した湖沼ほど底質の状態が水質に影響を与えるため，図6-4

[*18] ＋α プラスアルファ
伏流水は河川水が河床の下へ浸透して流れるきわめて浅い地下水，浅井戸水（不圧地下水）は深さ数10〜30m程度の井戸の自由水面をもった地下水，深井戸水（被圧地下水）は深さ30m程度以上の井戸で上下を不透水層にはさまれて圧力を受けている地下水のことである。

[*19] 厚生労働省資料より（2015年版厚生労働白書）

[*20] Let's TRY!!
なぜ水深が深い湖沼では温度成層が形成されるのかを調べてみよう。

[*21] ＋α プラスアルファ
栄養塩類は植物プランクトンや藻類の栄養源になる硝酸塩やリン酸塩などの塩類のことである。

表6-3 上水道・水道用水供給事業の種類別取水割合[*19]

水源の種類		取水割合 [％]	
地表水	河川水（自流）	25.5	74.2
	湖沼水	1.4	
	ダム水	47.3	
地下水	伏流水	3.6	22.9
	不圧地下水（浅井戸水）	6.7	
	被圧地下水（深井戸水）	12.6	
その他		2.9	2.9

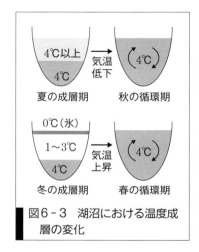

図6-3 湖沼における温度成層の変化

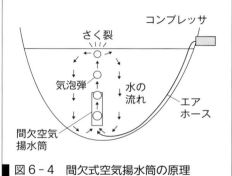

図6-4 間欠式空気揚水筒の原理

の間欠式空気揚水筒（intermission aerial pumping cylinder）*22 を設置して水質改善を行っている。地下水は，地表水に比べて水質が良好で安定しているが，重炭酸塩や鉄，マンガンなども多く含んでいる場合が多い。また，地下水は過剰に汲み上げると地盤沈下を引き起こすこともある。

6-3-2 水道を構成する施設

　水道施設（water supply facilities）は図6-5に示すように，取水，貯水，導水，浄水，送水，配水，給水の施設で構成されている*23。取水施設は水源から水道の原水を取り入れる設備であり，地表水の場合は取水堰，取水塔，取水門など，地下水の場合は集水埋渠，浅井戸，深井戸などがある。貯水施設には原水を貯留するダム（図6-6）や貯水池などがある。導水施設は原水を浄水施設へ導くための導水管や導水ポンプなどである*24。浄水施設（図6-7）は原水を飲料水に浄化する設備であり，詳細は6-4節で説明する。送水施設は浄水を配水施設に送るための送水管，送水ポンプなどであり，送水方式は導水施設と同様である。配水施設は浄水を需要者へ供給するための配水池（図6-8），配水管（図6-9），配水ポンプなどの設備である*25。

　給水設備は需要者が配水管から分岐して給水する設備である。直結式と受水槽式があり，直結式には直結直圧式（図6-10）と直結増圧式がある*26。受水槽式は配水管から一度受水槽で貯めて給水する方式であり，高置水槽式（図6-11），圧力水槽式，ポンプ圧送式がある。高置水槽式は受水槽で受けた水をポンプで屋上の高置水槽へ圧送して各階へ自然流下で給水する方式である。

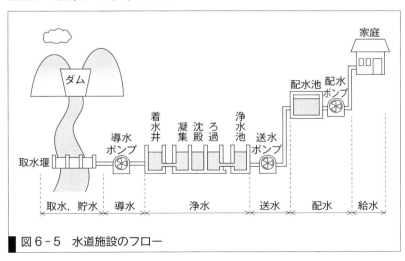

図6-5　水道施設のフロー

*22
間欠式空気揚水筒
間欠的に放たれる気泡弾の上昇によるエアリフト効果を利用して水を人工的に循環させて，水温成層の発生防止や下層への酸素供給を行うものである。

*23
Don't Forget!!
水道は取水，貯水，導水，浄水，送水，配水，給水の順で施設が構成されていることを覚えておこう。

*24
工学ナビ
水理学の内容に関連している。導水方式には自然流下式やポンプ圧送式があり，水路形式には管路式や開水路式がある。導水管路の平均流速は，砂粒による水路内面への摩擦や沈殿に配慮して0.3～3 m/sで設計される。

*25
工学ナビ
配水池の容量は給水区域の計画1日最大給水量の12時間分（計画給水人口5万人以下の場合は消火用水量を考慮），配水管の最小動水圧は3階建て建物への給水のために0.15～0.20 MPaを標準として設計される。

*26
工学ナビ
直結直圧式は配水管の動水圧で直接給水する方式（3階建て以下の住宅に採用），直結増圧式は給水管の途中の増圧給水設備で圧力を増して直結給水する方式である。直結式は受水槽の衛生上の問題解消，省エネの推進，受水槽スペースの有効利用などがはかれる。

図6-6　貯留施設(ダム)

図6-7　浄水施設

図6-8　配水施設(配水池)

図6-9　配水施設(配水管)

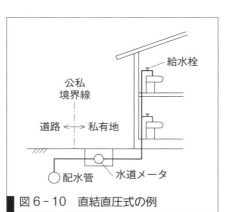

図6-10　直結直圧式の例　　　　図6-11　高置水槽式の例

6-3-3 配管とポンプ設備

配水管や給水管では，ダクタイル鋳鉄管[*27]，鋼管，ステンレス鋼管，硬質ポリ塩化ビニル管および水道配水用ポリエチレン管などがあり，衛生性，耐震性，耐久性，維持管理性などを考慮して選定される。水道施設に使用されるポンプには，取水ポンプ，導水ポンプ，送水ポンプ，配水ポンプ，給水ポンプなどがある[*28]。ポンプの用途に応じて，図6-12に示す遠心ポンプ(渦巻ポンプ)，斜流ポンプ，軸流ポンプが使用されている。表6-4にポンプの特徴を示す。

[*27]
＋α プラスアルファ
ダクタイル鋳鉄管は鋳鉄管に比べて強度が強く，延性にすぐれており，水道配管として最も多く使用されている。

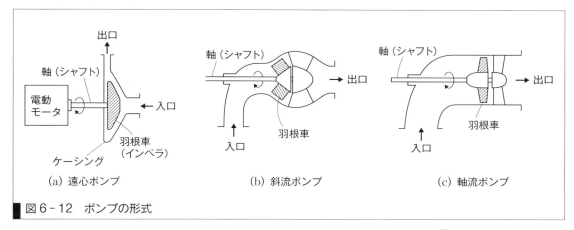

図6-12 ポンプの形式

表6-4 ポンプの形式

形式	特徴	全揚程
遠心ポンプ（渦巻ポンプ）	遠心力により羽根車内の水に圧力および速度エネルギーを与えて揚水するポンプであり，容量は広範囲のものがある	高揚程（4m以上）
斜流ポンプ	遠心ポンプと軸流ポンプの中間的な特性（遠心力と羽根の揚力作用）で揚水するポンプであり，大容量の揚水に適している	中揚程（3～12m）
軸流ポンプ	羽根の揚力作用によって羽根車内の水に圧力および速度エネルギーを与えて揚水するポンプであり，斜流ポンプより容量は大きい	低揚程（4m以下）

*28 **工学ナビ**
ポンプの運転ではキャビテーションを発生させない条件で運転する必要がある。キャビテーションとはポンプ内部において，流量の急変，渦流の発生，流路障害によって流体圧力が低下し，流水中に気泡が生じる現象である。この現象は，ポンプに振動，騒音，壊食（部材の損傷）が発生し，揚水不能になる。

6.4 浄水施設のしくみ

6-4-1 浄水方法の種類

浄水施設（water purification facilities）の処理方式には，**消毒のみ方式**（sterilization system），**緩速ろ過方式**（slow sand filtration system），**急速ろ過方式**（rapid sand filtration system），**膜ろ過方式**（membrane filtration system），さらに**高度浄水処理**（advanced purification treatment）およびその他の処理を付加したものがある[*29]。各浄水方式における工程を図6-13，各処理方式の特徴を表6-5に示す。消毒のみ方式は地下水など水質が良好で安定した原水の場合に適用される。緩速ろ過方式は原水水質が比較的良好で濁度も低い場合で用いられ，急速ろ過方式は緩速ろ過方式では対応が難しい原水に適用される。膜ろ過方式は原水中の濁質などの不溶性物質の除去に採用される。

表6-6に浄水方法別浄水量の割合を示す[*30]。急速ろ過方式が全体の約8割を占めており，最近では，膜ろ過方式が原水水質の悪化や敷地面積の問題から少しずつ増加傾向にある[*31]。次項以降に各方式の処理工程を説明する。

*29 **Don't Forget!!**
各処理方式の違いを覚えておこう。

*30
厚生労働省資料より（2016年版厚生労働白書）

*31 **Let's TRY!!**
あなたの自治体の浄水方法を調べ，なぜその方式が採用されているかを考えてみよう。

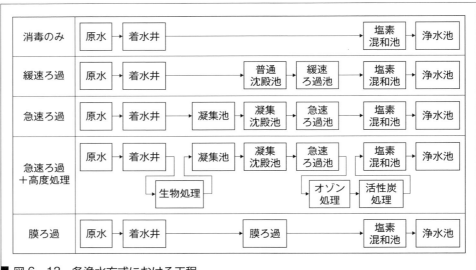

図6-13 各浄水方式における工程

表6-5 浄水方式の特徴

浄水方式	特徴
消毒のみ	水質が良好な地下水などを水源とする場合で採用され，最も単純な処理方式である。維持管理は容易であるが，水源に糞便による汚染がないことなどが条件となる。
緩速ろ過	原水水質が良好（低濁）で安定している場合に採用される。細かな砂層を緩やかなろ過速度（4〜5 m/日）で原水を通過させ，砂層表面と砂層に増殖した微生物群が水中の懸濁および溶解性の物質を捕捉または酸化分解する。維持管理が容易で安定した良質の処理水が得られるが，広い敷地面積が必要となる。
急速ろ過	緩速ろ過では対応しにくい，濁度が比較的高い原水の場合や敷地面積に制約がある場合に採用される。凝集剤で原水中の懸濁物質をフロック（綿くず状の集塊）化して沈殿分離させたあと，急速ろ過池でろ過する。粗いろ過砂を使用し，緩速ろ過の30倍程度以上のろ過速度でろ過を行うため，狭い敷地で大量の水を処理できる。
膜ろ過	懸濁物質やコロイドの物理的除去を目的に採用される。ろ過効率を上げるためスクリーンの設置や凝集処理などの前処理が行われる。数か月間隔での膜の薬品洗浄や数年間隔での膜交換が必要になるが，自動制御が可能で運転管理は比較的容易である。
高度浄水処理	除去対象となる溶解性物質の種類や濃度により高度浄水処理が行われる。臭気物質，トリハロメタンなどの消毒副生成物前駆物質，色度，アンモニア性窒素などの処理に，活性炭処理，オゾン処理，生物処理，ストリッピング処理が行われる。
その他の処理	鉄，マンガンなど無機物を処理する目的で行われる。前塩素・中間塩素処理，エアレーション，アルカリ剤処理などがある。

表6-6 上水道・水道用水供給事業の浄水方法別浄水量の割合[*30]

消毒のみ	緩速ろ過	急速ろ過	膜ろ過	高度浄水処理およびその他の処理 （内数）※
17.0%	3.2%	78.2%	1.6%	33.4%

※高度浄水処理およびその他の処理は消毒のみ，急速ろ過，緩速ろ過，膜ろ過施設に付随する施設であるため内数で表記している。

6-4-2 消毒のみ方式

浄水施設へ導水された原水は，まず着水井で原水の水位変動の安定化と水量が調整される。浄水施設では浄水方式や施設規模にかかわらず，塩素混和池で必ず**塩素消毒**（chloric sterilization）が行われる。水道法では，病原生物を殺菌するために給水栓水で保持すべき残留塩素濃度が規定されている[*32]。塩素消毒は，多くの微生物に消毒効果がある，大量の水を容易に消毒できる，消毒効果が給水栓まで残留する，取り扱いが簡単で安価などの利点がある。その一方で，塩素は水中の有機物と反応して**トリハロメタン**（trihalomethane）[*33]などの有害な副生成物を生じさせ，アンモニア性窒素と反応して消毒効果を低下させる。また，**クリプトスポリジウム**（cryptosporidium）[*34]に対して塩素消毒は完全ではないなどの欠点がある。

浄水池は，原水水質の異常時における水質の変動に対応したり，突発事故や施設点検を行う際に浄水を貯留する役割がある。次項では，消毒のみ方式の処理工程を除く緩速ろ過方式，急速ろ過方式，膜ろ過方式の処理工程について説明する。

6-4-3 緩速ろ過方式

原水中の懸濁粒子は普通沈殿池で自然沈降させるが，沈降した懸濁物質の量は少ないために汚泥掻寄機はなく，底部排出溝によって排泥する。緩速ろ過池では，砂層表面で水中の懸濁物質を捕捉し，砂層に増殖した微生物群によって溶解性物質を酸化分解させるが，砂層表面で懸濁物質を阻止するため，濁質や藻類を多く含む（濁度で10度程度以上の）原水には適さない。

図6-14にろ過池のろ層構造を示す。緩速ろ過のろ過砂の有効径は0.3～0.45 mmが多く使用され，ろ過速度は4～5 m/日で設計される。必要な水量が維持できなくなった場合は，ろ過を停止して砂層表面を1 cm程度削り取ることでろ過機能を回復させる。削り取りは繰り返し行われ，砂層厚さが薄くなったら補砂を行う。

+α プラスアルファ

[*32]
塩素剤には一般に次亜塩素酸ナトリウムが使用され，給水栓末端での遊離残留塩素濃度は0.1 mg/L以上である。

[*33]
トリハロメタン
メタンを構成する4つの水素原子のうち3つがハロゲンに置換した化合物の総称である。発がん性や催奇形性の疑いがある。

[*34]
クリプトスポリジウム
4～6 μmの寄生性原虫で，オーシスト（嚢包体）の形で環境中に存在する。オーシストは熱や乾燥に弱いが，塩素に強い耐性がある。水道水中に混入すると集団感染を引き起こす恐れがあり，感染すると激しい下痢，腹痛，嘔吐，微熱などが1～2週間持続する。水道原水にクリプトスポリジウムによる汚染の可能性がある場合は，ろ過施設または紫外線処理施設を設ける必要がある。

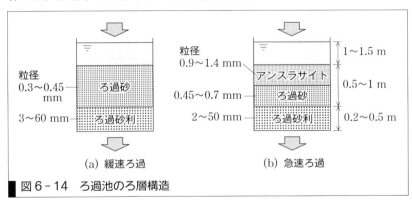

図6-14　ろ過池のろ層構造

6-4-4 急速ろ過方式

急速ろ過方式の処理フローを図6-15に示す。凝集池は，凝集沈殿に必要な凝集剤を添加後に急速攪拌して濁質を微小なフロックに凝集させる混和池と，その後段で微小フロックを大きく成長させるために緩速攪拌を行うフロック形成池（図6-16）で構成される。水中に浮遊している微細粒子はその表面が負に帯電しており，おたがいに電気的に反発して沈降しないが，そこに凝集剤を添加すると粒子間の反発力が弱まり，粒子どうしが集まって沈降しやすい粒子の塊（フロック）を作る操作が**凝集（cohesion）**である[*35]。凝集剤には，硫酸アルミニウム（硫酸バンド），ポリ塩化アルミニウム（PAC），塩化第二鉄およびポリシリカ鉄などが使用される。凝集剤の注入量は式6-5で表される[*36]。

$$\text{注入量 [L/日]} = \frac{\text{流量 [m}^3\text{/日]} \times \text{注入率 [g/m}^3\text{]}^{*37}}{\text{密度 [g/L]}} \quad 6\text{-}5$$

凝集沈殿池（図6-17）では凝集池で成長したフロックを重力沈降によって除去する[*38]。沈殿池の沈殿機能を表す指標である表面負荷率V_0は式6-6で表される[*39]。横流式沈殿池[*40]の表面負荷率V_0は21.6〜43.2 m³/m²·日を標準として設計される。

$$\text{表面負荷率 [m}^3\text{/m}^2\text{·日]} = \frac{\text{流量 [m}^3\text{/日]}}{\text{沈殿池の沈降面積 [m}^2\text{]}} \quad 6\text{-}6$$

急速ろ過池（図6-18）では，凝集沈殿池からの流出水中に残存した濁質を，比較的速いろ過速度で粒状層を通過させて，主として，ろ材への付着とろ層でのふるい分けによって除去する。ろ層構成は単層と多層，水流方向は下降流と上向流がある。ろ材は砂と**アンスラサイト（anthracite）**[*41]が使用され，ろ過砂の粒径は0.45〜0.7 mmが標準である。ろ過速度は，単層では120〜150 m/日，多層では120〜240 m/日が一般的な設計値である[*42]。必要な水量または水質の確保が維持でき

*35
Let's TRY!!
アルミニウム塩の凝集メカニズムを調べてみよう。

*36
+α プラスアルファ
ポリ塩化アルミニウムは硫酸アルミニウムより凝集性が高く，高濁度時や低水温時に効果的である。鉄系凝集剤は，硫酸アルミニウムに比べてフロックが沈降しやすい利点があるが，酸性が強く，腐食性が強い。

*37
注入率の単位 mg/L = g/m³

*38
工学ナビ
水理学の内容に関連している。層流状態（レイノルズ数：$Re<1$）の沈殿池内の粒子の沈降速度はストークスの式で表すことができる。沈降速度におよぼす影響因子を調べてみよう。

*39
水面積負荷率とも呼ぶ（7-3-2項を参照）。

*40
+α プラスアルファ
横流式沈殿池のほかに沈殿性能を高めた傾斜板（管）式沈殿池や高速凝集沈殿池がある。

*41
アンスラサイト
石炭のうち最も炭化が進んだ良質の無煙炭を破砕し粒状にしたもの（比重1.4〜1.6）。

*42
+α プラスアルファ
多層ろ過は密度や粒径の違う複数のろ材（砂，アンスラサイト，人工軽量砂など）を用いるろ過である。水流方向に粗粒から細粒となる逆粒度ろ層を構成して，ろ層全体を有効に使うことでろ過機能を高めている。

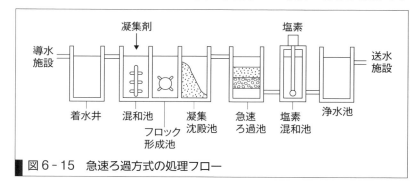

図6-15 急速ろ過方式の処理フロー

図6-16 フロック形成池

図6-17 凝集沈殿池

図6-18 急速ろ過池

なくなった場合は，ろ過を停止してろ層を洗浄して能力を回復させる必要がある。標準的な洗浄方式は表面洗浄と逆流洗浄とを組み合わせたもので，そのほかには空気洗浄と逆流洗浄を組み合わせた方法もある。

6-4-5 膜ろ過方式

浄水処理でおもに使用されているろ過膜は，**精密ろ過膜（MF膜：Micro Filtration membrane）** と **限外ろ過膜（UF膜：Ultra Filtration membrane）** であり，懸濁物質，コロイド，細菌，藻類，クリプトスポリジウムなどの不溶性物質を除去する。**ナノろ過膜（NF膜：Nano Filtration membrane）** は，色度成分，臭気原因物質，農薬，トリハロメタン前駆物質などの溶解性物質を除去対象とするが，現在のところ導入例は少ない[*43]。

膜ろ過方式にはケーシング収納方式と槽浸漬方式があり，膜モジュールの種類には，中空糸型（図6-19），平膜型，スパイラル型，管型，モノリス型がある。必要膜面積はろ過水量を**膜透過流束（membrane permeation flux）**[*44]で除して計算される。膜ろ過方式は，膜の薬品による洗浄や定期的な交換が必要であるが，自動運転が可能であり，日常的な維持管理は比較的容易である。また，凝集剤が不要，建設工期が短い，設置スペースも小さい，設備を建屋内に設置できる，クリプトスポリジウムに対応できるなど安全性向上の観点から，清澄な河川水を原

[*43] ＋α プラスアルファ
MF膜は粒径 $0.01 \sim 2\,\mu m$ 程度，UF膜は分子量 $1000 \sim 300000\,Da$ 程度，NF膜は $1\,nm$ 前後の分子領域を分離対象とする。

[*44] 膜透過流束
膜の分離機能を表す指標であり，単位時間に単位膜面積を通過する水量のことで $0.5 \sim 5\,m^3/m^2 \cdot 日$ で設計されることが多い。

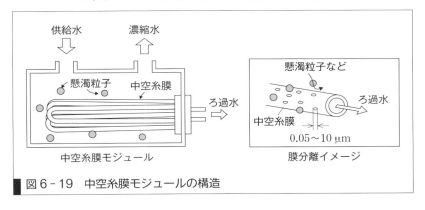
図6-19 中空糸膜モジュールの構造

水とする小規模水道において導入が検討されている。

6-4-6 高度浄水処理およびその他の処理

　近年，生活様式や社会構造の変化により，良質な水道原水を確保することが難しくなってきている。水道原水中に臭気物質，色度成分，トリハロメタンとその前駆物質，アンモニア態窒素，陰イオン界面活性剤などが含まれる場合は，通常の浄水方法では十分に処理することができないため，高度浄水処理が行われる。高度浄水処理における処理対象物質と処理方法を表6-7に示す。高度浄水処理には，**活性炭処理**(activated carbon treatment)，**オゾン処理**(ozonation)，生物処理，ストリッピング処理などがある。また，高度浄水処理以外にも，通常の浄水処理に付加する処理として塩素処理やエアレーションなどがある。以下に，代表的な高度浄水処理である活性炭処理とオゾン処理について述べる。

　活性炭処理は，通常の浄水処理では除去できない**異臭味原因物質**[*45]，トリハロメタンとその前駆物質，トリクロロエチレンなどの有機塩素化合物，農薬などの除去に使用される。**活性炭**[*46]は，木質（ヤシ殻やおがくず）または石炭などを炭化および**賦活処理**(activation processing)[*47]して製造される黒色で多孔質の炭素物質であり，気体や液体中の微量有機物を吸着する。

　オゾン処理は，**オゾン**[*48]の強い酸化力を利用して，異臭味物質や色度成分（**フミン質**[*49]）などの分解や，難分解性有機物の生物分解性を高める効果を有しており，トリハロメタンとその前駆物質の生成もおさえることができる。その一方で，オゾンはさまざまな副生成物を生成してしまうため，一般的には図6-20のように，オゾン処理後に活性炭処理が行われる。オゾン処理でオゾンが処理水に過度に溶存流出してしまうと後段の活性炭の消耗を促進させたり，大気中に放出されると労働安全衛生上の問題が生じるため，オゾン濃度の調整が必要である。

　また，水源からの取水や水源開発が困難な地域では，逆浸透法などに

[*45] **異臭味原因物質**
おもに藍藻類や放線菌によって産生され，カビ臭はジオスミン，土臭は2-メチルイソボルネオール（2-MIB）である。藍藻類が増殖し富栄養化した水源で問題となる。

[*46] **活性炭**
内部に100 nm～10 μmのマクロ孔と孔壁に0.1～10 nmのミクロ孔がある。これらの細孔内部の表面積は700～1400 m²/gと大きく，これが吸着性の高い理由である。

[*47] **賦活処理**
賦活は原料を900℃前後の高温で炭化し，水蒸気により活性化させる水蒸気賦活法が一般的である。

[*48] **オゾン**
3つの酸素原子から成る酸素の同素体である（分子式はO_3）。強い酸化力を有する一方で，刺激臭がある有毒な気体である。作業環境基準でのオゾン濃度は0.1 ppm以下となっている。

[*49] **フミン質**
植物などが微生物によって分解され最終的に生成された高分子有機物（腐植物質）のこと。

表6-7　処理対象物質と処理方法

処理対象物質	処理方法
臭気	エアレーション，生物処理，活性炭処理，オゾン処理
トリクロロエチレンなど	ストリッピング処理，活性炭処理
アンモニア態窒素	塩素処理，生物処理
トリハロメタン	中間塩素処理，活性炭処理，結合塩素処理
鉄・マンガン	前塩素処理，鉄バクテリア利用，エアレーションなど
陰イオン界面活性剤	生物処理，活性炭処理，オゾン処理
色度（フミン質）	活性炭処理，オゾン処理
浸食性遊離炭酸	エアレーション，アルカリ剤処理
生物	マイクロストレーナ，二段凝集処理，多層ろ過，酸処理

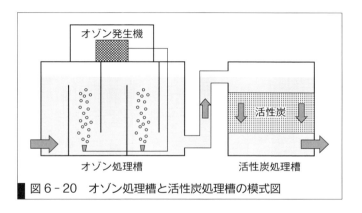
図 6-20 オゾン処理槽と活性炭処理槽の模式図

よる海水の淡水化設備が導入されてきている[*50]。逆浸透法は、半透膜を用いて海水から塩分を取り除く方法であり、沖縄県などで採用（1997年）されている。

[*50] Let's TRY!!
海水の淡水化技術はどのようなところで行われているか調べてみよう。

WebにLink
演習問題の解答

演習問題 A　基本の確認をしましょう

6-A1　水道の種類において、給水人口が 101〜5000 人の水道を述べよ。

6-A2　水道計画における現在の 1 人 1 日最大給水量はどの程度かを述べよ。

6-A3　以下の水道施設を構成されている順番に番号を並べ替えよ。
①取水　②送水　③給水　④導水　⑤浄水　⑥配水

6-A4　水道の基本的な浄水プロセスである、凝集、沈殿、ろ過のしくみを説明せよ。

演習問題 B　もっと使えるようになりましょう

WebにLink
演習問題の解答

6-B1　浄水方式における緩速ろ過と急速ろ過のろ層構造や運転方法の違いを述べよ。

6-B2　ある浄水場では 1 日 120000 m^3 の水をポリ塩化アルミニウム（PAC）で凝集処理を行っている。PAC の注入率 20 mg/L の場合の 1 日の必要量を求めよ。なお、PAC の密度は 1200 g/L とする。

6-B3　1 日最大給水量 60000 m^3/日 の水を浄水する沈殿池の容量と表面積を求めよ。なお、表面負荷率は 25 m^3/m^2・日、有効水深は 4 m とする。

6-B4　高度浄水処理を導入する目的とその処理方法について説明せよ。

> **あなたがここで学んだこと**
>
> この章であなたが到達したのは
> 　□水道の役割，種類が説明できる
> 　□水道計画を説明でき，これに関する計算ができる
> 　□水道施設，浄水のしくみ，高度処理を説明できる
>
> 　本章では，上水道の役割やしくみ，施設を計画・設計するための基本的な考え方を学んだ。上水道は重要なライフラインであることを認識しつつ，今後は，地震や水害などの自然災害への対策，低炭素社会への配慮，耐塩素系病原微生物への対応などの課題に対して，考え行動できる知識と経験を積んでほしい。

7章 下水道の役割としくみ

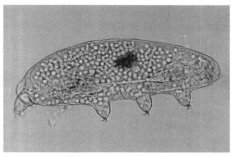

クマムシの顕微鏡写真　　（提供：横浜市環境創造局）

　これは，乾燥や凍結するような寒さ，真空状態である宇宙空間でも生存可能で，さらに放射線にも耐えられる最強の生物と称されるクマムシ（*Macrobiotus*：マクロビオツス）の顕微鏡写真です。体長は0.5～1 mm程度で，短い足でゆっくりと動く様子がクマに似ていることから命名されました。このクマムシは，トイレの排泄物や工場排水などの下水中に含まれる有機物や細菌類を食べて成長しています。このような微生物の働きを利用して下水処理が行われており，私たちの健康や生活環境が維持されています。

　ミレニアム開発目標（MDGs：Millennium Development Goals）の2015年の最終評価報告によると，世界人口約73億人のうち約24億人の人々（すなわち3人に1人）はいまだトイレを利用できず，そのうち約9億人は習慣的に屋外排泄をしています。これらの排泄物が河川などにそのまま排出されると，その水を飲用や生活用水に利用することで，コレラや赤痢，腸内寄生虫，トラコーマなどの伝染病を容易に発生させ，失明や障害，死亡を引き起こします。すべての人が改善された水源やトイレが利用できるようになるには，どうすればいいでしょうか。

●この章で学ぶことの概要

　家庭や工場から排出される汚水が未処理で河川や湖沼，海域に放流され，自然の浄化能力を超えた場合は，水質汚濁として水中の酸素を消費し，悪臭が発生し，魚が住めない状態になってしまいます。下水道は，人間の排泄物や風呂，洗濯などで発生した汚水を家庭や集落からすみやかに排除して集め，砂などの物質を除去したあとに微生物の働きによって二酸化炭素や水などに無機化し，水資源のサイクルに循環させます。本章では下水道のしくみを紹介するとともに，汚水処理や雨水排除の基本について解説します。

> **予習　授業の前に調べておこう!!**
>
> 1. 安全ではない飲料水，衛生環境によって引き起こされる病気にはどのようなものがあるか調べよ。
> 2. アジア地区，アフリカ地区および日本において，下水道に接続したトイレを利用できる人口の割合を調べよ。

WebにLink
予習の解答

7　1　下水道の歴史と役割

7-1-1　下水道の歴史

　人間の家庭生活，社会生活，産業活動の結果発生した液体状廃棄物（家庭汚水，工場廃水）である**汚水**（sanitary sewage）または降水の地表流出水である**雨水**（storm wastewater）を**下水**（sewage）[*1]といい，下水の排除や処理を行う施設を総称して**下水道**（sewerage works）という。

　世界で最も古い下水道は紀元前5000年前のメソポタミア文明のチグリス・ユーフラテス川に面した都市であるウル，バビロン，ラガシュなどに建設された。また，紀元前2700〜3300年と推定される，インダス文明のモヘンジョダロの遺跡から発見された下水道は，現在の下水道の原型となる，家庭の浴場やトイレからの排水を排除し，複数の家庭からの下水を集約して移送する形式がとられていた。また**下水管渠**（sewer pipe）[*2]はレンガ製のふたでおおわれており，下水渠の途中では汚濁物質が沈泥除去できるような簡易な沈殿設備が設けられており，世界最初の下水処理設備といわれている。本格的な下水道としては，最古の水道として有名なローマ水道の完成よりも約400年も前の紀元前615年に，古代ローマにクロアカ・マキシマ（Cloaca Maxima）下水管渠が建設され，ローマ市内の下水の排水を行っていた。

　中世時代は人口の増加にともない，フランスでは1370年から，ロンドンでは16世紀ごろから下水道が設置されたが，家庭からの汚水は道路上や側溝，改良された下水道では河川などに未処理で流していたため，水質汚濁が急激に進行し，コレラやペストなどの伝染病の病原菌の温床となり，ときどき大流行した。下水を処理する近世の下水道は，1840年ごろにイギリスにて雨水と汚水を別々の管渠で流す**分流式**（separate sewer system）[*3]の考えが提案され，ロンドンではトイレの下水道への接続の義務化などの，公衆衛生向上に向けての制度の整備が進んだ。また，1890年ごろにロンドンやアメリカの下水道は汚水に薬品を加えた沈殿設備により浮遊物質を除去する物理化学的処理を施し，同時に微生物による汚水の浄化の研究が開始され，**散水ろ床法**（trickling filter

[*1] **Don't Forget!!**
下水とは，雨水と汚水の2つから成っていることを覚えておこう。

[*2] 下水管渠
雨水や汚水を集め，放流先や下水処理場まで導くための排水管。

[*3] +α プラスアルファ
一方で雨水と汚水を1つの管渠で流す方式を**合流式**（combined sewer system）という。

process）*4 の原形（1877 年，イギリス）や現在の下水処理の中核技術である**活性汚泥法**（activated sludge process）が 1914 年にイギリスの処理場に導入され，汚水をきれいにして河川などに流すことができるようになった。

　日本でも 1882 年に，東京などの大都市では 5000 人以上の死者を出すほどコレラが流行したため，1884 年にとくに被害の大きい東京神田にオランダ人技師ヨハネス・デ・レーケ（Johannis de Rijke，オランダ，1842－1913）の助言を得て下水道（神田下水*5）が建設された。その後 1922 年に日本で最初の近代下水処理場として，図 7－1 に示す三河島汚水処分場*6（散水ろ床法）が完成し，運転を開始した。昭和の時代に入ると日本国内の 30 数都市が下水道事業に着手し，1930 年には日本で最初の活性汚泥法が名古屋の堀留処理場で運転を開始し，10 年後の 1940 年には 50 都市まで拡大した。戦後は日本経済の復興による産業活動の活発化，都市への人口集中にともなう水需要が拡大し，水資源の確保と上水道の整備が優先されたが，1955 年ごろから河川の水質汚濁が日本全国に拡大し，1970 年の下水道法の改正にて，「公共用水域の水質の保全に資する」の 1 項が加えられ，水質汚濁防止，都市環境の改善に向けて，下水道の整備が進められた。

*4
散水ろ床法
汚水をろ材（砕石やプラスチックなど）に散水し空気に接触させて，ろ材に付着した微生物の働きにより，汚水を浄化する処理方法。

*5
＋α プラスアルファ
1994 年に一部（614 m）が東京都の文化財（指定史跡）に指定されている。130 年経過した現在も，神田多町から鍛冶町付近は利用されている。

神田下水内部
　　（提供：東京都下水道局）

*6
＋α プラスアルファ
1999 年まで，ポンプ施設は更新されながら利用された。2007 年に下水道施設としては初めて国の重要文化財に指定された。

図 7－1　旧三河島汚水処分場喞筒（ポンプ）場施設（外観，ポンプ室）

7-1-2 下水道の役割

　雨水による浸水や，停滞・滞留した汚水による伝染病の蔓延などの経験より，市街地における生活排水や雨水の停留による不衛生状態を改善し，土地の清潔を保持することを目的とし，1900 年に日本最初の下水道に関する法律が制定・施行された。戦後の下水処理場の普及にともない，1958 年にはこの**下水道法**（sewerage law）の見直し（廃止），改正が行われた（現行の下水道法の誕生）。この改正によって，下水道の目的は「都市環境の改善を図り，もつて都市の健全な発達と公衆衛生の向上に寄与する」と定義され，都市環境整備に重点が置かれた。その後，1970 年に改正され，現在の下水道法では，「下水道の整備を図り，もつて都市の健全な発達及び公衆衛生の向上に寄与し，あわせて公共用水域

の水質の保全に資すること」と目的が述べられている。

具体的な効果として，水洗トイレの普及，都市内の衛生向上，雨水浸水から街を守る，河川や海域の水質向上などである。また，最近は下水道への期待として，水資源の循環使用[*7]（雑用水などに再利用・循環利用）や，都市防災への寄与（下水処理水の防火用水への活用）などがあげられる。

> [*7] **Let's TRY!!**
> 身近な下水処理場における，処理後の下水の再利用の事例について調べてみよう。また，再利用の用途によって追加される処理方法について調べてみよう。

7-1-3 下水道の種類

下水道は，図7-2に示すように，その目的や事業の機能などによって，以下の種類に分類されている。

公共下水道（public sewerage system）は，雨水を排除し，また家庭汚水や工場，事業場からの汚水を排除，集約し，処理後河川や海域に放流する下水道であり，設置および維持管理は原則市町村が行う。処理場の有無にてさらに分類され，**終末処理場**（sewage treatment plant）を有する場合，単独公共下水道という。処理場をもたず，おもに管渠や**ポンプ場**（pumping station）で構成され，流域下水道に接続される下水道は，流域関連公共下水道という。特定公共下水道は，特定の工場や事業場の汚水の比率が高い汚水を排除，処理する下水道で，下水道建設

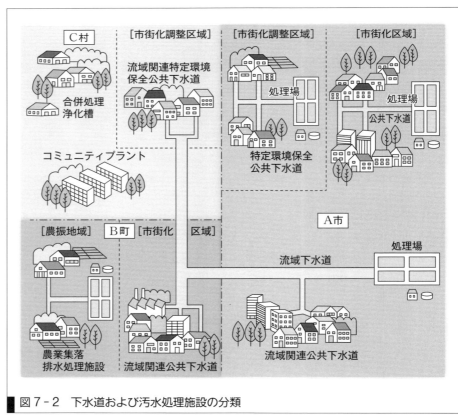

図7-2 下水道および汚水処理施設の分類

出典：国土交通省「下水道の種類」より作成

費の一部を工場の事業者などに負担させて設置する。特定環境保全公共下水道は，都市計画区域以外の区域に，観光地などの自然保護や農山漁村などの集落から排出される生活排水などを処理して生活環境の改善をはかることを目的として整備される下水道で，設置および維持管理は原則市町村が行う。

流域下水道（regional sewerage system）は，2 市町村以上の区域の汚水を排除，集約し，1 か所の処理場にて処理後河川や海域に放流する下水道であり，設置および維持管理は原則都道府県が行う。流域下水道は，多数の市町村が隣接しており，各市町村が個別に公共下水道を設置して個別に汚水を処理するよりも，広域的に汚水を集約し一括処理したほうが，建設費，維持管理費が軽減される場合などに計画される。

都市下水路（urban storm drainage system）は，市街地などの雨水による浸水被害などを防止するため設置される雨水管渠などであり，降水をすみやかに河川や海域などに排除する。終末処理場は設置しておらず，設置および維持管理は原則市町村が行う。これらの下水道の所管官庁は国土交通省である。

その他，下水道法に基づく分類では下水道に相当しないが，家庭からの汚水をおもに処理する排水（汚水）処理施設として，**農業集落排水処理施設**（rural sewerage treatment plant）（農林水産省所管），**コミュニティプラント**（community wastewater treatment plant），**合併処理浄化槽**（household wastewater treatment tank）（環境省所管）などがあり，下水道の普及が事業採算的に合わない小規模な地域や，下水道未整備の個人の家庭，小規模事業場などに導入されている。

7-1-4 下水道の普及状況

下水道の整備の指標として一般的に**下水道処理人口普及率**[*8]（percentage of sewered population）（総人口に対する下水道を利用できる人口の割合）が用いられており，毎年年度末に都道府県別，市町村別の下水道処理人口普及率が所管官庁である国土交通省より発表[*9]されている。2021 年度末の下水道処理人口普及率は 80.6％となり，前年度に比べて 0.5％増加し，下水道整備人口は約 10,118 万人となった。最も下水道処理人口普及率の高い都道府県は東京都で，99.6％に達し，続いて神奈川県の 97.0％，大阪府の 96.5％と，大都市圏は下水道の整備がほぼ水道普及率と同等である。一方で下水道処理人口普及率が 50％にも達していない都道府県も全国で 5 県あり，日本全国の傾向としては東高西低の状況が続いている[*10]。

また，下水道に加え，農業集落排水処理施設，コミュニティプラント，合併処理浄化槽を加えた，汚水処理施設の普及率である汚水処理人口普

*8
下水道普及率という場合もある。

*9
国土交通省　令和 3 年度末下水道処理人口普及状況について
https://www.mlit.go.jp/report/press/mizukokudo13_hh_000502.html
福島県は東日本大震災の影響により調査不能な市町村を除いた集計データである。

*10
Let's TRY!!
下水道処理人口普及率が低い都道府県について，その理由を調査してみよう。

及率は，2021年度末にて92.6%と，前年度よりも0.5%増加した。今後の効率的な汚水処理と未整備地域の早期解消の方策として，人口減少などの社会情勢の変化も踏まえた下水道計画の見直しを行い，下水道整備計画から農業集落排水処理施設や浄化槽など他の汚水処理施設の整備への変更や，地域特性に応じた新たな整備手法の導入・推進（下水道クイックプロジェクト）などが執り行われている。

7.2 下水道の基本計画

7-2-1 下水道の構成施設

下水道施設は，図7-3に示すように，以下の施設で構成される。下水の排除では，**汚水管渠**（sanitary sewer），**汚水ます**（house inlet），**雨水管渠**（storm sewer），**雨水ます**（stormwater inlet），下水の処理では，終末処理場などの施設（し尿処理施設[*11]を除く）や中継ポンプ場などがある。

[*11]
＋α プラスアルファ
し尿や浄化槽汚泥を処理し，公共用水域へ放流するための施設。廃棄物処理法に定める一般廃棄物処理施設の適用を受ける。

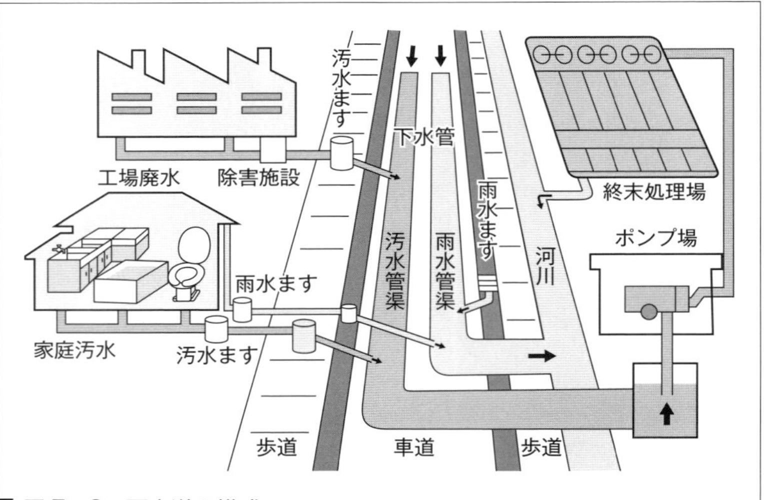

図7-3 下水道の構成

出典：日本下水道協会「下水道概説」より作成

1. 家庭内，工場内における雨水，汚水排除施設　家庭においては，飲用に適した水道水を利用し，料理や洗濯，トイレなどの人間活動を行った結果，汚染された汚水が発生する。この汚水を家庭内からすみやかに排除する施設として，台所，風呂場，トイレなど，排出場所の近接に排水管および私設汚水ますをそれぞれ設け，汚水を集約して公共の汚水ますに接続し，排除する。雨水は汚水とは別に私設雨水ますに集約し，公共雨水ますに接続して排除する（図7-4，図7-5）[*12]。これらの排水管および私設汚水ます，私設雨水ますは，住んでいる個人や企業などが，敷地内に設け，維持管理も個人が実施する。

[*12]
Let's TRY!!
公共雨水ますの設置間隔はどのようにして決定するのか，調べてみよう。

工場や事業所の場合，家庭からの汚水のようにある程度排出される汚染物質が同じであることは少なく，事業形態や生産工程によっては家庭の汚水からは排出されないような成分を含む場合が多い。下水処理場で取り除くことのできない有害物質（水銀，シアンなど）や，下水道管を損傷させたり詰まらせたりする恐れのある廃水（酸性廃水など）を取り除くために，工場や事業所では**除害施設**（industrial pretreatment facility）と呼ばれる処理施設を設置することで，下水道の受け入れ水質基準を満足することが必要である。

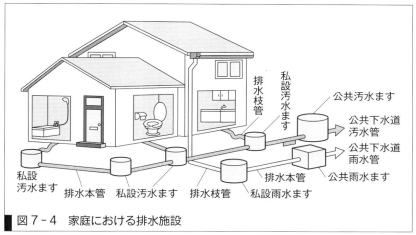

図7-4　家庭における排水施設

出典：日本下水道協会「下水道概説」より作成

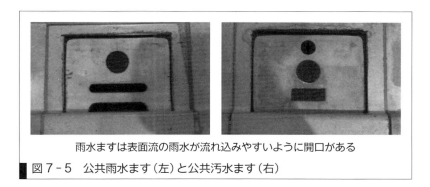

雨水ますは表面流の雨水が流れ込みやすいように開口がある

図7-5　公共雨水ます（左）と公共汚水ます（右）

2. 下水の排除方式，汚水管渠，雨水管渠　道路の地下には管渠が埋設されている。下水の排除方式には，汚水と雨水を1つの管渠でまとめて排除する**合流式**（combined sewer system）と，汚水と雨水をそれぞれの管渠で排除する**分流式**（separate sewer system）がある。

　合流式は古くから下水道の整備されている大都市を中心に採用され，経済性（埋設管渠が1本ですむので工事費が安くなる）や維持管理で有利である一方，雨水量が晴天時の時間最大汚水量の3倍を超えると，汚水を含んだ下水は管渠の途中にある**雨水吐き室**（storm overflow chamber）[13]から直接河川へ未処理で放流されるため，公共用水域の

*13
WebにLink

*14 Let's TRY!!
合流式の水質改善に関する対策技術を調査してみよう。

*15 WebにLink
マンホールのふたには,雨水,汚水の区別,合流式,分流式の区別,設置年,災害時,簡易トイレが接続可能などの情報が盛り込まれている。また,各都道府県,市町村により特徴的なデザイン,ペイントが施されている(マンホールカードなどの取り組みもある：https://www.gk-p.jp/activity/mc/)。

東京都神田のマンホール

水質保全上問題となる*14。

1970年代前半以降で新規下水道の計画では分流式を採用し,汚水はすべて終末処理場へ運ばれて処理され,雨水は直接河川などへ放流されるようになった。分流式は,汚水の水質変動が少なく,降雨時でも汚濁物質が公共水域へ放流されない。しかし,汚水と雨水の2系統の管渠が必要であり,また流量が少ない場合でも,沈殿防止に必要な流速を確保するために勾配を急にする必要があるため,合流式よりは建設工費がかかる。民地と公道の境界付近に設けられた,公共汚水ます,公共雨水ますより取りつけ管を通過して,それぞれの管渠に流入する。

マンホール(manhole)*15,公共汚水ます,公共雨水ますは,点検,清掃目的で設置する。雨水ますには砂が雨水管渠に流れないように砂だめを設けるが,汚水ますには汚泥の滞留・沈殿による腐敗した臭気発生の防止のため,砂だめを設けず,管渠に流れるようにしている。

管渠の設置は,上流から下流にかけて,勾配を設け,自然流下を利用して運ばれるようにする(図7-6)。上流ほど直径が小さく,下流ほど大きくなる(直径10cmから直径5m以上の大きさがある)。形として円形,矩形,馬蹄形,卵形など,材質は鉄筋コンクリート製,合成樹脂製,セラミック製,鋳鉄製などで,交通量,土質条件,下水の性状によって使い分ける。

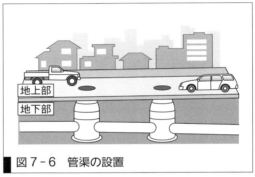

図7-6 管渠の設置
出典：日本下水道協会「下水道概説」より作成

3. 中継ポンプ場 下水の自然流下運搬目的で,下水管渠の勾配を設けるが,深くなりすぎると,点検,清掃が困難で,また設置費用が高くなる。下水管渠がある深さになったときなどに**中継ポンプ場**(relay pumping station)を設置し,下水をポンプにて汲み上げる(図7-7)。また,終末下水処理場の入り口は,下水管渠は勾配により相当深いため,ポンプにて揚水する。

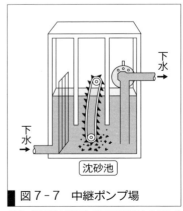

図7-7 中継ポンプ場
出典：日本下水道協会「下水道概説」より作成

4. 終末処理場 下水管渠にて運ばれてきた下水(汚水)の有機物などの汚れを，酸素を必要とする**好気性微生物**(aerobic microorganism)の働きにより浄化する施設である。現在は**標準活性汚泥法**(conventional activated sludge process)が多くの下水処理場にて採用されている。**最初沈殿池**(primary sedimentation tank)，**反応タンク**(aeration tank)[*16]，**最終沈殿池**(secondary sedimentation tank)，**消毒設備**(disinfection facility)および**汚泥処理施設**(sludge treatment facilities)にて構成されており，各施設を下水が通過する間に浄化され，消毒により大腸菌などの殺菌を行ったのち，河川や海域などの公共用水域に放流する。沈殿した汚泥や増えすぎた好気性微生物は**余剰汚泥**(excess sludge)として引き抜き，汚泥処理として**濃縮**(thickening)や**脱水**(dewatering)などの**減容化処理**(sludge volume reduction)を行う(図7-8)。

[*16] 曝気槽，エアレーションタンクという場合もある。

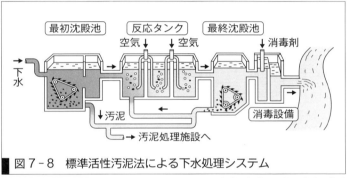

図7-8 標準活性汚泥法による下水処理システム

出典：日本下水道協会「下水道概説」より作成

7-2-2 下水道の基本計画

下水道基本計画を策定するには，以下の流れで行う。

1. 計画目標年次を定め，計画区域を決定する 下水道の計画をする場合，施設規模は将来の人口増加などにともなう汚水量増加を予想して決定する必要がある。将来のどの時点を目標とするかを**計画目標年次**(planned period)といい，おおむね20年程度で計画を行う。計画年次が長すぎる場合，計画完了までの設備は過剰で不経済となりやすく，短すぎる場合は人口増加や工場誘致などにともなう汚水量の増加ごとに処理施設の増設を繰り返すことになりやすい。また，下水道計画の施設範囲をどの程度にするかの計画区域は，都市の将来の発展性や都市周辺の土地利用計画などを考慮して決定する。

2. 将来人口を推定する[*17] 下水処理施設の規模の設計に必要な**計画汚水量**(planned wastewater flow)を求めるのに，計画目標年次(20年

[*17] 工学ナビ
マルサスの人口論
人口は幾何級数的($1 \rightarrow 2 \rightarrow 4 \rightarrow 8$)に増加するが，食糧生産は算術級数的($1 \rightarrow 2 \rightarrow 3 \rightarrow 4$)にしか増加しないため，結果として人口と食糧との間に不均衡が生じ，人類はさまざまな人口増加抑制が必要となる。

後）における**計画人口**（planned population）を推定する必要がある。上水道の計画人口の推定とまったく同じ方法であり，上水道における計画給水人口の資料があれば，利用できる。代表的な計画人口の推定に用いられる考え方は，① 年間平均増加数，② 年間平均増加率，③ べき曲線式，④ 論理曲線式（ロジスティック式）などの方法がある[18]。

*18 WebにLink

3. 計画汚水量を推定する　計画年次における人口の推定のあと，下水道施設に流入する計画汚水量を推定する必要がある。計画汚水量は，① 家庭汚水量（基礎家庭汚水量と営業汚水量），② 工場排水量，③ 地下水量，④ その他の汚水量の合計で計算される[19]。

*19 WebにLink

4. 下水道施設計画に必要な汚水量を推定する　計画汚水量の推定後，必要なポンプの容量や処理施設の容積の決定など，下水道施設の計画に必要な汚水量を算出する。

計画に利用する目的別に，計画1日最大汚水量（planned maximum daily wastewater flow），計画1日平均汚水量（planned average daily wastewater flow），計画時間最大汚水量（planned maximum hourly wastewater flow）などがある[20]。

*20 WebにLink

計画1日最大汚水量とは，年間を通じて最も水量の多い日の発生汚水量であり，下水道処理施設の容量決定の基礎となる量である（式7-1）。ここで，1人1日最大汚水量は，家庭汚水量が1年間を通じて最大になった日の汚水量［L/人・日］であり，おおむね8月で，年間平均の1.5倍程度とされる。

$$\begin{aligned}
&計画1日最大汚水量\,[\mathrm{m^3/日}] \\
&= 1人1日最大汚水量\,[\mathrm{L/人・日}] \times 10^{-3} \times 計画人口\,[人] \\
&\quad + 工場排水量\,[\mathrm{m^3/日}] + 地下水量\,[\mathrm{m^3/日}] \\
&\quad + その他\,[\mathrm{m^3/日}] \qquad\qquad 7-1
\end{aligned}$$

計画1日平均汚水量とは，計画年次での年間の発生汚水量の合計を365日で除したものであり，汚水処理設備の処理費用や財政計画の算出に用いられる。従来の実績から，計画1日最大汚水量の70〜80%が見込まれている（式7-2）。

$$\begin{aligned}
&計画1日平均汚水量\,[\mathrm{m^3/日}] \\
&= 計画1日最大汚水量\,[\mathrm{m^3/日}] \times 0.7\sim0.8 \\
&\quad (中小規模下水道：0.7，大規模下水道：0.8) \qquad 7-2
\end{aligned}$$

計画時間最大汚水量とは，汚水の時間変動であり，管渠施設，ポンプなどの容量決定に用いられる（式7-3）。小規模ほど数値が大きく，大規模下水道：1.3，計画・設計では1.5とすることが多い。

$$\text{計画時間最大汚水量［m}^3\text{/時］} = \frac{\text{計画1日最大汚水量［m}^3\text{/日］}}{24} \times 1.3 \sim 1.8 \qquad 7-3$$

5. 計画汚濁負荷量を推定し，計画流入水質を定める 計画汚濁負荷量（planned pollution load）とは，計画目標年次における下水処理施設へ流入する汚濁負荷量のことである。計画汚濁負荷量，計画流入水質（planned wastewater influent quality）の算定には，計画1日平均汚水量を使用する（図7-9）。

おもな汚濁物質としては，家庭や工場，畜舎などの事業場から排出される汚水中の，下水処理場で処理可能な生物化学的酸素要求量（BOD），化学的酸素要求量（COD_{Mn}），浮遊物質（SS），全窒素（T-N），全リン（T-P）などである。汚濁物質の濃度や汚水量を明確にして推定し，汚濁負荷量を算出する[*21]。

*21
WebにLink

下水処理場の計画汚濁負荷量は，発生汚濁負荷量を総和したものであり，計画流入水質は計画汚濁負荷量を計画1日平均汚水量にて除したものである（式7-4）。

$$\text{計画流入水質［mg/L］} = \frac{\text{計画汚濁負荷量［kg/日］}}{\text{計画1日平均汚水量［m}^3\text{/日］}} \times 10^3 \qquad 7-4$$

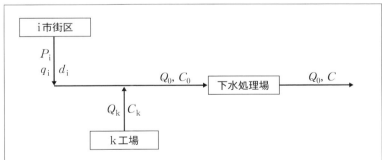

P_i：i市街区の計画年次人口［人］
q_i：i市街区の汚水量原単位（［L/人・日］，1人1日平均汚水量）
d_i：i市街区の生活廃水汚濁負荷量原単位［g/人・日］
Q_k：k工場の工場排水量［m³/日］　C_k：k工場の汚濁物質濃度［mg/L］
Q_0：計画1日平均汚水量［m³/日］　C_0：計画流入水質［mg/L］
C：処理水質［mg/L］

図7-9　汚濁負荷量の算出と計画流入水質[*22]

*22
Let's TRY!!

1人1日当たり，BODとしての汚濁負荷量換算で，43g，汚水量として200L排出される。この汚水のBOD濃度［mg/L］を計算してみよう。

*23
Don't Forget!!
以下の基本的な水質項目について，説明できるようにしておこう（第5章参照）。
BOD, COD, SS, 全窒素, 全リン, pH

*24
工学ナビ
アンモニアから亜硝酸，硝酸が生成される反応を硝化反応という。硝化反応が進行する条件や関係する微生物の特徴をまとめてみよう。

平均的な分流式下水の水質と分析項目の意義について表7-1に示す。有機性汚濁物質の指標であるBODやCOD，下水中に含まれる浮遊物質や，未処理で湖沼や閉鎖性海域に排出されると富栄養化の原因となる窒素，リンなどが，生活環境の保全に関する環境基準として，河川や湖沼，海域に定められており，下水道法に追加された，「公共用水域の水質の保全に資すること」を達成するためにも重要である。また，下水の水質も場所や季節，時間などによって変化するため，正確に下水の水質を把握するためには，1日における時間ごとの複数回の水質分析が欠かせない。

表7-1 分流式下水の平均的濃度と測定意義*23

試験項目	下水の平均水質 [mg/L]	意義
BOD	200	生物化学的酸素要求量 (Biochemical Oxygen Demand) の略。20℃，5日間で水中の有機物を分解するために水中の微生物が消費した溶存酸素量をいう。水中の生物分解可能な有機物量とほぼ等しいので下水や環境水の汚染度指標，下・廃水処理の管理指標として用いられる。
COD_{Mn} COD_{Cr}	100 500	化学的酸素要求量 (Chemical Oxygen Demand) の略。水中の有機物を酸化剤によって酸化する際に消費された酸化剤中の酸素量。酸化剤の種類，濃度，酸化条件によって結果が異なる。酸化剤としては$KMnO_4$，$K_2Cr_2O_7$がよく用いられる。簡便迅速に結果が得られるのでBODの代替指標として用いられる。
SS	200	浮遊物質 (Suspended Solid) の略。水中に懸濁している物質で，網目2mmのふるいを通過し，孔径1μmのガラス繊維ろ紙に留まるものをいう。汚染の有力な指標であるとともに，下水処理では直接，汚泥生成量に関係する。
TS	700	蒸発残留物 (Total Solid) の略。試料を蒸発乾固したとき残る量。溶解性物質量を求めたいときは蒸発残留物量から浮遊物質量を差し引けばよい。
強熱減量 (VTS) (VSS)	450 150	蒸発残留物ないしは浮遊物質を600℃±25℃で30分間強熱することによって揮散する物質をいい，有機物の量を示す（前者をVTS，後者をVSSと略）。蒸発残留物から強熱減量を差し引いたものを強熱残さといい，無機物の量を示す。
全窒素 　有機性窒素 　アンモニア窒素 　亜硝酸性窒素 　硝酸性窒素	35 15 20 0 0	窒素は自然界で種々の形態をとって循環している。有機性窒素であるタンパク質やその分解産物であるポリペプチドなどは水中の微生物によって分解されてアンモニア性窒素となる。好気的条件下で，アンモニア性窒素は硝化細菌の作用によって亜硝酸性窒素を経て硝酸性窒素となる（Nitrosomonas $NH_4 + O_2 \rightarrow NO_2 + 2H_2O$，Nitrobacter $2NO_2 + O_2 \rightarrow 2NO_3$）*24。また，亜硝酸性窒素と硝酸性窒素は嫌気的条件下で脱窒細菌の呼吸作用によって窒素ガスとなる。したがって，形態別に窒素を求めると，下水の処理効果や環境水の履歴を判定することができる。
全リン 　有機性リン 　無機性リン	10 3 7	リンはし尿，洗剤，肥料などに多量に含まれているため，下水中にもオルトリン酸・ポリリン酸などの無機性リン酸塩やリン脂質などの有機性リン化合物の形態で存在する。リンは前述の窒素とともに，下・廃水の生物処理における必須の元素であり，閉鎖水域の富栄養化を促進する好ましくない物質でもある。
pH	6.5〜7.5	家庭下水のpHは，7前後であるが，強酸・強アルカリの工場排水の流入によって変動することがある。下水処理におけるpHの測定は，曝気槽の硝化，汚泥消化槽の嫌気性分解など多くの運転管理に役立つ。

出典：海老江邦雄，芦立徳厚「衛生工学演習―上水道と下水道」森北出版より作成

6. 計画雨水流出量を算出する

下水管渠にて排除する雨水の算定方法として，**合理式**（rational method）がある。合理式は，排水面積 A [ha] に**平均降雨強度**（average rainfall intensity）I [mm/hr] の雨が均一に降り，停滞せずに流出すると仮定した際の雨水量を求める式であり，式7-5で計算される。

$$Q = \frac{1}{360} \cdot C \cdot I \cdot A \qquad 7-5$$

ここで，Q：最大計画雨水流出量 [m³/s]，C：流出係数，I：平均降雨強度 [mm/hr]，A：排水面積 [ha]。

合理式における平均降雨強度 I は，タルボット式より算出する（式7-6）。ここで，平均降雨強度 I は**確率降雨強度**（probable rainfall intensity）であり，おおむね5〜10年の確率年の降雨強度を採用する。

$$I = \frac{a}{t+b} \qquad 7-6$$

ここで，I：平均降雨強度 [mm/hr]，a, b：定数，t：降雨継続時間 [min]。

道路や地表面に降った雨は，その降水すべてが流出するのではなく，実際は一部の降水は蒸発するか，地下浸透する。降雨量に対する下水管渠に流入する雨水量の比率は**流出係数**（runoff coefficient）と定義される。流出係数は計画地域の工種別の基礎係数から算出される。たとえば，道路に降った降水は，地下浸透は少なく，80〜90%の降水量は下水管渠に流入するが，芝や樹木の多い公園の場合，多くが地下浸透や蒸発・蒸散によって降水は失われ，道路とは逆に5〜25%程度の降水量が下水管渠に流入する[*25]。現在の市街地は大部分がコンクリートやアスファルトでおおわれており，短時間に降雨強度の大きいゲリラ豪雨[*26] などが発生した場合，80〜90%が下水管渠に流入するのに加え，ひとたび道路の冠水が発生した場合，水面の流出係数は1であるため，降水すべてが浸透などでロスすることなく流出するので，道路の冠水[*27] が急激に進行する。

最終的には雨水は雨水管渠にて排除されるが，排除すべき区域から一番遠い地点である最遠点から雨水管渠に流入するまでの時間を**流入時間**（inlet time）といい，排水区域の勾配や路面の粗度係数などにより変化するが，一般には5〜10分程度とされ，平均値として7分を用いることが多い。

[*25] **Let's TRY!**
森林の水源涵養機能について，以下の項目を調べてみよう。
・洪水緩和
・水資源貯留
・水量調節
・水質浄化

[*26] **工学ナビ**
地球温暖化による海水温度の上昇が，台風の大型化，ゲリラ豪雨の発生頻度の上昇などに影響しているといわれている。

[*27] **+α プラスアルファ**
都市型水害（洪水）として，近年日本や世界中の大都市で発生している。

雨水管渠に流入した雨水は管渠内を自然流下して移動し，排除されるが，雨水管渠に流入した雨水がある地点まで管渠内を流れるのに要する時間を**流下時間**（flow time）という。管渠の長さを $L[\mathrm{m}]$，流下の平均流速を $V[\mathrm{m/s}]$ とすると，流下時間 $[\mathrm{s}]$ は L/V で算出される。

流入時間と流下時間の和を**流達時間**（concentration time）といい，この流達時間に等しい降雨継続時間をもった雨が，雨水の流出地点において排除すべき最大流量となる。

7.3 下水処理のしくみ

7-3-1 下水処理プロセス

下水処理の主たる目的は，下水中の有機物の安定化と浮遊物質の除去・塩素消毒であり，また放流先が瀬戸内海などの閉鎖性海域などの場合，水域の富栄養化防止のための窒素，リンの除去がさらに施される。下水処理は，主たる汚濁物質の除去工程により，**予備処理**（preliminary treatment），**一次処理**（primary treatment），**二次処理**（secondary treatment），**高度処理**（advanced wastewater treatment）[28] と区分が可能である。

予備処理では，スクリーン（screen）や沈砂池（grit chamber）により，主として汚水中の土砂の除去が行われる。一次処理は，最初沈殿池により，汚水中の浮遊物質の沈殿除去が行われる。下水処理の中核である二次処理は，反応タンク（エアレーションタンク）にて空気を吹き込みながら活性汚泥（好気性微生物）による有機物の安定化が行われ，最終沈殿池では処理水と活性汚泥の沈殿分離が行われる。さらに窒素やリンなどの栄養塩類の除去[29]や，色度の活性炭除去などの処理を高度処理といい，最終的に処理水は大腸菌やウイルスなどを不活化し，疫学的に安全な処理水にするため，塩素消毒を行い，公共用水域に放流される（図7-10）。

また，活性汚泥法では，有機物の除去にともない，好気性微生物の同化（assimilation），増殖がおこる。処理に必要な活性汚泥量を確保する必要はあるが，増えすぎた活性汚泥はおもに最終沈殿池から余剰汚泥として引き抜き，同時に最初沈殿池の沈殿汚泥と混合して汚泥処理を行う。

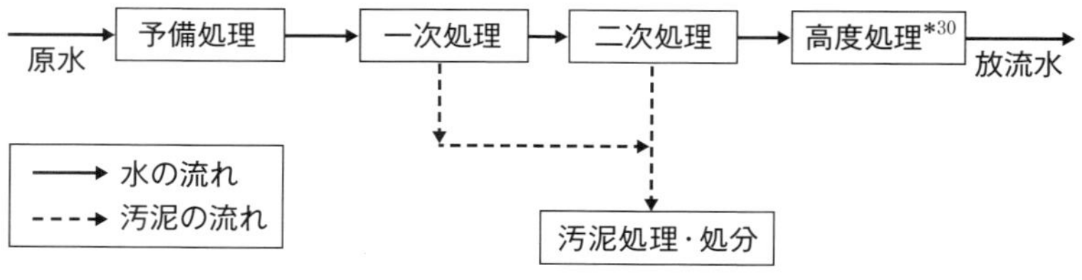

[28] 三次処理（tertiary treatment）と呼ばれることもある。

[29] +αプラスアルファ
硝化細菌，脱窒細菌の活動を利用した，生物学的脱窒法やリン蓄積細菌を利用した生物学的リン除去法がおもに運転されている。

[30] Let's TRY!!
高度処理として，窒素やリンなどの栄養塩類の除去はどのような処理か，調査してみよう。

[31] WebにLink

原水 → 予備処理 → 一次処理 → 二次処理 → 高度処理[30] → 放流水

→ 水の流れ
---→ 汚泥の流れ

汚泥処理・処分

■図7-10 下水処理のフロー[31]

7-3-2 設計および管理指標

1. 予備処理 下水を処理場に受け入れて最初に行う処理で,おもに下水中の土砂の除去をスクリーンと沈砂池にて行う。スクリーンでは水中に浮いている木片や紙くずなどの粗大浮遊物を除去する。汚水用の場合,目幅は 15～25 mm 程度で,かすは水分を除去後,埋立処分などを行う。続く沈砂池では,下水中の砂粒子を除去し,後続のポンプの摩耗,損傷,最初沈殿池への土砂の堆積を防止する。砂粒子の密度は約 2.7 g/cm³ と大きく,沈降速度は速いため,水面積負荷(surface loading)[*32]は汚水沈砂池で 1800 m³/m²・日程度である。

2. 一次処理 一次処理では,最初沈殿池において,凝集剤などを使用せず普通沈殿による下水中の浮遊物質,沈殿物質の除去を行う。沈殿分離は,水と粒子の密度差に比例(ストークスの式[*33])して自然に沈殿する方法である(図7-11)。浮遊物粒子の除去率 E は,式7-7で表すことができる。すなわち,浮遊物粒子の除去率は水面積負荷 Q/A と反比例するため,除去率を上げるには,沈殿池断面積 A を大きくすればよい。設計の目安として,分流式では水面積負荷 Q/A は 25～50 m³/m²・日程度とし,沈殿池の有効水深(effective depth)は 2.5～4 m,沈殿時間(settling time)は 1.5 時間程度である。

$$E = \frac{v}{\dfrac{Q}{A}} \qquad 7-7$$

[*32] ＋α プラスアルファ
沈殿池などにおいて,流入下水量 Q[m³/日]を沈殿池断面積 A[m²]で除したものである。理想的には粒子の沈降速度が水面積負荷よりも大きい粒子は沈殿する。

[*33] 工学ナビ
ストークスの式
$$v = \frac{D^2(\rho' - \rho)g}{18\mu}$$
v:粒子の沈降速度 [cm/s]
D:粒子径 [cm]
ρ':粒子の密度 [g/cm³]
ρ:流体の密度 [g/cm³]
g:重力加速度 [cm/s²]
μ:流体の粘性係数 [g/cm・s]

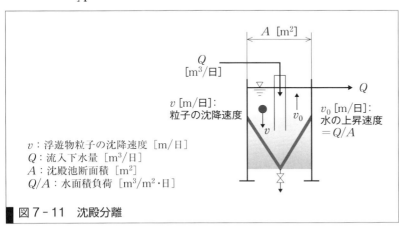

図7-11 沈殿分離

3. 二次処理 最初沈殿池までで除去されなかった有機物(浮遊性・溶解性)の分解・安定化を行う工程であり,有機物分解能力の高い微生物を利用する生物処理である。生物処理は自然界の浄化作用(河川など)により行われている有機物分解,微生物合成などを人為的に効率を上げて行う方法である[*34, *35]。生物処理はすべて一次生産者である光合成生

[*34] Webにlink
二次処理の分類

[*35] Webにlink
活性汚泥による有機物除去のメカニズム

物が太陽エネルギーを利用して合成した各種の有機物を，もう一度無機化し自然界へ戻すといった，微生物の自然浄化作用を利用したものである。下水処理に最も広く利用されている活性汚泥法は，好気性微生物による酸化分解によって消費される酸素を大量に供給するための曝気装置を付加させた反応タンクと，反応タンク内の微生物濃度を高く保ち処理速度を上げるための最終沈殿池と返送汚泥系から構成されている[*36]。

活性汚泥とは，好気性微生物で構成され，特徴として，酸素を必要とし，空気の十分あるところで生存する微生物であり，分解者である細菌類は空気や水中に存在する酸素を利用して，直接溶解性有機物を酸化分解させ，生じたエネルギーを獲得して増殖する。これらは，その上の栄養段階にある原生動物 (protozoa) などの一次捕食者 (primary predator) や微小後生動物 (micrometazoa) などの二次捕食者 (secondary predator) によって捕食 (predation) されるといった食物連鎖 (food chain) が構築されている[*37]。

好気性細菌は外部形態から，球菌，桿菌，らせん菌の3群に分類される。大きさはおおよそ1μm以下～50μm程度であり，活性汚泥の反応タンク内の汚泥1mL中に10^7～10^8個程度存在する。原生動物は1個の細胞で構成された単細胞生物である。大きさはおおよそ5～250μm程度であり，反応タンク内の汚泥1mL中に5000～20000個程度存在する。繊毛虫類としてゾウリムシ，ラッパムシ，ツリガネムシなど，肉質虫類にはアメーバ類など，鞭毛虫類はミドリムシなど，微小後生動物は原生動物を捕食して生きる体長10μm以下の輪虫類や線虫類である。クマムシ，ワムシ，線虫，ミジンコなどが該当する[*38]。

標準活性汚泥法による反応タンクのおもな設計について，汚濁物質BODを基準とした場合の設計因子として，**水理学的滞留時間** (hydraulic retention time)，**BOD容積負荷率** (BOD volumetric loading) および**BOD汚泥負荷率** (BOD sludge loading) がある。水理学的滞留時間は下水が反応タンクに流入して排出されるまでの時間であり，式7-8で表すことができる。標準活性汚泥の水理学的滞留時間は6～8時間程度である。

$$\text{水理学的滞留時間 [hr]} = \frac{\text{反応タンク容積 [m}^3\text{]}}{\text{下水量 [m}^3\text{/日]}} \times 24 \quad\quad 7\text{-}8$$

BOD容積負荷率は反応タンク単位容積当たりのBOD負荷量であり，式7-9で表すことができる。標準活性汚泥のBOD容積負荷率は0.3～0.8 kgBOD/m^3・日程度である。

[*36] WebにLink
処理速度，浄化に影響を与える因子

[*37] Let's TRY!!
活性汚泥における食物連鎖のピラミッドの形を作成してみよう。

[*38] 工学ナビ
光学顕微鏡は集光器，対物レンズ，接眼レンズから構成され，生物を生きたまま観察することができる。観察生物の種類を判別する行為を同定という。

$$\text{BOD 容積負荷率 [kgBOD/m}^3\cdot\text{日]}$$
$$=\frac{\text{反応タンク流入 BOD 負荷 [kgBOD/日]}}{\text{反応タンク容積 [m}^3\text{]}} \qquad 7-9$$

BOD 汚泥負荷率は反応タンク内の単位活性汚泥質量当たりの BOD 負荷量であり，式 7-10 で表すことができる。また，反応タンク内の活性汚泥質量は式 7-11 で計算される。標準活性汚泥の BOD 汚泥負荷率は 0.2～0.4 kgBOD/kgMLSS・日程度である。この値が過大になれば，微生物に対する処理すべき BOD 汚濁量が多いことを意味し，微生物に対する過剰負荷となり，処理が悪化したり不安定になりやすい。標準活性汚泥法における反応タンク内の活性汚泥濃度は 1500～2000 mgMLSS/L 程度で管理を行う。

$$\text{BOD 汚泥負荷率 [kgBOD/kgMLSS・日]}$$
$$=\frac{\text{反応タンク流入 BOD 負荷 [kgBOD/日]}}{\text{反応タンク内の活性汚泥質量 [kgMLSS]}} \qquad 7-10$$

$$\text{反応タンク内の活性汚泥質量 [kgMLSS]}$$
$$=\text{活性汚泥濃度 [mgMLSS/L]}\times\text{反応タンク容積 [m}^3\text{]}\times 10^{-3}$$
$$\qquad 7-11$$

反応タンク内で増殖した微生物と処理水は，二次処理設備の一つである最終沈殿池にて，活性汚泥と処理水の沈殿分離を行う。原理は最初沈殿池と同じであるが，分離対象，濃度の差異（最初沈殿池：下水中の浮遊物質 200 mg/L，最終沈殿池：活性汚泥 1500～2000 mg/L）より，水面積負荷を小さく設計するため，最終沈殿池のほうが表面積は大きくなる[39, 40]。

4. 汚泥処理 エアレーションタンク内の汚泥濃度の維持に必要な汚泥以上に増殖した汚泥（余剰汚泥）および一次処理の最初沈殿池からの引き抜き汚泥は，約 99% が水分であり，発生量が膨大であるため，減容積を目的として処理する必要がある。

代表的な汚泥処理方式は，以下の 2 通りの処分方式が主流である。
① 汚泥濃縮槽にて重力を利用して汚泥を濃縮し，汚泥貯留槽に貯留する。地域によってはさらに汚泥消化タンク (anaerobic digestion tank) を設置し，汚泥中の有機物を **嫌気性微生物** (anaerobic microorganism)[41] の働きにより分解させて，汚泥

[39] WebにLink
最初沈殿池と最終沈殿池の比較

[40] WebにLink
活性汚泥法の設計，管理指標

[41] 嫌気性微生物
酸素のない環境下で有機物を還元分解する微生物。メタン生成菌など。

を安定化させる。安定化した汚泥は消化汚泥（digested sludge）と呼ばれる。汚泥中の有機物が分解する際に，嫌気性微生物，とくにメタン生成菌（methanogens）の働きにより，天然ガスの主成分であるメタンを60％程度含んだ消化ガス（digestion gas）が発生する。消化ガスは有害な硫化水素などを除去したあと，ボイラーの燃料や，ガス発電に用い下水処理場の電力などに再利用できる。

② 消化汚泥は，浄水操作の凝集沈殿と同じように，沈殿を促進する凝集剤（高分子ポリマーなど）を添加して大型の汚泥フロックを形成させ，水と汚泥フロックが分離（脱水）しやすい状態にして，脱水機により汚泥脱水（sludge dewatering）を行う。脱水機は回転する布に汚泥を通過させ，プレスする形式が多い。水分が抜け，脱水機を通過した汚泥は板状の脱水ケーキ（sludge cake）となり，さらなる減量のため焼却を行い，焼却灰は埋立処理やセメント原料，レンガ，タイルなどに再利用されている。また，脱水ケーキのコンポスト（compost）化（肥料化）処理を行い，肥料，土壌改良材として利用するケースも増えている（図7-12）。2015年5月に下水道法が改正され，下水汚泥が燃料・肥料として再生利用されるよう努めなければならないとする努力義務規定が設けられている[*42〜*44]。

*42
下水道法の改正
国土交通省
http://www.mlit.go.jp/river/suibou/suibouhou.html

*43 Let's TRY!
汚泥焼却灰の有効利用の現状を調査してみよう。

*44 Let's TRY!
下水汚泥を含む廃棄物などのバイオマス利用について事例を調査してみよう。

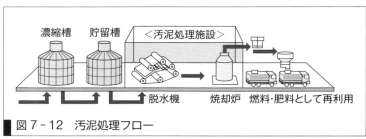

図7-12　汚泥処理フロー

出典：日本下水道協会「下水道概説」より作成

7.4 新しい下水道の役割

7-4-1 下水処理水の再利用

下水汚泥の有効利用に加えて，下水処理水の再利用の検討が行われ，周辺の公共施設のトイレの洗浄水や庭木への散水などを目的として供給されている自治体が増えている。また，香川県多度津町の取り組みでは，河川環境を維持するために，下流の金倉川浄化センターから送られた放流水を水環境処理施設で高度処理し，上流まで送水して河川に放流し，渇水時においても安定的な農業用水としてため池に供給している。また，町役場，高校前には自然な水辺環境を再生させるため，せせらぎ水路や親水公園を整備し，良好な水辺環境を創出している[*45]。

*45
WebにLink
下水の再生利用の取り組み事例

7-4-2 災害に強い下水道システム

2011年3月11日に発生した東日本大震災では，宮城県の南蒲生下水処理場や仙塩下水処理場は，津波の影響で下水処理施設の水槽やポンプ，機械，電気設備が壊滅的なダメージを受けた。甚大な災害時は地震や津波から受ける直接的な破壊によるダメージに加えて，衛生環境の悪化による感染症の拡大が問題になる。南蒲生下水処理場では，災害からの応急処置運転として，最初沈殿処理後，塩素消毒を行い，感染症の拡大を防止した。このような災害の経験から，国土交通省によって，下水道BCP（Business Continuity Planning）策定マニュアルが作られ，災害時における下水道施設の機能確保と対応について整備されている。

また，神戸市では阪神淡路大震災の被災で東灘処理場が約100日の間，汚水処理ができなかった経験から，最大地下35 mの深さに大口径の下水道管渠（ネットワークシステム）を敷設して5つの処理場をつなぐ"下水道ネットワークシステム"を整備し，1つの処理場が機能停止した場合でも，汚水をネットワーク化した別の処理場に送水し，処理することを可能にしている[*46]。

*46
WebにLink
災害に強い下水道

7-4-3 次世代型下水処理システム

日本は人口が徐々に減少しており，将来的に下水処理場へ流入する下水量も比例して減少することが懸念されている。これまでの標準活性汚泥法では，減少した少量の下水の処理に対しても大型の反応タンク内に常に空気を送り続ける必要がある。その結果，下水処理量に対して空気を送るための電気代が高額になり，小規模な市町村では，下水道の処理コストが財政を圧迫し，将来的に問題になることが懸念されている。2017年1月より，産官学の連携において，スポンジ状担体を充填したDHSろ床[*47]と移動床式の生物膜ろ過槽を組み合わせた次世代型下水処理システムが，高知県須崎市終末処理場に導入され，運転を開始し（実証研究中[*48]）注目されている（図7-13）。このシステムは，これまでの標準活性汚泥法と同等の下水の処理水質を確保しながら，流入下水量に応じて電力消費を削減できる，省エネルギーな下水処理システムである。

*47
DHS：Down-flow Hanging Sponge
（下降流スポンジ状担体）

*48
WebにLink
・国土交通省下水道革新的技術実証事業B-DASHプロジェクト
・DHSシステムを用いた水量変動追従型水処理技術実証研究

図7-13 高知県須崎市に導入された下水処理施設

演習問題　A　基本の確認をしましょう

7-A1　下水道の役割について説明せよ。
7-A2　下水道の種類について説明せよ。
7-A3　下水の排除方法である合流式，分流式の特徴を説明せよ。
7-A4　活性汚泥処理法の施設の流れとそれぞれの役割を説明せよ。

演習問題　B　もっと使えるようになりましょう

7-B1　ある標準活性汚泥法の下水処理場へ流入する汚水量が40000 m^3/日であった場合，最初沈殿池の表面積 [m^2]，所要容量 [m^3]，滞留時間 [hr] を求めよ。ただし設計値として，最初沈殿池の水面積負荷を 50 m^3/m^2・日，水深を 3.5 m とする。

7-B2　ある標準活性汚泥法の下水処理場へ流入する汚水流量は40000 m^3/日，BOD濃度は 200 mg/L である。活性汚泥設備の反応タンクの容量 20000 m^3，MLSS汚泥濃度 2000 mg/L で設計した場合，BOD容積負荷率 [kgBOD/m^3・日]，BOD汚泥負荷率 [kgBOD/kgMLSS・日] および水理学的滞留時間 [hr] を求めよ。

あなたがここで学んだこと

この章であなたが到達したのは
- □ 下水道の役割と現状，汚水処理の種類を説明できる
- □ 下水道の基本計画と施設計画，下水道の構成を説明でき，これに関する計算ができる
- □ 生物学的排水処理の基礎（好気性処理）を説明できる
- □ 微生物の定義（分類，構造，機能等）を説明できる
- □ 汚泥処理・処分を説明できる

本章では，下水道のしくみや汚水の種類，下水道を計画するための基本的な計画，生物学的な排水処理方法の基礎を学んだ。下水道の普及の要因として，過去のコレラなどの感染症の拡大があるが，人々の健康で安全な生活を支える重要なインフラであることを認識し，水資源の再利用や災害時の対策など，今後の下水道に期待される役割に注目して学習を継続してほしい。

8章 廃棄物の処理とリサイクル

瀬戸内海の自然豊かな島の美しい砂浜に，地元の産業廃棄物処理業者は1970年代後半から10年以上にわたり，自動車の破砕くずや廃油，汚泥などの膨大な廃棄物を不法に投棄しました。その後，美しい自然を取り戻すために，

豊島（香川県小豆郡）の不法投棄された産廃の撤去後の様子

埋められた産業廃棄物や汚染土壌の撤去はいまも続けられています。この写真は，それらの撤去で穴だらけになり，悪臭が鼻をつく現在の砂浜の様子です。この情景を見てあなたは何を感じるでしょうか。

産業や生活において不必要になった廃棄物は捨てられますが，適切に分別された廃棄物は新しいものに生まれ変わることができます。たとえば，回収されたペットボトルは再生利用されて制服などに，回収された紙類は製紙工場でトイレットペーパーや段ボールなどに姿を変えています。また，再利用できない廃棄物でも焼却によって発生した熱から電力という我々の生活に欠かすことのできないものに変換されます。

我々の生活や産業活動においてさまざまなものが製造され，使用後に有価物として利用されないものは廃棄物となります。また，それらの原料となるさまざまなものは有限であり無限ではありません。廃棄物の排出をおさえ，廃棄物を適正に管理することは，これからの社会にとても大切なことといえます。

●この章で学ぶことの概要

本章で学ぶことは，廃棄物の発生源と現状，一般廃棄物や産業廃棄物などの廃棄物の区分，廃棄物の収集・処理・処分，廃棄物の減量化・再資源化，循環型社会形成推進基本法や廃掃法，各種リサイクル法などの施策や法規などによる環境対策などです。これらを学ぶことで廃棄物に関する知識を身につけ，よりよい社会生活や生活環境を構築するにはどのように行動すべきかを考えてみましょう。

> **予習　授業の前に調べておこう!!**
>
> 1. 法律上の廃棄物について理解しておこう。
>   廃棄物処理法（廃棄物の処理及び清掃に関する法律（以下，廃掃法とする））における廃棄物の定義について予習しておこう。
> 2. 廃棄物の区分について理解しておこう。
>   廃掃法では廃棄物は2つに大別される。また，2つに大別された廃棄物には具体的にどのようなものがあるか事前に調べておこう。
> 3. 我が国の物質フローからどのくらいの量の廃棄物が発生しているか理解しておこう。
>   最新の我が国の物質フローを調べ，年間どの程度廃棄物が発生し，また，総物質投入量と天然資源等投入量があるか事前に調べておこう。
> 4. ごみの資源化や中間処理，最終処分について事前に調べておこう。
> 5. 廃棄物にかかわる法律やリサイクル法について事前に調べておこう。
> 6. 自分の居住地，または学校のある自治体の一般廃棄物の分別方法について事前に調べておこう。

8　1　廃棄物の発生源と現状

8-1-1　法律上の廃棄物

廃掃法[*1]における廃棄物の定義は，ごみ，粗大ごみ，燃え殻，汚泥，ふん尿，廃油，廃酸，廃アルカリ，動物の死体，その他の汚物または不要物であって，固形状または液状のものである。放射性物質や放射性物質により汚染されたものは廃掃法の廃棄物の定義からは除外されている。ものを作る製造工程や人間活動によって排出されるものは所有者にとって不要なものでも，ほかの人から見たら有用なものもある[*2]。そのため所有者にとって不要なものでも他者が欲するものであり有価物として買い取ってもらえる場合は，廃棄物とならない。

8-1-2　廃棄物の区分

廃棄物は一般廃棄物と産業廃棄物，特別管理廃棄物に区分される（図8-1）。一般廃棄物は産業廃棄物以外の廃棄物であり，市町村の処理責任においておもに家庭から排出されるごみ（一般ごみ，粗大ごみ）としし尿[*3]である[*4]。産業廃棄物は事業者の処理責任において事業活動にともなって生じた廃棄物のうち廃掃法で定められた20種類[*5]と廃掃法に規定されている輸入された廃棄物である。特別管理廃棄物は爆発性や毒性，感染性などの危険性がある廃棄物であり，特別管理一般廃棄物，特別管理産業廃棄物がある。特別管理廃棄物には病院などから排出される感染性病原体が含まれているおそれのあるものやダイオキシンなどの有害物質を含むものなど，人の健康または生活環境にかかわる被害を生じ

[*1] **Don't Forget!!**
「廃棄物の処理及び清掃に関する法律（廃掃法）」は1970年12月に制定され，家庭から出るごみは一般廃棄物として市町村が処理責任を負い，事業活動にともなう廃棄物のうち20種類を産業廃棄物として排出事業者が処理責任を負う体系が整備された。

[*2] **工学ナビ**
食品産業から排出される廃棄物は有価物として家畜飼料原料に使用されている例もある。コンビニから廃棄される弁当なども一部飼料化されている。

[*3] **Let's TRY!!**
し尿処理がどのように処理されているか調べてみよう。

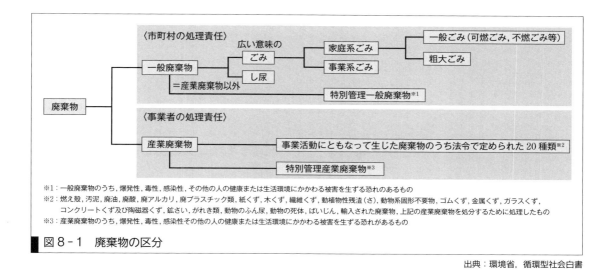

図8-1　廃棄物の区分

出典：環境省, 循環型社会白書

る恐れのあるごみなども含まれる。

8-1-3 高度成長期以降のごみ問題

廃棄物の問題は時代とともに変遷してきた。1800年代後半から戦後の1950年代は「公衆衛生の向上」，1960年代から1970年代の高度成長期は「公害問題と生活環境の保全」，1980年代から1990年代前半の高度成長期（バブル期）およびバブル期が終わった1990年代から2000年代は「循環型社会の構築」の時代となる*6。

1. 公衆衛生の向上　戦後の公衆衛生向上の時代は，我が国の経済発展，都市部への人口集中によってごみの発生場所も都市部に集中することになった。当時のごみ処理は現在と異なり，河川や海洋への投棄や野積みが行われていた。そのため，ごみからわいて出るハエや蚊の大量発生，伝染病の拡大など公衆衛生の問題が生じることになった。また当時の各戸からのごみ収集方法は手車を用いて人力で行っていたことから，各戸からの収集量には限界があり，人口集中によるごみ排出量の急増に自治体が対応できない状況にあった。また，各戸から収集されたごみは焼却場や埋立地に運搬していた。このような路上の不衛生な環境から衛生的で快適な生活環境を取り戻すため，1954年に「清掃法*7」が制定され，清掃行政における国や地方自治体，国民の各主体の役割分担，連携のしくみを整備した。国と都道府県の役割は財政的，技術的な援助を行うこと，市町村はごみの収集・処分を行うこと，国民は市町村が行うごみの収集・処分への協力義務が課せられた。

2. 公害問題と生活環境の保全　高度成長期の公害問題と生活環境の保

*4 **ヒント**
一般廃棄物にはオフィスや飲食店から発生する事業系ごみも含まれる。

*5 **＋αプラスアルファ**
20種類のうち7種類は排出される業種が限定されているので理解しておこう。たとえば紙くずであれば，建設業や木材・木製品製造業など業種に限定がある。

*6
廃棄物問題の変遷

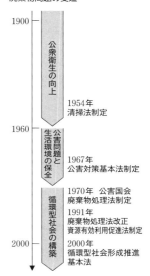

*7
＋α プラスアルファ
清掃法は1971年に廃掃法が施行されるとともに廃止された。

*8
＋α プラスアルファ
公害対策基本法は1993年の環境基本法の成立により廃止された。公害対策基本法の内容のほとんどは環境基本法へ引き継がれている。

*9
3R
Reduce（発生抑制），Reuse（再使用），Recycle（再生利用）の3つのRを意味する。

*10
＋α プラスアルファ
具体的には，一般家庭から排出されるごみ，し尿などの生活系一般廃棄物や事業活動にともなって発生する事業系廃棄物のうち，法律のうえで産業廃棄物から外れるごみをいう。たとえば，製紙工場から排出される紙くずは産業廃棄物であるが，オフィスや外食産業などから排出される紙くずは事業系ごみとして一般廃棄物に分類される。

*11
＋α プラスアルファ
ポリ塩化ビフェニル化合物の総称で，水に溶けにくく脂肪に溶けやすい油状の物質である。電気機器の絶縁油や熱交換器の熱媒体などさまざまな用途で利用されてきたが，毒性が強くカネミ油症事件の原因物質にもなった。

全の時代は，スーパーなどの販売方式や所得増加に加え家電の急速な普及により消費行動が大きく変貌した。この時代から大量生産・大量消費の時代に突入し，都市ごみはさらに急速に増加・多様化した。また，急速な工業化により，工場から排出される廃棄物が不適切または未処理で廃棄され，多くの環境問題や公害をもたらしたのもこの時代である。1967年に「公害対策基本法[8]」が制定され，公害対策の推進を行い，事業者や国，地方自治体，住民の各主体に地域の自然的・社会的条件に応じた公害の防止に関する責務が明確化された。1970年の第64回臨時国会（通称：公害国会）では，清掃法を全面的に改正した「廃棄物の処理及び清掃に関する法律（廃掃法）」を制定し，「産業廃棄物」と「一般廃棄物」の処理責任や処理基準が明確化された。産業廃棄物については排出業者が処理責任を負い，一般廃棄物については従前どおり市町村が処理責任を負うことになっている。1980年代後半は大量生産・大量消費がより一層拡大し，廃棄物量が増加の一途をたどり，また大型化した家電製品の廃棄問題やペットボトルの普及など廃棄物種類の多様化がより拡大した。

3. 循環型社会の構築　1990年代から2000年代の循環型社会の構築の時代は，大量消費社会から循環型社会に舵を切った時代である。1991年に廃掃法が改正され，廃棄物の排出抑制と分別・再資源化が加わった。また同じ年に成立した「資源の有効な利用の促進に関する法律（資源有効利用促進法）」には，資源の有効利用や廃棄物の発生抑制，環境に配慮した製品の設計・製造，事業者による自主回収やリサイクルシステム作りなどが盛り込まれている。民間事業者が積極的に環境に配慮したものづくりやリサイクル技術の開発を推進したこと，また，個別物品の特性に応じた容器包装リサイクル法などの制定により，大量に廃棄されていたものの再利用や再生利用が普及することになった。2000年には循環型社会の形成を推進する3R[9]と廃棄物の適正処分という言葉が盛り込まれた「循環型社会形成推進基本法（循環基本法）」が制定された（3-1-3項参照）。

8-1-4 一般廃棄物の発生状況

一般廃棄物とは廃掃法第2条第2項で「産業廃棄物以外の廃棄物」と定義されている[10]。特別管理一般廃棄物は，一般廃棄物のうち，爆発性，毒性，感染性その他の人の健康または生活環境にかかわる被害を生じる恐れのある性状を有するもの，たとえば廃エアコンなどに含まれるポリ塩化ビフェニル（PCB：Polychlorinated Biphenyl）[11]使用部品などである。一般廃棄物の処理責任は市町村などの地方自治体にある。

ごみの総排出量および1人1日当たりの排出量を図8-2に示す。ごみ排出総量は2000年度の5483万t/年をピークに年々減少し，2014年度は4432万t/年まで減少している。また1人1日当たりのごみ排出量は2014年度では963g/人・日となっている。この減少の理由としてリサイクル意識の向上，ごみ袋有料化のひろがりなどが考えられる。

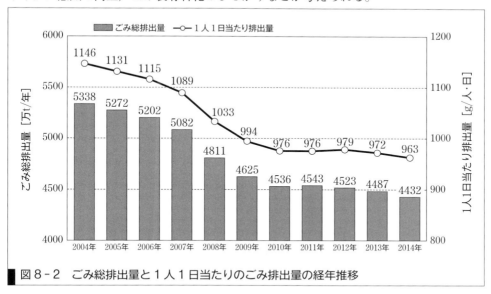

図8-2　ごみ総排出量と1人1日当たりのごみ排出量の経年推移

8-1-5 産業廃棄物の発生状況

産業廃棄物とは，廃掃法第2条第4項で「事業活動に伴つて生じた廃棄物のうち，燃え殻，汚泥，廃油，廃酸，廃アルカリ，廃プラスチック類その他政令で定める廃棄物」と「輸入された廃棄物」と定義され，20種類に分類される。産業廃棄物の処理責任は，第一義的には事業者にある[*12]。

図8-3に示すように1997年度以降の産業廃棄物の排出量は4億t前後と，ほぼ横ばいの状態が続いている。産業廃棄物処理施設の新規許可件数は，1997年度の廃掃法の改正以降激減している。とくに首都圏などの大都市においては土地利用の高度化や環境問題などに起因して，焼却炉などの中間処理施設やその処分残さを埋め立てる最終処分場の確保も難しい状況が続いている。このため，県境をまたいで地方都市へ廃棄物の広域移動が進んでいる[*13]。廃棄物の広域移動は，廃棄物を受け入れている地域における山林などへの不法投棄や，それによる二次的環境汚染も引き起こし，大都市で発生した廃棄物処理問題が地方都市をも巻き込んだ大きな問題となっている。

[*12]
+α プラスアルファ
廃掃法で「事業者はその事業活動に伴つて生じた廃棄物を自らの責任において適正に処理しなければならない」と規定され，排出事業者の処理責任が明確化されている。その他，「事業者はその事業活動に伴つて生じた廃棄物に再生利用等を行うことによりその減量に努める」，「事業者は，廃棄物の減量その他その適正な処理の確保等に関し国及び地方公共団体の施策に協力しなければならない」ことが規定されている。

[*13]
Let's TRY!!
豊島（香川県）に不法投棄された事例を調べてみよう。

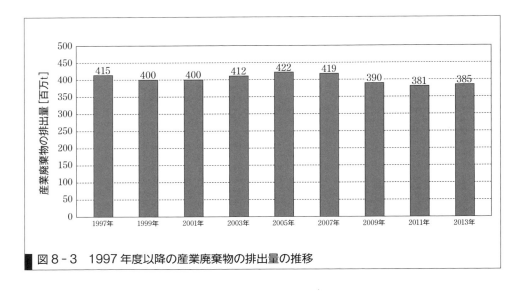

図8-3　1997年度以降の産業廃棄物の排出量の推移

8-1-6 有害廃棄物の取り扱い

「特定有害廃棄物の国境を越える移動及びその処分の規制に関するバーゼル条約」に基づき，我が国では，特定有害廃棄物等の輸出入等の規制に関する法律（バーゼル法）を制定し，厳正な管理を行っている。有害廃棄物は処分経費の高い国から安い国へ，また規制の緩い国へと移動されやすい。受け入れ国で適正処理がなされない場合には，その国の生活環境や自然環境，生態系を壊し，将来的には国際問題まで発展する恐れがある。そこで，有害廃棄物の越境移動についてはバーゼル条約という国際条約により廃棄物の移動が厳しく管理されている。バーゼル条約は，1980年代後半，欧州の有害廃棄物がアフリカや南米の国々まで急速に運び出されるようになり，これを防止するために1992年5月に発効した。我が国では1992年に国内法を制定し，1993年に加盟している。

8-2 廃棄物の処理方法

8-2-1 廃棄物の処理と処分

図8-4のように発生した廃棄物の一部は再利用され，排出された廃棄物は，分別・保管，収集運搬の工程を経て，最終処分やリサイクルしやすくするための物理的・化学的処理を施す中間処理が行われたのち，最終処分される。廃掃法では排出されたあとの分別・運搬・保管から再生，最終処分までを「処理」，中間処理と最終処分を「処分」と定義されている[14]。中間処理は廃棄物の減量・減容化を目的とする破砕，焼却，脱水，安定化・無害化などを目的に行う中和，溶融，廃棄物をリサイクルすることを目的とした選別などがある。また最終処分は廃棄物を安定化させ周辺環境に影響をおよぼさないことを目的に陸上，海上で廃

*14 **Don't Forget!!**
「処理」と「処分」の定義についてはしっかりと覚えておこう。中間処理施設や最終処分施設にはどのようなものがあるか調べておこう。

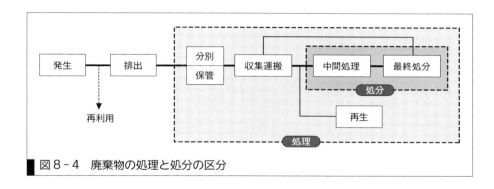

図8-4 廃棄物の処理と処分の区分

棄物を保管し続けることである。

8-2-2 廃棄物の分別収集[*15]

廃棄物の分別は各自治体によって異なるが，一般的には資源ごみ（リサイクルごみ），可燃ごみ（燃えるごみ），不燃ごみ（燃えないごみ），粗大ごみに分けられるところが多い。資源ごみは紙類，びん類，缶類，ペットボトル，その他プラスチック製容器包装，食用油，有害ごみ（乾電池，蛍光灯）に分類し，各家庭から排出される。燃えるごみは生ごみ，衣類，ゴム類，発泡スチロール，紙おむつなどになる。燃えないごみは小さい茶碗などの陶器，ガラス類，金属類，スプレー缶などになる。粗大ごみは家具類，寝具，畳，敷物類，自転車，家電リサイクル法に定められていない家電品などになる。また自治体が収集しないごみなどの分類や排出するときの注意事項も各自治体によって異なるため，自治体のきまりに従う必要がある。分別収集されたごみのゆくえを図8-5に示す。

[*15] WebにLink
鹿児島県霧島市の分別収集と排出するときの注意事項と，自分の住んでいる市町村などとの違いを調べてみよう。

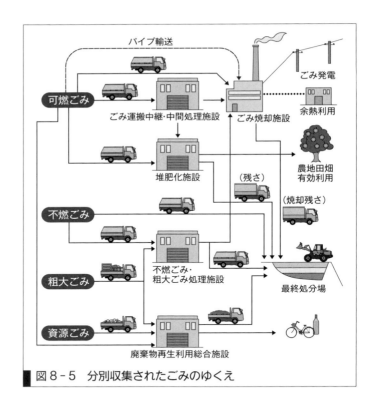

図8-5 分別収集されたごみのゆくえ

8-2-3 可燃ごみの焼却処理

　可燃ごみなどはごみ焼却施設でごみの容積を減少させる。焼却処分した際に生じる熱は温水利用や蒸気利用，発電利用するなど熱回収を行っている。余熱の利用方法は図8-6に示すとおり温水利用が最も多い。2014年度では全国に1162のごみ焼却施設で余熱利用ありが764施設，余熱利用なしが398施設と，熱回収をしている施設が70％に達

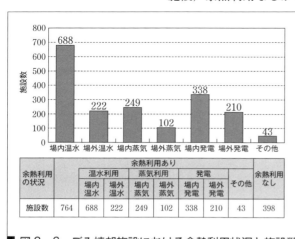

発電施設数	338
総発電能力 [MW]	1907
発電効率（平均）[％]	12.84
総発電電力量 [GWh]	7958

注1：市町村・事務組合が設置した施設（着工済みの施設・休止施設を含む）で廃止施設を除く
　2：発電効率とは以下の式で示される

$$発電効率[\%] = \frac{860[kcal/kWh] \times 総発電量[kWh/年]}{1000[kg/t] \times ごみ焼却量[t/年] \times ごみ発熱量[kcal/kg]} \times 100$$

余熱利用の状況	温水利用		蒸気利用		発電		その他	余熱利用なし
	場内温水	場外温水	場内蒸気	場外蒸気	場内発電	場外発電		
施設数	764	688	222	249	102	338	210	43	398

図8-6 ごみ焼却施設における余熱利用状況と施設数（2014年度）

出典：「平成28年版 環境・循環型社会・生物多様性白書」より作成

していない状況である。ごみ焼却発電施設と発電能力は338施設で1907MWの発電能力を有する。また，発電効率[*16]は平均12.84%と一般的な石炭やLNG火力発電所[*17]（発電効率35〜55%）よりも低い。

廃棄物固形燃料化はRDF（Refuse Derived Fuel），RPF（Refuse Paper & Prastic Fuel）などのごみを固形燃料化することである。廃棄物固形燃料は含水率が低いため腐敗しにくく，比較的長く保存が可能であることや，減容化，減量化されるため運搬が容易であること，形状や発熱量がほぼ一定であることから安定した熱源になるとされている。専用の装置で燃やされ，乾燥や暖房，発電などに利用される。

8-2-4 し尿の処理施設

し尿処理で用いられる生物処理は，嫌気性消化・活性汚泥処理方式，標準脱窒素処理方式（標準法），高負荷脱窒素処理方式（高負荷法），高負荷法の固液分離に膜処理を用いた膜分離高負荷脱窒素方式（膜分離法）などがある。これらの処理方式に，水質汚濁防止法などに基づき水質規制などによる高度な処理が必要な場合は，生物処理に加え凝集分離設備，オゾン酸化処理設備，砂ろ過設備，活性炭吸着処理設備により高度処理を行う必要がある。

標準脱窒素処理方式は受入・貯留設備から供給されるし尿などを希釈後，生物学的脱窒素法により処理する方式で，計量調整装置，脱窒素槽，硝化槽，二次脱窒素槽，沈殿槽を組み合わせた処理方式である（図8-7）。

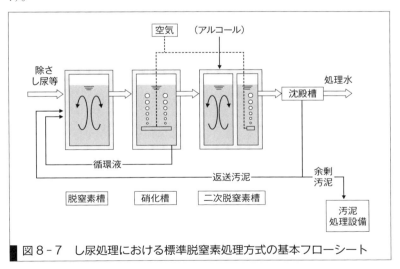

図8-7 し尿処理における標準脱窒素処理方式の基本フローシート

高負荷脱窒素処理方式における処理設備は，受入・貯留設備から供給されるし尿などを，生物学的脱窒素法と凝集分離法を組み合わせ，プロセス用水以外の希釈用の水を用いることなく高容積負荷で処理する処理

---

*16
Don't Forget!!
図8-6に記載されている発電効率の算出式を覚えておこう。

*17
工学ナビ
火力発電は，燃焼した熱で水を蒸気に変え，蒸気タービンを回し発電する。水力発電は高い場所から落とした水でタービンを回し発電する。原子力発電は燃料にウランを使い，核分裂で発生する熱で水を蒸気に変えタービンを回し発電する。その他，再生可能エネルギーとして太陽光や風力，バイオマスから発電を行っている。

方式である。図8-8に示すとおり，計量調整装置，硝化脱窒素槽，沈殿槽および凝集分離槽設備を組み合わせた処理方式である。

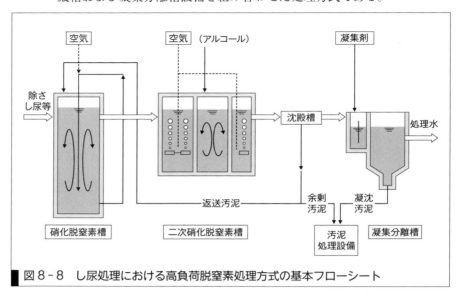

図8-8　し尿処理における高負荷脱窒素処理方式の基本フローシート

8-2-5　埋立処理

埋立処理の最終処分場は一般廃棄物処理場と産業廃棄物処理場に分けられる。埋立処理方式は安定型最終処分場，管理型最終処分場，遮断型最終処分場の3つに分類される。

安定型最終処分場は堰堤を作り廃棄物が周辺に流出，飛散しないような比較的簡単な構造である（図8-9(a)）。有害物質や有機物の付着がなく，雨水などにさらされてもほとんど変化しないガラス及び陶磁器くず，金属くず，廃プラスチック類，建設廃材，ゴムくず（安定5品目）や環境大臣が指定した石綿溶融物の処分に使用されている。

管理型最終処分場は重金属などの有害物質で雨水などに溶出しないことが証明された廃棄物を埋め立てる処分場である。廃油，紙くず，木くず，繊維くず，動植物性残さ，動物の糞尿，動物の死体および無害な燃え殻，汚泥などの産業廃棄物の処分および一般廃棄物の処分に使用されている。管理型最終処分場では，埋立廃棄物の生物分解などにより浸出水が発生するため，地下水や公共水域の汚染防止のため，埋立地の側面，底面は遮水シートでおおわれている。また廃棄物からの浸出水は集水管を経て処分場内に設置された処理施設で処理されるしくみとなっている。管理型廃棄物は有機性の汚水を出す恐れがあるため粘土やゴムまたは合成樹脂製のシートを使用し，汚水の地下浸透を防ぐ構造となっている（図8-9(b)）。汚水は排水処理設備で浄化される。有害物質を含む廃棄物はコンクリートなどによって固化されて管理型処分場に送られる。

遮断型最終処分場は管理型最終処分場で埋め立てることができない廃

棄物，コンクリート固化などの安定化処理ができない廃棄物やその費用がかさむ廃棄物が埋め立てられる。有害な燃え殻，汚泥，鉱さいなどを埋め立てるために使用されている。遮断型最終処分場は廃棄物と周囲の環境を遮断するために厚さ 15 cm 以上のコンクリートで囲われており，屋根をつけて雨の浸入を防ぐなど絶対に汚水が漏れ出さない構造になっている (図 8-9 (c))。さらに埋立完了後はコンクリートでふたをする。

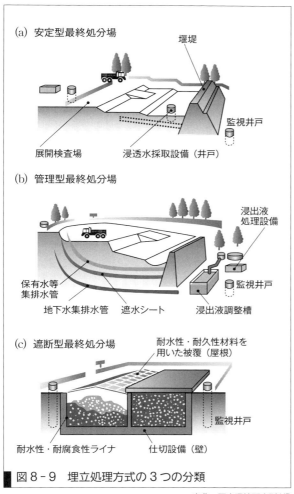

図 8-9 埋立処理方式の 3 つの分類

出典：国立環境研究所 HP
「環境儀 NO.24『21 世紀の廃棄物最終処分場—高規格最終処分システムの研究』」
http://www.nies.go.jp/kanko/kankyogi/24/04-09_2.html

8.3 廃棄物処理問題や環境負荷低減への対応

8-3-1 不法投棄と不適正処理

2014 年度末において，一般廃棄物最終処分場は 1698 施設であり，残余容量，残余年数[*18]はそれぞれ 1 億 582 万 m^3，20.1 年である (図 8-10)。残余容量は 1998 年度以降，16 年間連続で減少している。残余年数は 2010 年度以降，ほぼ横ばいである。一方，産業廃棄物最終処分

*18
Let's TRY!
最終処分場の残余年数が高くなっている理由を調べてみよう。

場は 1942 施設であり，残余容量，残余年数は 2012 年度末において，それぞれ約 1 億 8271 万 m³，13.9 年である（図 8 - 11）。大都市圏では産業廃棄物が大量に発生するが，処分場施設を建設するための敷地確保も難しく，廃棄物を他県に広域移動させて処分している状況にある。

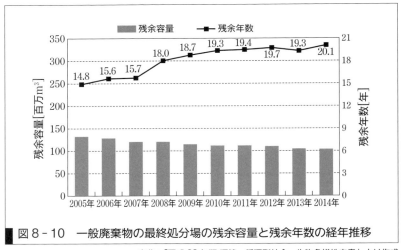

図 8 - 10　一般廃棄物の最終処分場の残余容量と残余年数の経年推移

出典：「平成 28 年版 環境・循環型社会・生物多様性白書」より作成

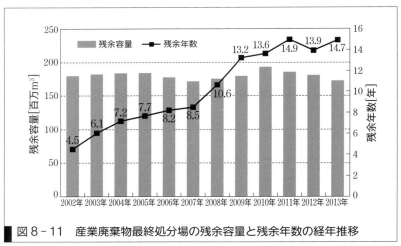

図 8 - 11　産業廃棄物最終処分場の残余容量と残余年数の経年推移

出典：「平成 28 年版 環境・循環型社会・生物多様性白書」より作成

　産業廃棄物の不法投棄件数は，規制強化によるさまざまな施策の実施などにより減少している。しかし，2014 年度においては，5000 t 以上の大規模な不法投棄事案が 1 件，5000 t 未満の規模のものを含めると，全体で 165 件。不法投棄件数は 1998 年度のピーク時の 1197 件から大幅に減少している。なお，不法投棄された廃棄物の 7～8 割ががれき類，建設混合廃棄物および木くずなどの建設系廃棄物である（図 8 - 12）。

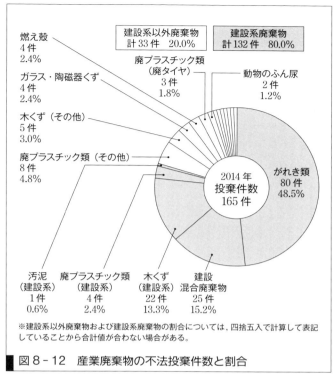

図8-12 産業廃棄物の不法投棄件数と割合

出典:「平成28年版 環境・循環型社会・生物多様性白書」より作成

8-3-2 不法投棄防止のためのマニフェスト制度

マニフェスト制度（manifest system）[19]は委託処理における排出事業者責任の明確化と不法投棄の防止を目的に1990年から導入された。すべての産業廃棄物にマニフェスト（manifest）[20]の使用が義務づけられ，中間処理を行ったあとの最終処分の確認が必要になっている。図8-13に廃棄物とマニフェストのフローを示す。排出事業者はマニフェストの交付後90日以内（特別管理産業廃棄物は60日以内）に委託した

[19] マニフェスト制度
すべての産業廃棄物に適用され，排出事業者が産業廃棄物の処理を委託するときに，最終処分されるまでマニフェストにより管理するしくみである。産業廃棄物の不法投棄の未然防止を目的として実施されている。

[20] マニフェスト
産業廃棄物管理票のことで，廃棄物の処理が適正に実施されたかどうか確認するために作成する書類のこと。マニフェストには複写式伝票（紙マニフェスト）と電子マニフェストがある。

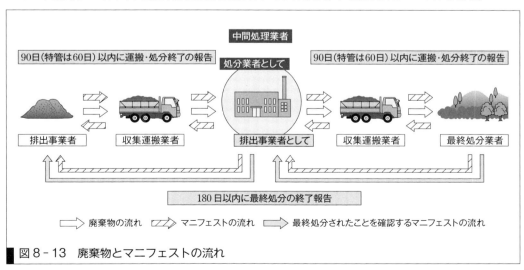

図8-13 廃棄物とマニフェストの流れ

8-3 廃棄物処理問題や環境負荷低減への対応

産業廃棄物の中間処理または直接最終処分が終了したことを確認する必要がある。中間処理を経由した場合は中間処理したあと90日以内に最終処分が終了したことを確認する必要がある。排出事業者は，上記の期限内にマニフェストによる処理終了報告がない場合，処理状況を把握したのち適切な措置をとり，都道府県などに報告する必要がある。

8-3-3 ライフサイクルアセスメントによる環境影響評価

ライフサイクルアセスメント（LCA：Life Cycle Assessment）[*21]は製品などを生産する資源採取から廃棄またはリサイクルされるまで，または特定段階の環境負荷を定量的に評価する手法である。製品などのライフサイクル全体での環境負荷をLCAにより評価することで，より環境に配慮した製品などを検討するための有用な情報が得られる。

[*21] Let's TRY!!
ライフサイクルアセスメントについて，環境省が発行している環境白書で詳しく調べてみよう。

8-4 循環型社会に向けた取り組み

8-4-1 資源浪費型社会構造の現状

循環型社会を構築するために国民がどのくらいの資源を採取し，消費，廃棄しているかを知ることは重要である。2013年5月に閣議決定した第三次循環型社会推進基本計画において，3R＋処分などの物質フロー[*22]を「入口」，「循環」，「出口」の3つの指標について目標値を設定し，達成状況を各年度確認している。我が国の物質フローは図8-14のように考えられている。総物質投入量は天然資源等投入量と循環利用量の和で示し，2011年度は15.7億tであった。

第三次循環型社会基本計画では，物質フローを3つの指標（資源生産性・循環利用率・最終処分量）で目標設定している。資源生産性はGDP[*23]を天然資源等投入量で除した値である。天然資源等投入量は国産・輸入天然資源および輸入製品の量のことで，**直接物質投入量（DMI：Direct Material Input）**ともいう。循環利用率は循環利用量を循環利用量と天然資源等投入量の和で除した値であり，循環利用される割合を示す。最終処分量は廃棄物の埋立量で，2011年度は1700万tで総物質投入量の約1％が埋立処分されている。

[*22] ＋α プラスアルファ
物質フローとは循環型社会を構築するために私たちがどのように資源を採取，消費，廃棄しているかを示したものである。

[*23] ＋α プラスアルファ
GDPは国内総生産のことで，国内の経済活動の動向や規模を総合的に示す指標であり，伸び率は経済成長率になる。

8-4-2 循環型社会形成のための役割と責任

循環型社会形成のためには，国，都道府県，市町村，排出事業者，排出者（国民）の各主体が循環基本法で定められた役割を認識し，各主体が責任をもって廃棄物の適正処理などを行う必要がある。図8-15に各主体の関係を示す。国は廃棄物に関する法整備や技術的・財政的な援助を行う。都道府県は一般廃棄物の処理責任を負う市町村に対し必要な

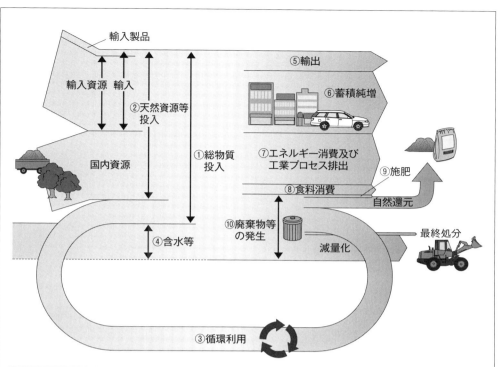

項目			定義
入口	①総物質投入		②と③の和
	②天然資源等投入		国内資源量と輸入量の和
		国内資源	国内で採取される資源量
		輸入	輸入される資源量および製品量
	④含水等		・天然資源等投入には含まれないが，廃棄物等の発生量に含まれる水分量 ・経済活動にともなう土砂等の随伴投入量（鉱業，建設業，上水道業の汚泥および鉱業の鉱さい） ・工業プロセスで取り込まれ工業製品等の一部となる空気の量
循環	③循環利用		再生利用する量（自然還元は除く）
出口	⑤輸出		輸出される資源量および製品量
	⑥蓄積純増		土木構造物，建築物，耐久財など，すぐには棄てられず経済活動の中に蓄積するものについて，ある年に新たに蓄積したものから，同年に廃棄・解体されて廃棄物等となったものを差し引いた量
	⑦エネルギー消費及び工業プロセス排出		・化石資源やバイオマス資源（廃棄物等を除く）がエネルギーとして利用されて排ガスや排水になった量 ・鉄鉱石中の酸化鉄から還元される酸素，石灰石から分離する二酸化炭素など，工業プロセスでの物質変化にともない排出されるものの量
	⑧食料消費		人の食料や家畜の餌のうち，直接あるいは取り込まれたのちに廃棄物等となるものを差し引いた量
	⑨施肥		農地に散布した肥料の量
	⑩廃棄物等の発生		廃棄物等の発生量
		自然還元	・農業から排出される種わら，麦わら，もみ殻のうち直接に農地へのすき込み利用を行った量，畜舎敷料として利用後に農地に還元された量 ・家畜ふん尿のうち，何らの処理をされることなく，農地に還元されている量
		減量化	廃棄物を処理する目的で中間処理により減量化した量。したがって，廃棄物を廃棄物発電つき施設で燃焼して減量化された分は，エネルギー消費ではなくこの項目に含まれる
		最終処分	直接または中間処理後に最終処分された廃棄物の量

図8-14　我が国の物質フローの考え方と各項目の定義

技術的援助を行う。市町村は一般廃棄物の処理責任，減量などに関する住民の自主活動の促進，適正処理を行う。排出事業者は産業廃棄物の適正処理，再生利用などによる減量，処理が困難にならない製品・容器などの開発，処理方法の情報提供を行う。排出者（国民）は排出抑制や分別排出，減量や適正処理に関して国や地方公共団体の施策に協力する責任がある。

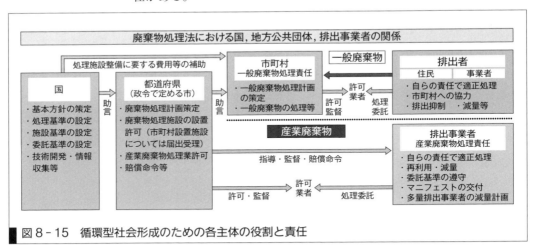

図8-15　循環型社会形成のための各主体の役割と責任

8-4-3 循環型社会を形成するための法体系

循環型社会を形成するための法体系は，1993年11月に制定された環境政策の根幹を定めている「環境基本法」のもと，2000年5月に「循環型社会形成推進基本法（循環基本法）」が制定された。循環基本法は施策の基本理念として**排出者責任**（Discharger Responsibility）[*24]と**拡大生産者責任**（Extended Producer Responsibility：EPR）[*25]という2つの考え方が定められている。また，高度成長期からの大量生産・大量消費，大量廃棄型の経済システムから脱却するため，3Rと廃棄物の適正処分などが盛り込まれている。また，天然資源の消費を抑制し，環境負荷低減を行うため循環資源の処理の優先順位（① 発生抑制，② 再使用，③ 再生利用，④ 熱回収，⑤ 適正処理）や国，地方公共団体，事業者，国民の循環型社会形成のための役割を明確化した[*26]。

循環基本法に基づき，廃棄物の適正処理を定めた「廃掃法（1970年12月制定）」と再生利用の推進をはかる「資源有効利用促進法（1991年4月制定）」が定められている。廃掃法では廃棄物の発生抑制，リサイクルを含む適正処理，廃棄物処理施設の設置規制，廃棄物処理業者に対する規制，廃棄物処理基準の設定などが定められている。資源有効利用促進法では再生資源のリサイクル，リサイクルを容易とする構造や材質などの工夫，分別回収表示，副産物の有効利用の促進などが定められている。また，個別物品の特性に応じた規制として6つのリサイク

*24
排出者責任
廃棄物などを排出する者が，排出したものの適正なリサイクルや処理に関する責任を負うという考え方である。

*25
拡大生産者責任
1994年に欧州経済協力開発機構が提唱した概念を取り入れたもので，生産事業者がその製品などを使用後まで一定の責任をもつ必要がある。

*26
Don't Forget!!
環境負荷低減のための資源循環利用と廃棄物処理の優先順位は高いものから発生抑制，再使用，再生利用，熱回収，適正処分である。

法*27 が定められている。

　容器包装リサイクル法はスチール缶，アルミ缶，ガラスびん，段ボール，紙パック，紙製容器包装，ペットボトル，プラスチック製容器包装が対象物である。消費者の分別排出，市町村の分別収集，事業者の再商品化の3者の役割分担を定め，リサイクルに取り組む政策である。

　家電リサイクル法は家電4品目（家庭用エアコン，テレビ（ブラウン管式・液晶式・プラズマ式），電気冷蔵庫・冷凍庫，電気洗濯機・衣類乾燥機）が対象物である。消費者の役割は小売業者への引き渡しと費用負担，家電小売店の役割は消費者から家電製品を受け取り家電メーカへ引き渡し，家電メーカなどの役割は家電小売店から引き取りリサイクルをすることである。

　食品リサイクル法は食品廃棄物など食品製造や調理過程で生じる加工残さで食用できないもの，食品の流通過程や消費段階で生じる販売できなかったものや食べ残しが対象物となる。食品廃棄物の発生抑制と減量，再生利用，再生利用できないものは熱回収を行う。食品関連事業者は食品廃棄物などの発生抑制，肥料や飼料などへの再生利用に取り組む，再生利用できない食品などは熱回収を行うなど食品廃棄物などの減量に取り組む役割がある。国民は食品の購入や調達方法を改善し食品廃棄物などの発生抑制，再生利用製品の使用による再生利用を促進する役割がある。

　建設リサイクル法はコンクリート，鉄を含んだコンクリート，木材，アスファルト・コンクリートが対象物となる。これらの廃棄物は分別解体や再資源化を行うことを義務づけている。

　自動車リサイクル法は自動車を対象物として，自動車に含まれる処理困難であり不法投棄につながる恐れのあるシュレッダダスト，フロン類，エアバッグの3品目は自動車メーカで引き取り，フロン類は破壊，それ以外はリサイクルすることが定められている。

　小型家電リサイクル法はパソコン，携帯電話，デジタルカメラ，時計，ドライヤなど消費者が生活で使用する電子機器のうち，効率的に収集運搬が可能で再資源化がとくに必要なものが政令指定されている。

　循環型社会の形成には製品供給側の環境への取り組みと需要側による環境配慮型物品の積極的な購入が必要であり，それらを踏まえて国内総生産の2割以上を占める国や地方公共団体が牽引役として積極的に環境配慮型製品の購入を推進する必要がある。それらを定めている法律が2000年5月に制定された「国等による環境物品等の調達の推進等に関する法律（グリーン購入法）」である。

*27
+α プラスアルファ
個別物品の特性に応じた規制
・容器包装に係る分別収集及び再商品化の促進等に関する法律（容器包装リサイクル法，1995年6月制定）
・特定家庭用機器再商品化法（家電リサイクル法，1998年5月制定）
・食品循環資源の再生利用等の促進に関する法律（食品リサイクル法，2000年5月制定）
・建設工事に係る資材の再資源化等に関する法律（建設リサイクル法，2000年5月制定）
・使用済自動車の再資源化等に関する法律（自動車リサイクル法，2002年7月制定）
・使用済小型電子機器等の再資源化の促進に関する法律（小型家電リサイクル法，2012年8月制定）

演習問題 A　基本の確認をしましょう

8-A1　法律上の定義に基づいて「一般廃棄物」と「産業廃棄物」について説明せよ。

8-A2　廃棄物の「処理」と「処分」について説明せよ。

8-A3　家電リサイクル法の対象でない家電は次のうちどれか。
（ア）エアコン　　（イ）テレビ　　（ウ）冷蔵庫・冷凍庫
（エ）洗濯機・衣類乾燥機　　（オ）パソコン

演習問題 B　もっと使えるようになりましょう

8-B1　大量生産・大量消費・大量廃棄型の経済システムから3R（発生抑制（Reduce），再使用（Reuse），再生利用（Recycle））や熱回収，適正処分の順に行うべきであると基本原則を明記した法律名を答えよ。また「排出者責任」と「拡大生産者責任」について説明せよ。

8-B2　産業廃棄物が排出事業所から中間処理を経由して最終処分されるまでの流れについてマニフェスト制度を踏まえて説明せよ。

あなたがここで学んだこと

この章であなたが到達したのは
- □ 廃棄物の発生源と現状を説明できる
- □ 廃棄物の収集・処理・処分を説明できる
- □ 廃棄物の減量化・再資源化を説明できる
- □ 廃棄物対策（施策，法規など）を説明できる
- □ ライフサイクルアセスメントを説明できる

　本章では廃棄物の発生状況や区分，処理・処分などの基礎を学びながら，廃棄物対策の重要性をみてきた。廃棄物の適正処理は廃棄物の種類などによってさまざまな処理・処分がされている。ものを製造する場合はなるべく廃棄物を排出しないものづくりが重要である。また，身近なところで自分たちが排出する廃棄物を考えた場合，自分から離れた時点で適切に分別することにより，資源になるものが少なくないということを理解し，循環型社会へ貢献しよう。

9章 土壌環境の汚染と対策

図A　モエジマシダの成体　　図B　ミャンマー金鉱山周辺でのシダ植物調査

　図Aは有害化学物質（人の健康や環境に悪い影響を与える物質）の一つであるヒ素の吸収にすぐれた能力をもつモエジマシダです。このほかにカドミウムの吸収能力にすぐれた植物としてヘビノネゴザやハクサンハタザオなどが知られています。

　ヒ素やカドミウムを含む重金属類を高濃度で含む土壌を対象とした修復技術のなかで，太陽光のみをエネルギーとするとともに，生態系機能の活用により安価かつ低環境負荷という特徴をもつ植物浄化（ファイトレメディエーション）が注目されています。

　これら特定の元素を高濃度で濃縮する植物は，鉱山地周辺などの特殊な環境に適応して生息範囲を確保していることが多く，現地調査で優先化している植物を採取し，実験室で環境浄化能力や生育特性の評価を行います（図Bはミャンマー北部の金鉱山周辺での植物調査の状況です）。あなたの身近なところにもまだ知られていない特殊な能力をもつ植物が眠っているかもしれないと想像すると，新たな興味がわいてくるのではないでしょうか？

●この章で学ぶことの概要

　人間の生産活動や自然的要因により汚染された土壌であっても，適切な措置（物理・化学的手法や生物学的手法）を行うことで我々の生活を支える基盤としての機能を回復することができます。本章では，土壌汚染のメカニズム，調査・計画・対策の流れを理解し，豊かな土壌環境を回復する技術について学びます。

予習　授業の前に調べておこう!!

1. 環境中における有害化学物質の移動を理解しよう*1。工場・農地などから人間の生産活動にともなって環境中に排出される有害化学物質がどのような経路を通って土壌（もしくは人間）に到達するか，図aを参考に発生源，到達経路，利用方法などを表にまとめよ。
2. 特定有害物質（有害化学物質）の種類と関連する業種を整理しよう。土壌汚染対策法では物質の特性に合わせて**特定有害物質**（specific hazardous substances）*2（第1種，第2種および第3種特定有害物質）が定められている。それぞれについて特徴と，物質名および汚染原因として考えられる業種を一覧表にまとめよ。

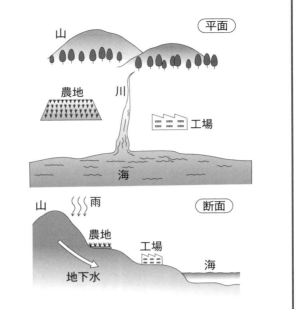

図a　有害化学物質の環境中における移動イメージ

WebにLink
予習の解答

9　1　土壌環境

*1
ヒント
有害化学物質は発生源から大気・水を経由して土壌に届く。平面・断面での大気・水の移動を考えよう。

*2
ヒント
特定有害物質とは土壌に含まれることに起因して人の健康にかかわる被害を生ずる恐れがある物質として，土壌汚染対策法（2002年）に基づく調査などの対象となる物質を示す。

9-1-1　土壌の概念

本章で対象としている**土壌**（soil）は，地学辞典（地学団体研究会）において，「多かれ少なかれ腐植によって着色されている無機・有機の地殻最表層生成物。動植物とその遺体，母材，機能および地形などの要因の相当的な作用として歴史的に形成され，たえず変化している自然体で，その生成過程は土壌断面の形態や組成，性質に反映されている」と定義されるとおり，場所・時間により変化を続けるという特性をもつ。この土壌は，我々の生活に身近な表層部分にあり，水や大気とともに環境の基本的な構成要素を占めている。

また，土壌は ① 農業，林業における生産場，② 湧水・地下水の涵養*3および水質浄化，③ 大気浄化（排気ガスの有害成分の吸着・分解），④ 各種物質（肥料，有害物質など）の緩衝*4，⑤ 土壌微生物の多様性および生態系保全，⑥ 構造物・宅地などの支持基盤といった多様な機能をもち，我々の生活に密接に関連している。

本章で述べる**土壌汚染**（soil contamination）とは，「自然的，人為的

要因により有害な化学物質が地下に浸透した状態で，生態系や人の健康に悪影響を与える状況」を表している。この土壌汚染では，自然的要因から対象となる土そのものが含んでいる有害化学物質に加え，人間の生産活動などの人為的要因にともない排出される有害化学物質を対象とする必要がある。

9-1-2 土壌環境中の物質循環

この「土壌」を中心とした物質循環のイメージを図9-1に示す。あわせて，以下に図中に示した自然的および人為的要因の特徴を説明する。

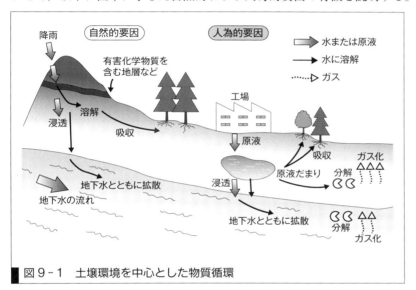

図9-1 土壌環境を中心とした物質循環

1. 自然的要因による物質循環の特徴（おもに重金属類） 化学物質は降雨・散水・廃棄などによって地表面から土壌内に侵入し地下に浸透する。自然的要因により土壌そのものが有害化学物質を含む場合はpH，ECの変化などにより溶解する。

2. 人為的要因による物質循環の特徴（おもに有機化合物） 人為的要因により土壌に浸透した物質の一部は水に溶解し移動する。比重が水より重い物質[*5]については地下水下流域に向かって拡散しながら深部に浸透していくこととなる。比重が水より軽い物質[*5]については地下水面上にとどまり，地下水位の年間変動にともない周辺の土壌を汚染していくこととなる。地下に浸透した物質がガス化する場合や，生物・化学的反応により有害化学物質が分解され土壌中で生成されたガスが土壌内を移動する場合が想定される。さらに，土壌中では土壌のフィルタ効果によるろ過，土壌間隙水への溶解，土壌粒子への吸着などにより捕捉され，その後生物学的反応により無害化されるものもある。

[*3] **+α プラスアルファ**
ここで記した「涵養」とは，地表水（降水，河川水など）が土壌を通って地下水に届く過程を表している。土壌を通過する過程で有害物質が取り除かれたり，ミネラル分が補給されたりする。

[*4] **+α プラスアルファ**
ここで記した「緩衝」とは，各種物質が土壌に接した場合に，間隙水中の濃度をほぼ一定に保つ効果を表している。この作用により，土壌は植物などの生育に必要な養分などを長期間安定的に保持することが可能となる。

[*5] **Don't Forget!!**
水より重い物質は揮発性有機物や重金属類である。水より軽い物質は油類である。有害化学物質の特性により土壌中での移動特性が異なることを覚えておくこと。

9-1-3 土壌の環境管理の枠組み

　土壌汚染では，有害化学物質が見えない地下に存在していることに加え，対象となる土地が個人（法人）の所有物という特徴を考慮する必要がある。とくに重金属類では人為的要因ではなく自然的要因によりその地域全体が汚染されている可能性も否定できない*6。

　環境管理の基本からすれば，対象地域に存在するすべての有害な化学物質を除去することが望ましいが，自然的要因による汚染の場合には対象が広範囲かつ低濃度という特性から現実的に上記対策の実施は困難となる。そのため，対象地盤に有害化学物質が存在しないことをめざす**有害性ハザード**（hazard）管理という考え方を基本としつつ，有害性（ハザード）の大きさと対象となる有害化学物質が人間・生態系などの需要者に到達するまでの経路を考慮する**リスク**（risk）管理の考え方も取り入れる必要がある。このハザード管理とリスク管理の概念を図9-2に示す。

*6 **Let's TRY!!**
有害化学物質（おもに重金属類）の汚染を対象に，人為的要因と，自然的要因の違いによる特徴（汚染範囲や有害化学物質の濃度など）を整理した表を作成しよう。

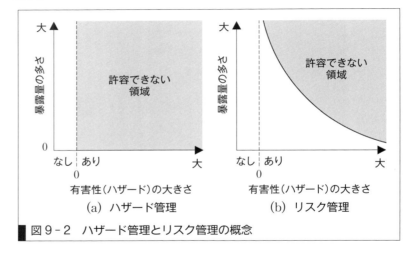

図9-2　ハザード管理とリスク管理の概念

1. 我が国におけるハザード管理*7とは　我が国における土壌汚染対策のハザード管理（基準となる濃度を超えないようにする管理）では，土壌汚染対策法で定められている環境基準（土壌溶出量基準や土壌含有量基準）*8の濃度を超えない状態を目標としている。そのため，環境基準を上回る濃度の化学物質を含む土壌に対して除去や分解など何らかの対策を実施し，環境基準を満たす濃度まで低下させる対策が実施される。

2. 我が国におけるリスク管理（リスクアセスメント）*7とは　先に述べたハザード管理は土地の利用方法に関係なく，すべての土壌が環境基準を満たすことを目的とした管理手法となる。我が国においては，人為的な要因のほかに自然的要因により国内の近隣地域と比較して高い濃度の重金属類を含む土壌が存在することが知られている。

*7 **Let's TRY!!**
リスクとハザード
ハザード（物質の潜在的に危険な特性）とリスク（物質の特性や人への暴露，使用のシナリオなどによって異なるリスクの推定値）の定義を整理しよう。

*8 **＋α プラスアルファ**
環境基準とは，「人の健康の保護及び生活環境の保全のうえで維持されることが望ましい基準」と定義されている。環境基準は土壌だけではなく，大気，水，騒音についても定められている。

このような場合などにおいて，土壌（地下水）汚染由来の有害化学物質による人への暴露経路（図9-1参照）を遮断することで人の健康を維持する考え方がリスク管理となる。この場合は，環境基準ではなく対象地において想定される暴露経路に基づいて個別に定められる管理濃度を満たす状況までの濃度低下を目的とした対策や，暴露経路そのものを遮断する対策などが実施されることとなる。

9-1-4 有害化学物質の土壌中の存在形態

地盤は土粒子と間隙から構成され，間隙には水と空気および有機物と生物が存在する（図9-3参照）[*9]。また，土壌中における有害化学物質の存在形態と挙動を図9-4に示す。

*9
+α プラスアルファ
固相と液相のみで構成される状態を飽和という。固相，液相，気相が混在する状態を不飽和という。気相と固相のみで構成される状態を乾燥という。土の状態を表す表現を復習しよう。

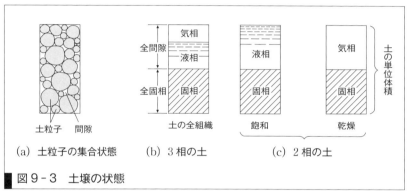

図9-3 土壌の状態

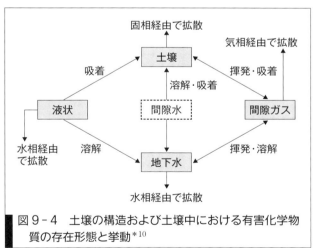

図9-4 土壌の構造および土壌中における有害化学物質の存在形態と挙動[*10]

*10
Let's TRY!!
予習で検討した物質の流れをもとに，環境中に排出された特定有害物質（第1種，第2種および第3種）がどのような経路を通って人に届くか検討しよう。

この土壌中における有害化学物質の存在形態と特徴を表9-1にまとめる。対象となる有害化学物質のもつ特性により存在形態が異なるため物質の特性に合わせた調査・対策の実施が必要となる。

表9-1 土壌中における有害化学物質の存在形態と特徴

存在形態	特徴
土壌	土壌の吸着効果により間隙水中の濃度を低下させたり，有害化学物質の環境中での移動速度を遅らせたりする
液状（間隙水）	原液もしくは環境水中に溶解した形で存在する。地下水の流れとほぼ同じ挙動を示すので注意が必要
間隙ガス	揮発性の高い物質は土壌中で気化し，間隙中に気体として存在するものもある。また，有害化学物質の一部が生物作用で分解される際にガスが発生することもある
地下水	土壌からの溶出，土壌中から地下水への移動，間隙ガスの溶解などにより発生する

9.2 土壌汚染の調査

9-2-1 土壌汚染対策法の概要

前に定義したとおり土壌汚染とは，自然的・人為的要因により有害な化学物質が地下に浸透し，生態系や人の健康に悪影響を与える状態を示す。人為的要因としては，化学物質の不適切な取り扱いや事故による漏出（漏れ），不法投棄など多くの原因が考えられる。このように何らかの原因によって地下（土壌）に浸透した有害化学物質が地下水まで到達し，より広範囲に拡散した場合は地下水汚染を引き起こすこととなる。そのため，土壌汚染では地下水汚染も含めた調査・計画・対策の検討が必要となる。この土壌汚染の調査・対策を検討するうえで重要な特徴は表9-2に示すとおりである。

表9-2 土壌汚染調査および対策の検討における重要な特徴

① 微量の化学物質が土壌で濃縮され，重大な汚染を引き起こす （土壌がもつ吸着能力による濃度上昇）
② 見えない地下で汚染が進行するため発見が難しい （気がついたときには汚染が広範囲に広がるなど）
③ 暴露経路（有害化学物質が人に届くまでの道筋）が複雑 （土壌の直接摂取，土壌から地下水に溶け込んだ有害化学物質の飲用，土壌から植物に移動し，その植物を餌とする畜産物経由の摂食など）
④ 対象が個人の所有物である （対策費用を個人（もしくは法人）で負担する必要があることや，不動産売買にともなう瑕疵担保責任（warranty against defects）[11]など）
⑤ 人為的な汚染だけでなく，自然的要因による汚染もある （天然（自然）由来の場合は汚染原因者が不明となり費用負担が問題）

[11]
瑕疵担保責任
売買などの有償契約で，その目的物に通常の注意では発見できない欠陥がある場合に，売り主などが負うべき賠償責任を表す。

土壌汚染で対象となる有害化学物質は，土壌を摂取することや土壌中の有害物質が地下水に溶出し，その地下水を摂取することで人の健康に対して被害を生じる恐れがある物質（特定有害物質（有害化学物質））[*12]として**土壌汚染対策法**（soil contamination countermeasures）により，計26物質が政令で指定されている（表9-3）。

表9-3　土壌汚染対策法で指定されている特定有害物質

第1種特定有害物質	揮発性有機化合物（VOC：Volatile Organic Compound） 12種 トリクロロエチレンなど
第2種特定有害物質	重金属等（heavy metals etc.）　9物質 ヒ素，カドミウムなど
第3種特定有害物質	農薬等（agrichemicals, PCB.）　5種類 チオベンカルブなど

9-2-2　土壌汚染調査の実施と区域指定

　土壌汚染対策法では，次の①〜③に該当する場合に土壌汚染の調査を実施し，都道府県知事に対してその結果を報告することが義務づけられている。

① 特定有害物質（有害化学物質）を製造，使用または処理する施設の使用が廃止された場合
② 一定規模以上の土地の形質の変更の際に土壌汚染の恐れがあると都道府県知事が認める場合
③ 土壌汚染により健康被害が生じる恐れがあると都道府県知事が認める場合

　併せて企業などが自主的に調査した土壌汚染の結果[*13]をもとにして，あとで説明する区域の指定を任意に申請することもできるとされている。都道府県知事は，調査結果の報告を受けた土地について健康被害の恐れの有無に応じて「要措置区域」または「形質変更時要届出区域」に指定[*14]することとなる。

9-2-3　土壌汚染調査の流れ

　ここでは，土壌汚染対策法を踏まえながら，対象となる土地が有害化学物質で汚染されているかどうかを判断する調査の流れ[*15, *16]（図9-5）について説明する。

[*12] **Don't Forget!!**
土壌汚染対策法により定められている特定有害物質（有害化学物質）については物質の追加なども検討されているため常に最新の情報を確認すること。参考になるHPとしては環境省などがある。

[*13] **Don't Forget!!**
自分の敷地を自主的に調査した場合でも「公正な調査結果」であることが求められる。したがって土壌汚染対策法に基づいた調査の流れについて理解が必要となる。

[*14] **+α プラスアルファ**
要措置区域は健康被害が生ずる恐れがあるため，汚染の除去などが必要となる。形質変更時要届出区域は健康被害が生ずる恐れがないため，汚染の除去などは不要である。

[*15] **Don't Forget!!**
土壌汚染対策法に基づいた調査は，環境大臣が指定した「指定調査機関」に依頼して実施する必要がある。

[*16] **Let's TRY!!**
指定調査機関制度の趣旨や自分の身近にある指定調査機関を調べてみよう。

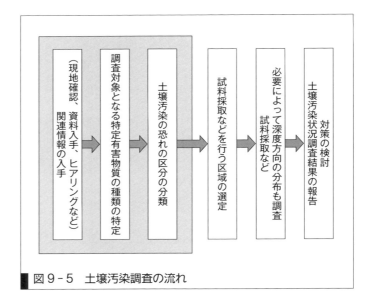

図9-5 土壌汚染調査の流れ

1. 関連情報の入手　試料採取を行う前に汚染の可能性を検証することを目的として実施される。近年では，不動産取引の一部として行う事例も多い。そのため，短期間に土壌汚染の可能性の有無を把握することが重要となる。関連資料として入手可能な情報としては以下が考えられる。

① 航空写真および住宅地図の入手（戦後から現在まで）[17, 18]
② 行政モニタリングデータの収集[19]
③ 地歴の確認（対象地内建物配置や生産ライン，廃棄物処理場所など）
④ 所有者および勤務者へのヒアリング

航空写真や行政のモニタリングデータ（地下水質調査結果など）はインターネットを通じて容易に入手可能となる。入手した各種関連資料に基づいた調査から有害化学物質の使用履歴が確認されない場合は「汚染の可能性はない」と判断することができる。可能性が否定できない場合は土壌試料採取をともなう調査計画の策定に進むこととなる。以下，試料採取をともなう調査の一般的な流れについて説明する。

2. 概況調査（平面調査）　入手した関連資料に基づいた検討から，汚染の可能性が示された場合を対象として実施される。土壌汚染は地表面から地下に浸透することから，平面的な汚染があるかどうかの確認と有害化学物質の地下への浸透口を発見することが目的となる。この調査では，実際に試料を採取・分析して評価することとなる（図9-6）。

表層部に有害物質を含む土壌が存在しており，目視で確認できる場合もある（図9-7）。

[17] Let's TRY!!
予習問題2. でまとめた業種に属する事業所が学校（もしくは自宅）のまわりにどのくらい立地しているか地図情報を活用して調査してみよう。

[18] Let's TRY!!
東京都の西新宿エリアの土地利用の変遷を国土地理院の公開資料などを参考にまとめてみよう。

[19] Let's TRY!!
自治体のHPを使い，地下水質の調査結果から土壌汚染の可能性が考えられる地域を探してみよう。

土壌汚染の可能性に応じて 900 m² もしくは 100 m² の調査区画を設定

第1種特定有害物質および第3種特定有害物質の一部
→ 表層土壌ガス調査[*20]
地盤に親指大の穴をあけてチューブをさし込む
地盤とチューブ内のガス濃度が平衡になるまで放置
チューブ内のガスをサンプリング
分析し、有害物質を含むガスの有無を判断
（土壌に含まれる有害物質濃度ではない）

第2種および第3種特定有害物質
→ 表層土壌（5地点混合）調査[*21]
表層から 50 cm の土壌を対象とし、粉じんによる周辺への拡散リスクが高い 0〜5 cm と、5〜50 cm の土壌を等量混合して分析することとなる

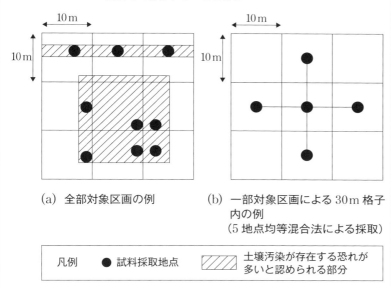

(a) 全部対象区画の例　　(b) 一部対象区画による 30 m 格子内の例
　　　　　　　　　　　　　（5地点均等混合法による採取）

凡例　● 試料採取地点　　▨ 土壌汚染が存在する恐れが多いと認められる部分

図 9-6　土壌汚染の試料採取と分析評価の例

図 9-7　工場敷地内で採取した変色土壌（汚染土壌）の例[*22]（有害化学物質濃度が不明のため手袋を着用している）

有害化学物質の種類・特性に合わせた調査の結果から有害化学物質が検出されない場合は「汚染の可能性はない」と判断することができる。一方、特定有害物質（有害化学物質）が検出された場合は汚染範囲確定

*20
Webにlink
調査の流れをまとめた資料を参考に、どのような器具が必要か確認しよう。

*21
Webにlink
調査の流れをまとめた資料を参考に、どのような器具が必要か確認しよう。

*22
Don't Forget!!
土壌汚染の調査では、対象に含まれる物質が不明のことが多い。周辺と明らかに異なる色の土壌などが確認された場合は念のため保護手袋などを着用すること。

を目的とした詳細調査（深度方向の調査）を実施し，対象となる汚染土壌の量を確認することとなる。

3. ボーリング調査（深度調査）　概況（平面）調査で汚染が確認された場合を対象として実施する。有害化学物質の3次元的な広がりと地下水への影響把握が目的となる。概況調査で高濃度に検出された場所で深さ方向のボーリングを実施する。

おおむね1mごとにサンプリングし，概況調査で検出された成分と分解により生成される成分（第1種特定有害物質）について分析するとともに，サンプリング位置が地下水面よりも低い場合は地下水もサンプリングして地下水汚染の有無を判定することが多い。

土壌汚染対策法における特定有害物質（有害化学物質）と調査方法の関係を表9-4に示す。第2種特定有害物質については，土壌溶出量に加えて土壌含有量の調査も行う必要がある。

*23

💡ヒント
土壌溶出量基準
地下水などの摂取による環境影響の観点から定められた基準。
土壌含有量基準
土壌の直接摂取による環境影響の観点から定められた基準。

表9-4　特定有害物質と調査方法の関係[*23]

特定有害物質	土壌含有量調査	土壌溶出量調査	土壌ガス調査
第1種特定有害物質（VOC）	—	○※	○
第2種特定有害物質（重金属）	○	○	—
第3種特定有害物質（農薬）	—	○	—

※土壌ガス調査で特定有害物質が検出された場合

4. 調査全体のまとめ　調査ではそれぞれの段階で費用（コスト）が発生することに加え，見えない地下の状況を調査しているため不確実性が残る。このあとに述べる対策工事では，不確実性が少ないほど適正なコストでの実施が可能となる。そのため，調査の目的に合わせて調査コスト，調査結果に含まれる不確実性および対策コストのバランスを考えて実施する必要がある（図9-8）。また，近年ではトンネル掘削などにともない自然的要因による重金属類汚染への対応も必要となる事例が増加している[*24]。

*24
WebにLink
自然的要因による重金属類汚染への対応に関する資料を参考にどのような対応が必要か検討しよう。

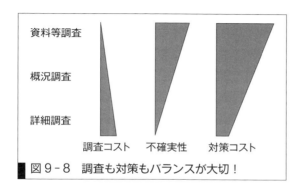
図9-8 調査も対策もバランスが大切！

9　3　土壌汚染の対策技術[*25]

9-3-1 土壌汚染対策技術の選定

　土壌汚染対策では，直接摂取リスク防止や地下水経由摂取リスク防止など，対象となる化学物質の状態に応じた措置が必要となる。さらに，第2溶出量基準[*26]を超える濃度の有害化学物質を含む土壌については，対策工法の選定に注意が必要となる。表9-5に対策技術の目的に応じた工法の概要を示す。実際の土壌汚染対策技術の計画では，現場の状況や対象となる有害化学物質の濃度などの条件を考慮して最適な工法を選択することとなる。以下，表中に○で示した対策技術を例にとり概要などについて説明することとする。

表9-5　目的と対策工法の関係　　　　　　　　　　　(○：個別に説明)

直接摂取の防止を目的	地下水経由摂取の防止を目的
立ち入り禁止	原位置不溶化・不溶化埋戻し
舗装	○原位置封じ込め
○盛土	遮水工封じ込め
土壌入換え	遮断工封じ込め
土壌汚染の除去	土壌汚染の除去

直接摂取および地下水経由摂取の同時防止を目的
掘削除去
○原位置浄化(バイオレメディエーション)
○原位置浄化(ファイトレメディエーション)
原位置浄化(地下水揚水)
原位置浄化(土壌ガス吸引)

9-3-2 直接摂取の防止対策

1. 盛土　有害化学物質を含む土壌の飛散・拡散を防止する目的で実施される盛土の概要を図9-9に示す。盛土上部の利用方法に応じて必要な強度をもつ材料を選ぶなど施工には注意が必要になる。また，定期的に点検・補修を行うことで安全性を維持する必要がある。

[*25] Let's TRY!
ここでは代表的な対策技術のみを記載している。土壌汚染対策は日々新しい技術が開発されているため，目的に応じた最新の知見を入手する必要がある。

[*26] +α プラスアルファ
土壌汚染対策法に基づく汚染基準のこと。特定有害物質(有害化学物質)の種類ごとに土壌溶出量基準の10～30倍の溶出量に相当する。この基準を超えた場合は，汚染土壌を不溶化して第2溶出量基準に適合させたうえで対策を実施する場合もあるので注意する。

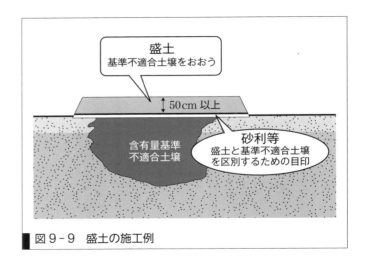

図9-9 盛土の施工例

9-3-3 地下水経由摂取の防止対策

1. 原位置封じ込め　地下水経由の摂取の防止を目的とした原位置封じ込め対策の施工イメージを図9-10に示す。有害化学物質を含む土壌の周辺を地下水の流れをさえぎることのできる壁（遮水壁）でおおうとともに，上部からの雨水などの浸透を防ぐことで封じ込める工法となる。対策後は観測井戸を設置して期待される効果を維持していることを確認する必要がある。

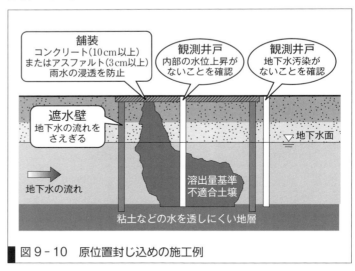

図9-10 原位置封じ込めの施工例

9-3-4 直接摂取および地下水経由摂取の同時防止対策

1. バイオレメディエーション（bioremediation）[27]　生物作用により分解・無害化効果が期待される有害化学物質を対象として実施されるバイオレメディエーションの概要を図9-11に示す。対策が必要となる範囲に井戸を通じて微生物の働きを高める物質などを供給する工法となる。見えない地下の状況に合わせて注入方法や井戸の深さを設計する必要が

---

[27]
Don't Forget!!
バイオレメディエーションはすぐれた能力をもつ微生物を外部から持ち込むバイオオーグメンテーションと，原位置にすでに生息している特定の微生物の活性を高めて利用するバイオスティミュレーションに区分される。また，生物の働きを利用するという観点からは，ファイトレメディエーションもバイオレメディエーションの一種とされる場合もある。

ある．有害化学物質によっては分解・無害化の途中で一時的に毒性が高まる可能性があるため，定期的なモニタリングの実施が必要となる．

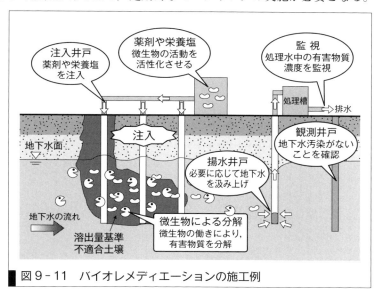

図9-11 バイオレメディエーションの施工例

2. ファイトレメディエーション（phytoremediation） おもに重金属類を含む土壌からの回収・除去を目的として実施されるファイトレメディエーションの概要を図9-12に示す．植物がもつ機能を目的に応じて活用することが可能となる．浄化に要するエネルギーがおもに太陽光ということで，ほかの技術と比較して省エネルギーという利点がある．

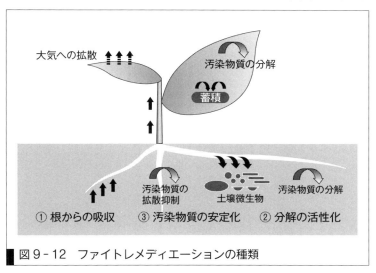

図9-12 ファイトレメディエーションの種類

ファイトレメディエーションは植物を利用するため実施前に十分な検討が必要となる．以下，重金属類の回収・除去を目的としたファイトエキストラクション[*28]（図中の①）で事前に検討すべき項目を示す．

① 重金属類の存在形態が植物の吸収に適しているか？

[*28]
+α プラスアルファ

重金属類の高濃度集積植物はハイパーアキュムレータと呼ばれる．ヒ素についてはモエジマシダ，カドミウムについてはハクサンハタザオなどが知られている．

9-3 土壌汚染の対策技術

② 重金属類の濃度は植物の生育を阻害しないか？
　③ 汚染の深さは50 cmより浅いか？

　ファイトレメディエーションは重金属類のほかに油類や揮発性有機化合物で適用されている。重金属類に関しては処理後の植物体が有害化学物質を高濃度で含有する状態になるため適正な処理が重要となる。油類および揮発性有機化合物については植物（もしくは根圏の微生物）により分解・無害化されることとなる。

演習問題　A　基本の確認をしましょう

9-A1　以下に記した説明文がリスク管理，ハザード管理のどちらを表しているものか答えよ。

「対象地盤の利用方法などにかかわらず，すべての状況において有害化学物質が存在しないことをめざす管理」

9-A2　以下に示した概況調査（平面調査）が対象とする有害化学物質の種類として当てはまらない物質をすべて答えよ。

① ドリルで穴をあける　→② ボーリングバーで穴を調整
→③ 一定時間放置後に土壌中のガスを採取　→④ 分析

有害化学物質名
（ア）トリクロロエチレン　　（イ）鉛　　（ウ）ヒ素
（エ）テトラクロロエチレン

演習問題　B　もっと使えるようになりましょう

9-B1　歴史的土壌汚染問題の一つであるイタイイタイ病を例にとり，地球科学図を用いて周辺地域の重金属類（カドミウム，ヒ素など）含有状況[29]との関連性を調べてみよう。

9-B2　9-2-3項で示したように，土地の履歴は航空写真から検討することができる。国土地理院のHPにアクセスし，自らが学ぶ校舎周辺の土地利用方法がどのように変化してきたかまとめてみよう。

WebにLink
演習問題の解答

WebにLink
演習問題の解答

[29]
WebにLink
イタイイタイ病の原因とされるカドミウムと自然的要因により高濃度で確認されることの多いヒ素について北陸地域における濃度分布を示す。イタイイタイ病の原因となったカドミウムがどのようにして神通川流域を汚染したか考えてみよう。

あなたがここで学んだこと

この章であなたが到達したのは
- □ リスクアセスメントを説明できる
- □ 自然的・人為的要因による土壌汚染の発生原因が説明できる
- □ 公開データを活用した自然的要因による元素の分布や土地の利用履歴の把握方法を説明できる
- □ 試料採取をともなう調査および汚染土壌を対象とした対策技術の概要が説明できる

　本章では，大気・水とともに環境を構成する要素である土壌に着目し，自然的要因により含まれる元素濃度や土壌汚染のメカニズムの把握，調査および対策技術の流れと具体的な手法について学んだ。土壌汚染は目に見えない地下に存在し，個人の所有物であるという特性を理解した対応方法を理解してほしい。

10章 大気環境の汚染と対策

中国上海市の大気の様子　　　　　（提供：PIXTA）

　普段の生活で大気を意識することはそれほど多くはありません。大気自体は目に見えず、日常生活では「風」として体に感じる程度でしょう。しかしながら、大気中にはさまざまな化学物質や微粒子が存在し、それらがある一定の量を超えると生物に悪影響をおよぼすようになります。近年、大気汚染物質として微小粒子状物質（PM2.5）が注目されるようになってきました。写真は中国上海市の様子ですが、PM2.5 が大気中に多く存在すると霧がかかったようになり遠くまで見渡せなくなります。写真のような深刻な大気汚染は自動車排ガス、暖房用石炭の燃焼および工場のばい煙がおもな原因ですが、それに加え特定の気象条件が引き金になって引き起こされます。

　PM2.5 も人間の健康に悪影響をおよぼすため、我が国では暫定的な指針として PM2.5 の濃度の日平均値が 70 μg/m^3 を超える場合、「不要不急の外出や屋外での長時間の激しい運動をできるだけ減らす」（環境省）ことが推奨されています。

●この章で学ぶことの概要

　良好な大気環境を維持するためには大気汚染物質の排出を極力おさえることが大切であると同時に、大気中に排出された汚染物質がどのように拡散されてゆくのかを知ることもまた重要です。本章では大気汚染の現状やおもな発生源、排出抑制技術について述べ、大気汚染物質の濃度予測手法について学習します。

> **予習　授業の前に調べておこう!!**
>
> 以下はおもな大気汚染物質であるが，これらの健康影響について調べよ。
> 1. 硫黄酸化物
> 2. 窒素酸化物
> 3. 光化学オキシダント
> 4. 粒子状物質（ばい煙）
>
> Webにリンク
> 予習の解答

10-1　大気汚染と法制度

　戦後，日本の高度経済成長にともなってエネルギー源が石炭から石油に替わり石油化学工業が国の重要な産業基盤となった。1960年代には沿岸地域に大規模な石油化学コンビナートが建設され産業の急速な発展に貢献したが，同時に発生した公害によって工業地域周辺に住む人々は深刻な健康被害に悩むようになった。三重県四日市市の大気汚染はその典型例である。大気汚染が深刻化するなか，国は1962年に「ばい煙規制法」を制定した。これは大気汚染防止に関する日本で最初の法律であった。本法律では個々の施設に対する粉じん，亜硫酸ガスの排出規制を行ったもので，粉じんについては一定の効果があったが，亜硫酸ガスについては排出基準達成には結びつかなかった。そのため，国は「ばい煙規制法」を抜本的に見直し，個別発生源対策から地域全体の大気汚染防止をめざし，「公害対策基本法」(1967年)，「大気汚染防止法」(1968年)を制定した。その後，大気汚染防止法は幾度かの改正を経て今日にいたっている。

10-2　おもな大気汚染物質とその発生源

10-2-1　硫黄酸化物

　硫黄酸化物（sulfur oxide：SO_x）は図10-1に示すように，化石燃料中の硫黄と酸素が燃焼により結合することにより**二酸化硫黄**（sulfur dioxide：SO_2），**三酸化硫黄**（sulfur trioxide：SO_3）および**硫酸ミスト**（sulfuric acid mist：H_2SO_4）として大気中に存在する。SO_xは火山活動による発生のほか，石油化学コンビナート，火力発電所がおもな排出源である。とくにSO_2は1960年代に深刻な大気汚染問題を引き起こした原因物質でもあるが排煙脱硫装置の設置，燃料の低硫黄化などで着実に濃度が減少し（図10-2），環境基準[*1]（1時間値の1日平均値が0.04 ppm以下であり，かつ，1時間値が0.1 ppm以下であること）の長期的評価[*2]では2014年度の環境基準達成率は**一般局**（a general station），**自排局**（roadside air pollution station）[*3, *4]ともにほぼ

[*1]
+α プラスアルファ
「環境基準」とは「大気の汚染，水質の汚濁，土壌の汚染及び騒音に係る環境上の条件について，それぞれ，人の健康を保護し，及び生活環境を保全する上で維持されることが望ましい基準」と定められている（環境基本法第16条）。

100%となっている。

排ガス中の硫黄酸化物を除去（**脱硫**，desulfurization）する方法として活性炭に吸着させる乾式，石灰石などと水を用いる半乾式およびアルカリ溶液などを吸収剤として用いる湿式に分かれるが，本項では湿式のうち小型施設におけるボイラの排煙処理によく用いられる水酸化マグネシウムスラリー法の脱硫反応について式 10-1～式 10-3 に示す。

$$SO_2 + Mg(OH)_2 \rightarrow MgSO_3 + H_2O \quad （吸収反応） \quad 10-1$$
$$SO_2 + MgSO_3 + H_2O \rightarrow Mg(HSO_3)_2 \quad （吸収反応） \quad 10-2$$
$$MgSO_3 + 0.5\,O_2 \rightarrow MgSO_4 \quad （酸化反応） \quad 10-3$$

上記より本方式は二酸化硫黄を水酸化マグネシウムで吸収し（吸収反応），酸化反応を経て最終的には無害な硫酸マグネシウム（$MgSO_4$）にして回収または放流する方法である。

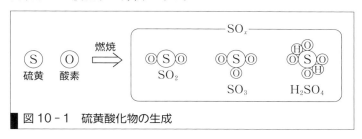

図 10-1　硫黄酸化物の生成

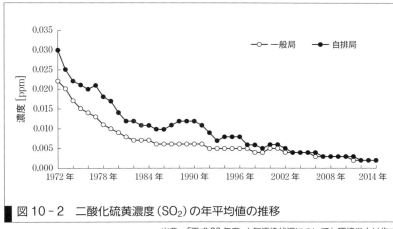

図 10-2　二酸化硫黄濃度（SO_2）の年平均値の推移

出典：「平成 26 年度 大気汚染状況について」環境省より作成

10-2-2　窒素酸化物

窒素酸化物（nitrogen oxide：NO_x）は窒素と酸素が高温燃焼下で結合したものであり，**一酸化窒素**（Nitrogen monoxide：NO）と**二酸化窒素**（nitrogen dioxide：NO_2）が主体である（図 10-3）。おもな排出源は自動車や工場である。NO は不安定なため，大気中に排出されると酸化され NO_2 に変化するが，紫外線により光化学反応が起き，光化学

*2
+α プラスアルファ
長期的評価とは大気汚染物質濃度の年平均値または濃度測定結果のうち特定の値（年間 98％値，2％除外値）と環境基準値を比較し，大気環境を評価すること。これに対し，短期的評価は濃度の1時間値または1日平均値と環境基準を比較し，大気環境を評価すること。詳細は https://www.nies.go.jp/igreen/explain/air/kan.html などを参照。

*3
自排局（自動車排出ガス測定局）
自動車走行による排出物質による大気汚染を常時監視する測定局を示す。交差点や道路端の大気を測定対象とする。
一般局（一般環境大気測定局）
一般の環境大気の汚染状況を常時監視する測定局を示す（環境省：http://www.env.go.jp/press/100798.html）。

*4
+α プラスアルファ
全国の一般局および自排局で測定された大気汚染の状況は環境省大気汚染物質広域監視システム「そらまめ君」で閲覧できる。
http://soramame.taiki.go.jp/

オキシダント（後述）が二次的に生成されることもある。

図10-4にNO₂の年推移を示す。昭和40年代後半から濃度は減少しその後横ばいであったが，近年は緩やかな減少傾向にある。2014年度におけるNO₂の環境基準（1時間値の1日平均値が0.04 ppm [*5]から0.06 ppmまでのゾーン内またはそれ以下であること）の達成率は二酸化硫黄同様に一般局，自排局ともにほぼ100％である。

排ガス中に含まれる窒素酸化物の除去を**脱硝**（**denitrification**）という。現在，実用化されている脱硝法のうち，アンモニア（NH₃）と窒素酸化物を反応させることで90％以上の高い脱硝率が得られるアンモニア接触還元法が最も多く採用されている。本方式の脱硝反応を以下に示す。反応式からわかるように，本方式では排ガス中のNO$_x$にアンモニアを吹き込み，窒素と水が生成される原理を用いている。

[*5] **Don't Forget!!**
気体の大気汚染物質濃度の単位はおもにppm（parts per million，百万分率）が使われるが，SPMなど固体の場合はmg/m³やμg/m³が使われる。

$$4NO + 4NH_3 + O_2 \rightarrow 4N_2 + 6H_2O \qquad 10-4$$

$$NO + NO_2 + 2NH_3 \rightarrow 2N_2 + 3H_2O \qquad 10-5$$

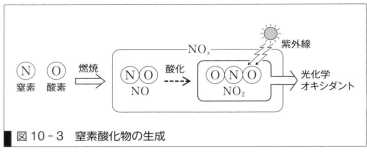

図10-3 窒素酸化物の生成

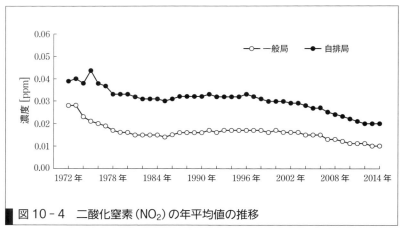

図10-4 二酸化窒素（NO₂）の年平均値の推移

出典：「平成26年度 大気汚染状況について」環境省より作成

10-2-3 一酸化炭素

一酸化炭素（carbon monoxide：CO）は1つの炭素原子と1つの酸素原子が結合したものであり（図10-5），炭素または炭素を含む物質が

不完全燃焼したときに生じる。

代表的な発生源は自動車であるが，発生源対策が進み環境大気中の濃度は減少し続け，現在すべての測定局における長期的評価では環境基準（1時間値の1日平均値が10 ppm以下であり，かつ，1時間値の8時間平均値が20 ppm以下であること）を達成している（図10-6）。

一酸化炭素はヘモグロビン[*6]（hemoglobin）と結びつく力が酸素より強いため，大量に吸い込むと酸欠状態になり，いわゆる一酸化炭素中毒を引き起こす。

[*6] **ヘモグロビン**
血液中の赤血球に存在するたんぱく質で，酸素と結びつくことで肺から全身へ酸素を運んでいる。ヘモグロビン量が少ないと貧血症状が現れる。

図10-5 一酸化炭素の生成

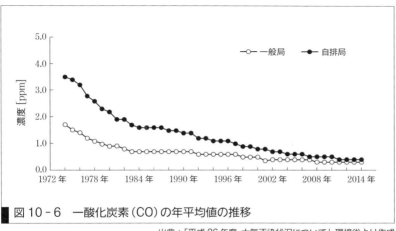

図10-6 一酸化炭素（CO）の年平均値の推移

出典：「平成26年度 大気汚染状況について」環境省より作成

10-2-4 光化学オキシダント

10-2-2項でふれたように，大気中の二酸化窒素および**揮発性有機化合物**（Volatile Organic Compound：VOC）が光化学反応することにより**光化学オキシダント**（photochemical oxidant）が生成される（図10-7）。ここで光化学オキシダントとは光化学反応により生成される酸化性物質の総称を指す（二酸化窒素を除く）。光化学オキシダントとして**オゾン**[*7]（ozone：O_3），パーオキシアシルナイトレート（Peroxy-acyl Nitrate：PAN），ホルムアルデヒド（formaldehyde）などがあるが，大部分はオゾンである。

光化学オキシダントの環境基準は1時間値が0.06 ppm以下であることであるが，現在その達成率は低い。昼間の日最高1時間値の年平均値（図10-8）をみると，ほかの汚染物質が減少傾向にあるのに対して，光化学オキシダントは一般局，自排局ともに緩やかな増加傾向にある。

[*7] オゾンは薄青色の気体で，強力な酸化作用があるため殺菌，脱臭などに使われ，さまざまな効能をうたった家庭用オゾン発生器も販売されている。ただし，高濃度のオゾンは人体には有害である。オゾンに関する室内環境基準は最高0.1 ppm，平均0.05 ppmと定められている（詳しくは，たとえば国民生活センターhttp://www.kokusen.go.jp/参照）。

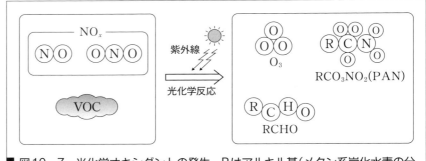

図10-7 光化学オキシダントの発生。Rはアルキル基(メタン系炭化水素の分子式から水素原子1個を除いたもの)を示す

図10-8 光化学オキシダントの昼間の日最高1時間値の年平均値の推移

出典:「平成26年度 大気汚染状況について」環境省より作成

10-2-5 浮遊粒子状物質

大気中に浮遊する粒径 10 μm 以下の粒子を**浮遊粒子状物質**(**Suspended Particulate Matter:SPM**)という。SPM はさまざまな要因(工場などから排出されるすすや SO_x,NO_x,VOC などのガス状物質が化学的に変化して生成される)で発生し,吸い込むと気道や肺胞に沈着し健康に影響を与える可能性があるため,SPM に対しても環境基準(1時間値の1日平均値が $0.10\ \text{mg/m}^3$ 以下であり,かつ1時間値が $0.20\ \text{mg/m}^3$ 以下であること)が設けられている。SPM の濃度推移(図10-9)をみると年々減少傾向にあり,2014年度の環境基準達成率は一般局で 99.7%,自排局で 100% である。なお,SPM には黄砂も含まれ,大陸からの飛来量が多くなれば SPM 濃度も高くなる傾向にある。

粒子状物質の大気中への放出をおさえる方法として集じん装置の導入があげられる。ここで集じんとは粒子状物質を大気より分離・除去する操作を指す。集じんは粒子に作用する力(重力,慣性力,遠心力,静電気力)を利用するもの,粒子を含んだ気流の流路にフィルタを設置し除去するもの(ろ過式)があげられるが,以下では広く普及し,最近では

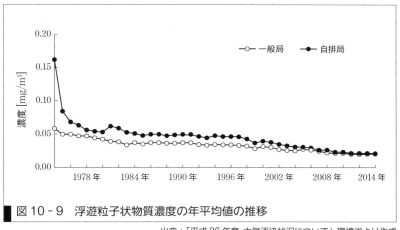

図 10 - 9　浮遊粒子状物質濃度の年平均値の推移

出典：「平成26年度 大気汚染状況について」環境省より作成

　家庭用の掃除機にも採用されている遠心力集じん装置（サイクロン）を取り上げる（図 10 - 10）。図より，サイクロンは下部が細くなる円錐形であり，粒子状物質を含む排ガスがサイクロン上部から流入してくると旋回しながら下部へ流れるようになっている。旋回流中の粒子は遠心力によりサイクロン壁面に衝突しダストチャンバに落下することで排ガス中の粒子状物質が除去されるしくみとなっている。

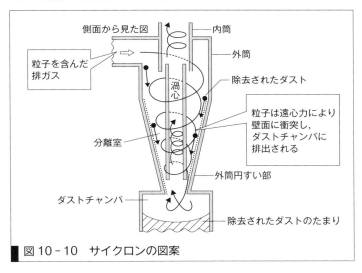

図 10 - 10　サイクロンの図案

10-2-6　微小粒子状物質

　10-2-5 項に示したように SPM は粒径 10 μm 以下の粒子を指すが，それより小さい粒子径が 2.5 μm 以下のものは吸い込むと肺の奥深くまで到達するため呼吸器系，循環器系に悪影響をおよぼすことが懸念されている。大気中に浮遊する粒子のうち粒子径が 2.5 μm 以下の小さな粒子を**微小粒子状物質**（**PM2.5**）[*8] といい，我が国でも 2009 年に環境基準（1年平均値が 15 μg/m³ 以下であり，かつ，1日平均値が 35 μg/m³

*8
＋α プラスアルファ
髪の毛の直径と比べると SPM や PM2.5 は非常に小さいことがわかる。

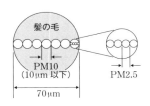

10-2　おもな大気汚染物質とその発生源　　171

*9
+α プラスアルファ
大気汚染物質や黄砂の飛来経路を調べるため後方流跡線解析と呼ばれる手法がとられる。流跡線解析は以下のサイトで行うことができる。
・地球環境研究センター
http://db.cger.nies.go.jp/metex/trajectory.jp.html
・NOAA ARL HYSPLIT Model
http://ready.arl.noaa.gov/HYSPLIT.php

*10
+α プラスアルファ
PM2.5に関する総合的な情報は以下のサイトに示されている。
環境省：
http://www.env.go.jp/air/osen/pm/info.html#ABOUT

以下であること）が設けられた。PM2.5の発生源は多岐にわたり，たとえば焼却炉などのばい煙施設，粉じん発生施設，自動車および船舶，自然発生源として土壌や海洋，火山がある[*9]。

PM2.5濃度について図10-11に示す[*10]。一般局，自排局ともに15 μg/m³程度で推移しているが，環境基準の達成率は一般局で37.8%，自排局で25.8%となっている（2014年度）。

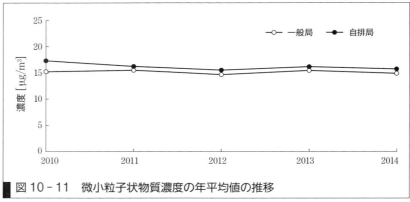

図10-11 微小粒子状物質濃度の年平均値の推移

出典：「平成26年度 大気汚染状況について」環境省より作成

10-3 大気汚染と気象

10-3-1 大気境界層の厚さ

*11
+α プラスアルファ
大気圏は鉛直方向の気温分布により熱圏，中間圏，成層圏，対流圏に分類される。大気のほとんどは高度50 kmより下層に存在する。

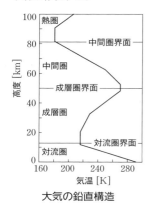

大気の鉛直構造

*12
planetary boundary layer
と呼ばれることもある。

地球大気の厚さ（大気圏）はおおよそ1000 kmであり[*11]，その最下層は地球の表面に接し，地表から高度1～2 kmまでの層は地面の凹凸や地表面からの熱の影響を直接受ける。地表面の影響がおよぶ層を**大気境界層**（atmospheric boundary layer）と呼ぶ（図10-12）。また，地上から数十mの層を**接地境界層**（surface boundary layer）[*12]といい，この層内では鉛直方向の気温や風速の変化が大きい[*13]。なお，大気境界層より上の層は地表面の影響を受けない。対流圏内のこの層を**自由大気**（free atmosphere）という。

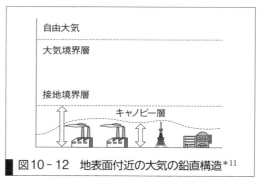

図10-12 地表面付近の大気の鉛直構造[*11]

出典：「基礎から学ぶ環境学」朝倉書店より改変して作成

10-3-2 大気境界層の日変化

晴天日の陸面における大気境界層の日変化を図10-13に示す。昼間、日射は地表面温度を上げ、地表面から出てくる熱は大気を直接加熱し、暖められた空気は浮力により上昇を始めるため対流が生じる。ここで対流によりよくかき混ぜられた層を**対流混合層**（convective mixed layer）という。対流混合層は日の出とともに発達し、午後2時から3時に厚さが最大となる。日の入り近くになると日射は弱まり、それとともに地表面温度も低下し、大気は地表面に近いほうから冷やされる[*14]。この結果、よく晴れた夜間には気温が高度とともに増加する**接地逆転層**（surface inversion layer）が形成される。

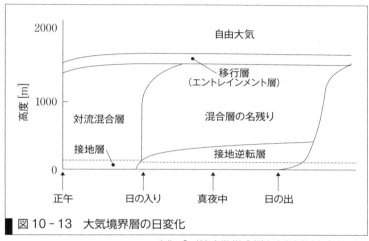

図10-13 大気境界層の日変化

出典：「一般気象学（第2版）」東京大学出版会より改変

10-3-3 大気安定度の変化

大気汚染物質の拡散は大気の鉛直方向の熱的状態（**大気安定度**, atmospheric stability）にも影響を受ける。本項では大気安定度の理解のために、乾燥空気塊が上昇または下降したときの温度と空気塊周辺の温度を比較することを考える[*15]。乾燥空気は100 m上昇すると約1℃温度が下がるが、この温度減少は空気塊が断熱的[*16]に膨張し、まわりの大気に対して仕事を行うことで内部エネルギーを消費することによりもたらされる。乾燥空気塊の温度減少割合を**乾燥断熱減率**（dry adiabatic lapse late：$\varGamma_\mathrm{d}$）という。

空気塊周囲の気温減率と乾燥断熱減率を比較することにより大気の安定度を**安定**（stable）、**中立**（neutral）、**不安定**（unstable）と分類する（図10-14(a)〜(c)）。図は横軸に気温、縦軸に高さをとり、図中の丸印は空気塊の位置、点線は空気塊周辺大気の温度変化（$\varGamma$ [℃/m]）、実線は乾燥断熱減率（$\varGamma_\mathrm{d}$ [℃/m]）による温度変化を表している。

まず安定な状態（図10-14(a)）をみる。いま、空気塊を実線に沿っ

[*13] **+α プラスアルファ**
ビル群内部や森林内部の気層はキャノピー層と呼ばれ、この層内の風や気温分布は樹木やビルの存在、葉面からの水分蒸発や空調設備からの排熱などにより直接影響を受ける。

[*14] **+α プラスアルファ**
日没後、よく晴れた風の弱い夜間では大気から地表面に入ってくる赤外線（長波放射または大気放射とも呼ばれる）より地表面から天空へ逃げてゆく赤外線量が多くなるので地表面は急激に冷やされ、気温を下げる。これを放射冷却という。

[*15] **+α プラスアルファ**
対流混合層と自由大気の間には移行層（エントレインメント層）と呼ばれる層が存在する。移行層の中では気温は高度とともに増加するため、混合が起こらない（混合が起こらない気層を安定層あるいは逆転層という）。移行層は混合層のふた（リッド）の役割を果たすため、混合層の厚さは移行層の底の平均高さとしても表される。

[*16] **+α プラスアルファ**
「断熱」とはこの場合、上昇（下降）する空気塊が周囲の空気と熱のやり取りを行わないことを指す。

て高さ z_0 から z_1 へ持ち上げたとする。図より z_1 における空気塊はまわりの大気より温度は低くなり，もとの位置 z_0 に戻ろうとする。逆に，空気塊が z_2 へ引き下げられた場合は周辺大気より気温が高くなるため上昇し，同様に z_0 に戻ろうとする。このように，空気塊がもとの位置に戻ろうとする場合，大気の状態は熱的に安定であるという。

逆に，空気塊が z_1 の位置に持ち上げられたときの温度が周辺の大気より高い場合，空気塊はさらに上昇しようとする。また，z_2 に引き下げた場合，まわりの空気より温度が低いと空気塊はさらに下降しようとする。このような場合，大気の状態は熱的に不安定であるという（図10－14(b)）。

空気塊とそのまわりの気温減率が断熱気温減率に等しい場合，空気塊を持ち上げても引き下げても上下運動は起こらない。そのような場合，大気の状態は熱的に中立であるという（図10－14(c)）。

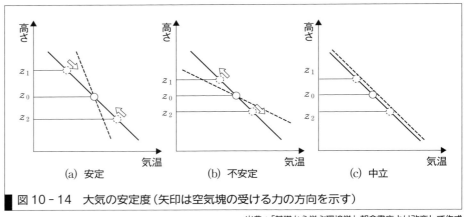

図10－14 大気の安定度（矢印は空気塊の受ける力の方向を示す）

出典：「基礎から学ぶ環境学」朝倉書店より改変して作成

10-3-4 大気安定度と煙の拡散

図10－15(a)〜(e)は大気安定度と煙の拡散との関係を示したものである。大気安定度が高度によらず不安定（全層不安定）である場合，煙突から出た煙は上下方向に大きく蛇行しながら風下に流される（図10－15(a)）。このような煙のひろがり方を「ループ形」という。ループ形は晴れた日中によく見られ，発生源付近では煙の下降により瞬間的に高濃度になることがある[*17]。

一方，全層が中立または弱安定の場合（図10－15(b)），煙のひろがり方は「錐形」と呼ばれ，鉛直および水平への煙の拡散は同程度である。「錐形」は曇天時や風が強いときに現れやすい。大気が強い安定状態になると図10－15(c)に示すように，煙突から出た煙は鉛直方向にひろがらず風下に流され，上から見ると平面上に扇形にひろがっているため「扇形」と呼ばれる。扇形は晴れた夜間から明け方によく現れる。

*17
工学ナビ
ロンドンスモッグ事件
1952年12月にロンドンで発生した大気汚染による甚大な健康被害。暖房用の石炭を燃やして発生した大量の二酸化硫黄や粉じんが逆転層中に排出されたため，深刻な大気汚染を引き起こした。さらに大気が安定な状態が数日間にわたって継続したため汚染物質が拡散されず，この期間中のロンドン市内の死亡者数が通常より4000人に増加した。

そのほかに複数の大気の熱的状態が混在している場合も存在し，これらは「複合形」といわれる。図10-15(d)は下層安定・上層不安定（屋根形），図10-15(e)は下層不安定・上層安定（いぶし形）における煙のひろがり方を示している。屋根形は接地逆転層の厚さが薄いか，または逆転層より煙突が高い場合に現れ，いぶし形は接地逆転層が日射により解消されるときに現れやすい。大気汚染が悪化しやすいのはいぶし形である*17。

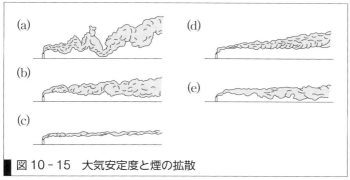

図10-15　大気安定度と煙の拡散

出典：「新・公害防止の技術と法規 2015 大気編」(一社)産業環境管理協会より抜粋・改変

10-4 大気汚染物質の濃度予測

10-4-1 汚染物質濃度の予測手法

大気環境影響評価における重要な要素として大気汚染物質の濃度を予測することがあげられる。予測手法として風洞などを利用して実験的に予測する方法と計算により求める方法に分かれる。このうち，計算による予測は物質の拡散を表す微分方程式（**拡散方程式**，diffusion equation）*18 を数学的に解くことで得られる解析解を利用するもの（**解析解モデル**，analytical model），微分方程式を満足するように濃度を数値的に求め予測するもの（**数値モデル**，numerical model）に大別される。以下では解析解モデルを取り上げ，濃度予測に必要となる煙の上昇推定式および拡散幅について説明し，それらを利用した「プルームモデル」について述べる。

10-4-2 煙突排ガスの上昇推定式

煙突から出た煙は煙突周囲の気温より高ければ浮力により上昇する（浮力上昇）。さらに煙突施設内部にある送風機により鉛直方向にも煙は加速される（運動量上昇）ため，風下に拡散し始める高さは煙突高さより高いことが多い。したがって，濃度予測における大気汚染物質は煙突高さに浮力，運動量それぞれの上昇分を加味した煙突高さ（**有効煙突高さ**，effective stack height：H_e）から放出されると考えなければなら

*18
+α プラスアルファ
物質の拡散現象を表す方程式で以下のように表される（1次元の場合）。

$$\frac{\partial C}{\partial t} = \frac{\partial}{\partial x}\left(K\frac{\partial C}{\partial x}\right)$$

ここで，C は物質の濃度，K は拡散係数を表す。プルームモデルは拡散方程式を基礎に，風速，地表面および排出量などの条件を考慮して導かれる。

ない。煙の上昇高さを求める式は多数提案されてきたが，本項では野外実験から経験的に求められたコンカウ（CONCAWE）の式を紹介する（式 10−6）。なお，本式には大気安定度は考慮されていない[19]。また煙突から出た煙は煙突自体の作る渦に巻き込まれないものと仮定している（すなわち，**ダウンウォッシュ**（downwash）なしとする[20]）。

$$\Delta H = \frac{0.175 Q_H^{1/2}}{u^{3/4}} \qquad 10-6$$

ここで，ΔH, Q_H, u はそれぞれ上昇高さ [m]，排出熱量 [cal/s] および煙突出口高さにおける風速 [m/s] である。

10-4-3 拡散排ガスの拡散幅の推定法

図 10−15 で示したように煙突からの煙の拡散パターンは大気安定度によって大きく変化する。大気汚染物質の濃度予測を正確に行うためにも各大気安定度における拡散の度合い（**拡散幅**, dispersion coefficient）を知ることは重要である。ここでは，大気環境影響評価においてよく用いられる**パスキルの安定度階級**（Pasquill stability categories, 表 10−1），**パスキル・ギフォード図**（Pasquill–Gifford chart）を紹介する（図 10−16(a)，(b)）。

表 10−1 に示すようにパスキルの安定度は地上風速，日射量，雲量により 7 つに区分され（A〜G），それをもとにパスキル・ギフォード図から該当する大気安定度および風下距離を使って水平，鉛直方向それぞれについて拡散幅を求める[21]。

側注

[19] ＋α プラスアルファ

大気安定度を考慮した上昇式としてモーゼス・カーソン式がある。

$$\Delta H = \frac{C_1 v_g D + C_2 Q_H^{1/2}}{u}$$

ここで v_g, D はそれぞれ煙突からの吐出速度 [m/s] および煙突出口径 [m] である。また，C_1, C_2 は大気安定度に応じて以下の値をとる。

大気安定度	C_1	C_2
安定	−1.04	0.0707
中立	0.35	0.0834
不安定	3.47	0.16

[20] ダウンウォッシュ

煙突背後に生じる渦に煙突から排出された大気汚染物質が取り込まれ急激に地上へ下降する現象をいう。この現象を回避するために煙突から排出される煙の速度を上げるなどの工夫がされる。

表 10−1 パスキルの安定度階級

地上風速 [m/s]	日中			本曇(8〜10)	夜間	
	日射量 [kW/m²]				上層雲(5〜10) 中・下層雲(5〜7)	雲量(0〜4)
	強	並	弱			
	≧0.6	0.6〜0.3	0.3〜0.15	<0.15	≧−0.02	−0.02〜−0.04	<−0.04
<2	A	A−B	B	D	G	G
2〜3	A−B	B	C	D	E	F
3〜4	B	B−C	C	D	D	E
4〜6	C	C−D	D	D	D	D
>6	C	D	D	D	D	D

A：強不安定　B：並不安定　C：弱不安定　D：中立　E：弱安定　F：並安定　G：強安定
日射量 [kW/m²]：強 ≧0.6　並 0.6〜0.3　弱 0.3〜0.15

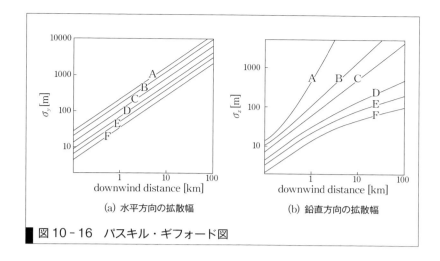

(a) 水平方向の拡散幅　　(b) 鉛直方向の拡散幅

図10-16　パスキル・ギフォード図

*21 **+αプラスアルファ**
パスキル拡散幅は数式によっても求められ，その近似式は
$$\sigma_y = \gamma_y x^{\alpha_y}$$
$$\sigma_z = \gamma_z x^{\alpha_z}$$
である。ここで，γ，α は大気安定度および風下距離に応じて異なる定数である。

10-4-4　プルームモデルによる解析法

本項では解析解モデルのひとつである**プルームモデル**（plume model）を紹介する（式10-7）*22。このモデルは大気環境影響評価*23において有風時における大気汚染物質濃度の年平均値を求めるために使用される。10-4-1項でふれたように，プルームモデルには以下に示す適用条件があり，これらを著しく逸脱する場合はほかの拡散モデルや数値モデルの使用を検討する必要がある。

① 風向・風速は時間，空間によらず一定
② 地面は平坦
③ 拡散係数は時間，空間によらず一定
④ 煙突から出た煙は拡散中に新たに生成も消滅もしない
⑤ 煙は地面や建物に吸着しない
⑥ 煙はその中心軸の両側に正規分布する
⑦ 煙の放出量は常に一定

図10-17に有風時における点状の煙源から排出された煙について，座標の設定およびプルームモデルによる濃度計算に必要となるパラメータを示す。これらのパラメータを使用した煙突風下の任意の位置 (x, y, z) における濃度 C は以下の式により計算できる。

$$C(x, y, z) = \frac{Q}{2\pi\sigma_y\sigma_z U} \exp\left(-\frac{y^2}{2\sigma_y^2}\right)\left[\exp\left\{-\frac{(z+H_e)^2}{2\sigma_z^2}\right\} + \exp\left\{-\frac{(z-H_e)^2}{2\sigma_z^2}\right\}\right]$$

10-7

ここで，C はある位置 (x, y, z) における濃度，Q は単位時間，単位体積当たりの煙の排出量 $[m^3/s]$，U は風速 $[m/s]$，σ_y，σ_z はそれぞれ煙の水平方向（煙を横切る方向）と鉛直方向の拡散幅 $[m]$ を表す。

*22 **+αプラスアルファ**
有風時（風速1.0 m/s以上）における濃度予測にはプルームモデルが利用されるが，無風（風速0.5 m/s未満）および弱風（風速0.5 m/s以上1.0 m/s未満）時にはパフモデルが利用され，それぞれ無風時パフモデル，弱風時パフモデルと区別して呼ばれることもある（参考：環境省 http://www.env.go.jp/earth/coop/coop/document/02-apctmj1/02-apctmj1-102.pdf）

*23 **Let's TRY!!**
大規模な開発を行う場合，事前に環境へどの程度影響を与えるかを調査し，評価する必要がある。環境影響評価において大気環境にかかわる事項は濃度予測以外にどのようなものがあるか，調べてみよう。

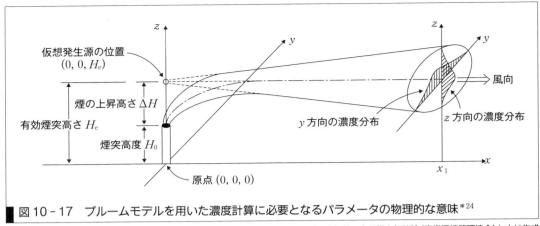

図 10-17 プルームモデルを用いた濃度計算に必要となるパラメータの物理的な意味[*24]

出典：「岡本・溝呂木編著, 大規模大気特論（産業環境管理協会）」より作成

[*24]

＋α プラスアルファ

最大着地濃度
煙突から排出された汚染物質が地表面に到着するときの最大濃度を指す。

Webにlink
演習問題の解答

演習問題　A　基本の確認をしましょう

10-A1 次のうち大気にかかる環境基準に定められていない物質はどれか。
（ア）一酸化炭素　（イ）二酸化窒素　（ウ）一酸化二窒素
（エ）二酸化硫黄

10-A2 大気境界層について正しいものはどれか。
（ア）地表から約 1～2 km の厚さである
（イ）地表面の影響を受けない
（ウ）厚さが最大になるのは正午付近である
（エ）オゾン濃度の高い層（オゾン層）が存在する

10-A3 煙突から出た煙が大きく蛇行しながら風下へ流れているとき, 煙突付近の大気の状態は以下のうちどれに該当するか。
（ア）全層弱安定　（イ）上層安定下層不安定
（ウ）全層不安定　（エ）下層安定上層不安定

10-A4 濃度予測においてプルームモデルの使用に適さない条件は以下のどれか。
（ア）地表面は平らである　（イ）汚染物質が地面や建物に付着する
（ウ）拡散中に化学反応をともなわない
（エ）濃度の年平均値を予測する

10-A5 脱硫法について本章で取り上げた方法以外にどのようなものがあるか調べよ。

演習問題　B　もっと使えるようになりましょう

10-B1 10-4-4項に示したプルームモデルで煙流中心軸直下（$y=0$）における地上（$z=0$）濃度の式はどのように表されるか。

10-B2 10-B1で求めた式を用いて，有効煙突高さ20 m，汚染物質排出量$10\,\mathrm{m^3/s}$，風速4 m/sのときの風下距離1 kmにおける地表濃度［ppm］を求めよ。ここで，風下距離1 kmにおける拡散幅を$\sigma_y=150\,\mathrm{m}$，$\sigma_z=100\,\mathrm{m}$とする。

10-B3 10-B2の値および以下の式を用いて汚染物質の最大着地濃度$C_{\max}$および最大着地濃度が出現する距離（排出源からの距離）$x_{\max}$を求めよ。ここでC_y，C_z，nはサットンの拡散パラメータであり，大気安定度により決まる定数である。本問では大気安定度を中立としたときの値（$C_y=0.21$，$C_z=0.12$，$n=0.25$）を用いて計算せよ。

$$C_{\max} = \frac{2Q}{e\pi u H_e^2}\left(\frac{C_z}{C_y}\right)$$

$$x_{\max} = \left(\frac{H_e}{C_z}\right)^{2/(2-n)}$$

あなたがここで学んだこと

この章であなたが到達したのは
- □ 主要な大気汚染物質と除去手法について説明できる
- □ 大気境界層の性質を説明できる
- □ 大気安定度と大気汚染物質の拡散について説明できる
- □ 大気汚染物質の濃度予測について説明できる

　本章では主要な大気汚染物質についてその化学組成から濃度予測手法，代表的な除去技術について取り上げた。現在，我が国の大気環境はおおむね良好に保たれているが，良好な大気環境の実現は公害（大気汚染）の克服に携わった多くの人々の努力によるものであることを忘れてはならない。

11章 音・振動の評価と対策

　コンサートホールや映画館では，よりよい音環境を楽しめるようにさまざまな工夫がなされています。どの座席にいても，同質な音の響きを楽しめるように音が伝播するようになっており，また外部から緊急車両のサイレン音や電車の走行・振動音などが聞こえてくることもありません。もちろん，周辺の建物に迷惑をかけないように音の漏れも防いでいます。つまり，よりよい音環境の構築には，前提として騒音対策が必要です。

　ところで，我々は音をどのように認識しているのでしょうか。最近はスマートフォンや携帯プレイヤーで音楽を手軽に楽しめるようになりました。下の図はある音楽の解析結果を比較したものです。携帯プレイヤーの音質は，CDと比較すると音のデータが間引かれているのですが，我々にはそれほど音質が劣化したように感じられません。これは，人間の聴覚上の特性をうまく活用しているからです。このような人間の音の認識特性は，音・振動を学ぶうえで重要な鍵になります。

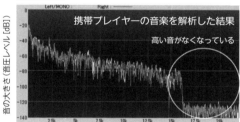

●この章で学ぶことの概要

　本章では，まず音の物理的な特性と音に対する人間の聴覚上の特性を学び，物理量と感覚量の関係を理解しましょう。次に，騒音の定義と騒音問題に対する法規制，問題の現況を紹介します。これにより，騒音の評価と対策方法が理解しやすくなります。また，工場の操業や建設作業などにともなって発生する騒音・振動では，振動のみでも害としてみなされます。そのため，振動問題とその現況についても解説します。

> **予習 授業の前に調べておこう!!**
>
> WebにLink
> 予習の解答
>
> **対数の公式**
>
> $$a^x = b \quad x = \log_a b \quad \log_a b^n = n \log_a b$$
>
> $$\log_a A \cdot B = \log_a A + \log_a B \quad \log_a \frac{A}{B} = \log_a A - \log_a B$$
>
> 1. 関数電卓を使わずに次の計算をしてみよう。ただし，$\log_{10} 2 = 0.30$，$\log_{10} 3 = 0.48$ とする。
>
>   (1) $\log_{10} 2^2$　(2) $\log_{10} 6$　(3) $\log_{10} \dfrac{3}{2}$
>
> 2. 現在いる部屋で耳をすませてみると，どのような音が聞こえてくるだろうか。すべてリストアップして，その音の大きさや，高さをメモしてみよう。

11-1 音の基礎

11-1-1 音の性質

音とは，空気や固体などの弾性体を連続的に伝わる波（**音波**，sound wave）のことであり，媒体が空気のときには，その圧力変化が疎密波（縦波）*1 として伝播していく。このときの圧力変化を**音圧**（sound pressure）p [Pa] と呼び，縦波の振幅に相当する。人間が音として認識できる音圧は $2 \times 10^{-5} \sim 20$ Pa で，20 Pa を超えると耳に痛みを感じて聴覚障害を引き起こす。

音が伝播していく空間を**音場**（sound field）と呼び，空気中を伝わる音の速さ（**音速**，sonic speed）c [m/s] は，1気圧で空気温度が t [℃] のとき $c ≒ 331.5 + 0.61\,t$ [m/s] となる*2。縦波の疎・密の繰り返し1つ分を**波長**（wavelength）λ [m] *1 と呼び，1秒間の波長の数を**周波数**（frequency）f [Hz] と呼ぶ。なお，音速 c は波長 λ に周波数 f を乗じたものとなる。

図11-1のように，ある面に入射する音のエネルギー [W] に対して，単位面積を通過する音のエネルギーを**音の強さ**（sound intensity）I [W/m^2] と呼ぶ。

*1
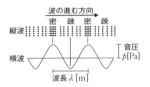

縦波は，視覚的にわかりやすくするために横波に変換して表現されることが多い。

*2 **+α プラスアルファ**
気温が上昇すると音速は増す。15℃のときに約 340 m/s（1224 km/h）となる。

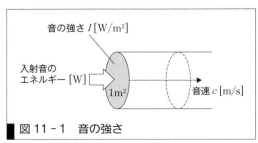

図 11-1　音の強さ

音の強さ I と音圧 p には，ρ を空気の密度 [kg/m³] とすると，

$$I = \frac{p^2}{\rho c} \quad [\text{W/m}^2] \qquad\qquad 11-1$$

の関係がある。

11-1-2 音の物理量と感覚量

人間は，音を**音の大きさ**（loudness of sound），**音の高さ**（pitch of sound），**音色**（timbre）の3つによって聞き分けており，これらは音の感覚上の3要素と呼ばれる。

1. 音の大きさ 人間が感じる音の大きさは，物理量である音の強さ I，音圧 p に比例するわけではない。一般に，光・音などの物理量（刺激量）x に対して，感覚量 y は対数的な関係をもつことが知られている[*3]。

人間が聴くことのできる最小の音の強さ（最小可聴音）を I_0 [W/m²]（$=10^{-12}$ W/m²）とおくと，感覚量である**音の強さのレベル**（sound intensity level）L_I は次のような関係式で表現され，単位は [dB] である。

$$L_I = 10 \log_{10} \frac{I}{I_0} \quad [\text{dB}] \qquad\qquad 11-2$$

音圧レベル（sound pressure level）L_p は，式 11-2 に式 11-1 を代入すれば，次式で定義される[*4]。ここで p_0 [Pa] は最小感知音圧（$=2\times10^{-5}$ Pa）である。

$$L_p = 10 \log_{10} \frac{p^2}{p_0^2} = 20 \log_{10} \frac{p}{p_0} \quad [\text{dB}] \qquad\qquad 11-3$$

なお，音場に複数の音が存在する場合，感覚量である音の強さのレベル L_I（音圧レベル L_p）[dB] を直接足し合わせることはできないので注意してほしい[*5]。また，音の大きさは音の高さにも影響される。

2. 音の高さ 人間の感じる音の高さは，音波の周波数 f [Hz] に対応する。20歳前後で正常な聴力をもつ人は 20～20000 Hz を感知することができるといわれている[*6]。

音の高さが変わっても類似した音として認識できるときがある。たと

[*3] 工学ナビ

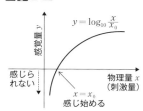

物理量 x と感覚量 y の関係を示した図である。このような特性を**ウェーバー・フェヒナーの法則**と呼ぶ。

[*4] +α プラスアルファ

音の大きさに関する物理量と感覚量の関係をまとめると以下の表のようになる。音の強さのレベルと音圧レベルは，ほぼ同値となる。

物理量		感覚量（音の大きさ）
音の強さ I [W/m²]	音圧 p [Pa]	音の強さのレベル L_I 音圧レベル L_p [dB]
10^2	2×10^2	140
⋮	⋮	⋮
10^{-2}	2	100
⋮	⋮	⋮
10^{-8}	2×10^{-3}	40
10^{-9}		30
10^{-10}	2×10^{-4}	20
10^{-11}		10
10^{-12} (I_0)	2×10^{-5} (p_0)	0

[*5] ヒント
詳しくは 11-3-3 項へ。

[*6] 工学ナビ
20000 Hz 以上を超音波，20 Hz 以下を超低周波音と呼ぶ。近年は 100 Hz 以下の低周波音による苦情が増える傾向にある。発生源としては工場の機器，道路高架橋や高速道路のトンネル，空調の室外機，風車などがある。

えば周波数 440 Hz の音と，2 倍の周波数の 880 Hz の音は，同じ音程の「ラ」として聞こえる。このような変化を 1 **オクターブ**（octave）高くなると呼んでおり，周波数 f_1 とそれより n オクターブ高い周波数 f_2 の間には次のような関係がある。

$$f_2 = f_1 \times 2^n \quad [\text{Hz}] \qquad 11\text{-}4^{*7}$$

人間の聴覚は音の高さ，すなわち周波数 f によっても感度が異なる。等ラウドネス曲線（図 11-2）は，1000 Hz の音を基準として，感覚的に同じ音の大きさに聞こえる音圧レベルを曲線で結んだもので，その単位は［phon］である。たとえば，1000 Hz で 50 dB の音と，63 Hz で約 80 dB の音は同じ大きさに聞こえ，同じ 50 phon の音となる。これは，低音域の音の感度が悪いことを示している。一方，2000〜4000 Hz にかけては各曲線が最も値の小さな音圧レベルを示していることから，その周波数域での感度はよいことがわかる[*8]。

*7
n がマイナスのときは，オクターブが下がる意味となる。

*8
Let's TRY!!
さまざまな音の高さ（周波数 f）を調べてみて，感度との関係も調べてみよう。
・救急車のサイレンの音
・目覚まし時計のアラーム音
・男性の声
・女性の声

*9
ISO
International Organization for Standardization，国際標準化機構の略称。

*10
+α プラスアルファ

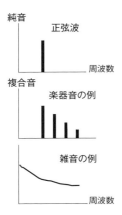

日常で耳にする音は，ほとんどがさまざまな周波数成分をもつ複合音である。

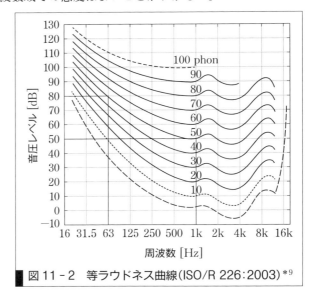

図 11-2 等ラウドネス曲線（ISO/R 226：2003）[*9]

このような性質から，音の大きさはたんに音圧レベル L_p だけでなく，伝播する音の周波数の考慮も重要になってくる。そのため人間の可聴周波数域を分割して，それぞれの帯域（**オクターブバンド**，octave band）で音圧レベルを分析することもある（図 11-3）。

図 11-3 1 オクターブバンドの中心周波数と切断周波数

このような人間の聴感上の特性は，後述する騒音の評価（11-3節）や，騒音防止のための遮音（11-4-2項）でも考慮されている。

3. 音色　同じ周波数の音でも**音色**が異なって聞こえるのは，その音の波形が異なることや，単一の周波数成分をもつ純音ではなく，さまざまな周波数成分をもつ複合音であるためである[*10]。騒音の評価や対策においては，音のもつ周波数成分，つまり物理的な特性は考慮されるものの，音色という感覚的な面から評価されることはない。

以上のように，音の感覚上の3要素は，物理量とそれぞれ完全に対応しているわけではないことを再度認識したうえで学習を進めてほしい。

11　2　騒音問題の現況と対策

11-2-1　騒音問題への法規制

騒音（noise）とは，人間の耳で感じられる物理的な振動，すなわち音（音波）のうち，「好ましくない音」，「ないほうがよい音」などと定義される。したがって，騒音は，常に正確な客観性をもつわけではない。

とはいうものの，感覚的尺度を取り入れた指標（騒音レベル［dB］）を用い，各種基準値が設けられている。環境基準[*11]では，「騒音に係る環境基準」が道路に面する地域とそれ以外の地域（一般騒音）に分けて定められており，そのほか「航空機騒音に係る環境基準」，「新幹線鉄道騒音に係る環境基準」が定められている。環境基準を達成するために**騒音規制法**（noise regulation law）が制定されており，工場・事業場騒音，建設作業騒音，自動車単体から発生する騒音および深夜騒音などについて規制されている。

[*11]
Don't Forget!!
環境基準とは何か？ 復習しよう（4-3-2(4)項参照）。

11-2-2　騒音問題の現況

騒音問題は，**感覚公害**（sensory environmental pollution）と呼ばれるように心理・情緒的な妨害が主である[*12]。ただし，心理・情緒的な妨害，聴取妨害，生活妨害（睡眠，休養）から疾病にいたることもある。また，強大な騒音は，耳に直接影響して聴力低下を引き起こす。

公害等調整委員会[*13]の調べによると，典型七公害の苦情件数の構成比率では，騒音が2004～2014年度で20%を下回ったことはなく，2014年度で33.1%と大気汚染（30.6%）と同じ程度となっている[*14]。騒音の発生源は，おもに建築・土木工事，商店・飲食店，製造事業所，家庭生活，交通機関があげられる。産業環境管理協会は公害等調整委員会の調べをもとに，騒音の発生源別の苦情件数の比率をまとめたところ，

[*12]
+α プラスアルファ
騒音問題は，水質汚濁，大気汚染と比較すると，局所的かつ多発的に発生している。

[*13]
総務省の外局。

[*14]
+α プラスアルファ
1996年度までの公害全般の苦情件数において，騒音が最も多数であった。

*15
公害防止の技術と法規編集委員会，新・公害防止の技術と法規 2015 騒音・振動編，(一社)産業環境管理協会，2015

建築・土木工事が 1993 年度以降で最も高くなり，2003～2012 年度で 30% 付近を推移している*15。

移動発生源(moving sound source)のうち道路交通(自動車)騒音は，地域の主要音源となっており，各地でのアンケート調査でも第一に指摘されている*15。図 11-4 は，川崎市の騒音レベルの分布と主要道路を重ね，地域の主要音源であることを裏づけている。

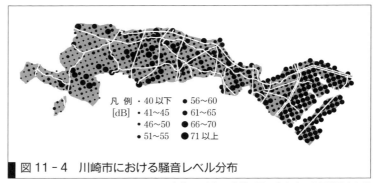

図 11-4 川崎市における騒音レベル分布

出典：*15, p.340, 図Ⅱ.3.1-1 に主要道路を加筆

11 3 騒音の評価

11-3-1 騒音レベル

人間は，図 11-2 に示したように，音圧レベルを一定としても周波数を変化させると，音の大きさを一定だとは感じない*16。騒音の評価に際して，たんに物理量だけを指標として用いても実情(人間の耳)に即さないことになる。そこで，人間の耳に合わせて補正した値が，**A 特性音圧レベル**(A-weighted sound pressure level)であり，我が国では計量法に基づき**騒音レベル**(A-weighted sound pressure level または sound level)と呼ぶ*17。単位は dB，あるいは dB(A)を用いる。

*16
Don't Forget!!
音圧レベルを感じにくくなる，すなわち聞こえにくくなるのは，高音か低音のどちらであったか？

*17
Don't Forget!!
一般に取り扱われる騒音問題では，とくに断りがないかぎり，騒音レベル(A 特性音圧レベル)で取り扱われる。

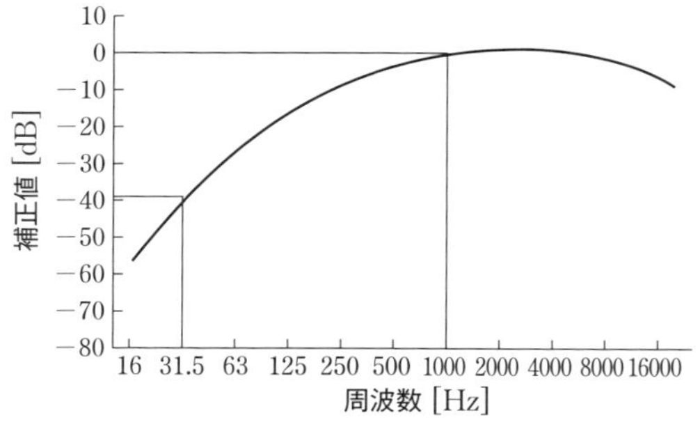

図 11-5 周波数と騒音レベルの関係

出典：花木啓祐ら，環境工学入門，p.139，図 3，実教出版，2014

図11-5に周波数と音圧レベルの補正値の関係を示す。たとえば、音圧レベル50dBであっても、周波数1000Hzの場合は補正値0dBのため騒音レベル50dB(A)、周波数31.5Hzの場合は補正値－39dBのため騒音レベル11dB(A)となる。

11-3-2 騒音の評価量と測定方法

音圧レベルと周波数が、ほぼ一定とみなせる騒音を**定常騒音**（steady noise）という。定常騒音は、サウンドレベルメータの指示値（騒音レベル）で評価する。定常騒音とみなせない騒音は、次の指標で評価する[*18]。

1. 等価騒音レベル　道路交通騒音の評価によく用いられる。**等価騒音レベル**（equivalent continuous A-weighted sound pressure level）は、JIS Z 8731で、「ある時間範囲のTについて、変動する騒音の騒音レベルをエネルギー的な平均値として表した量である（式11-5）」と定義されている。図11-6に等価騒音レベルの概念を示す。ハッチングされた長方形の面積を測定時間Tで除した値が、等価騒音レベルである。$L_{Aeq,T}$：時刻t_1からt_2までの時間T [s]における等価騒音レベル［dB］、L_A：瞬時騒音レベル［dB］とすると、次式で表される。

*18
＋α プラスアルファ
騒音が発生している時間の長さによって評価指標が異なる。また、基準値、規制値の評価指標がどうなっているか注意が必要である。

*11, 17, 18
Let's TRY!!
図書館の騒音レベルは、40dB(A)程度である。屋内での会話、カラオケ、鉄道の高架の下、飛行機の離着陸の下などの騒音レベルと、環境基準あるいは**騒音規制法**を調べて、比較してみよう。

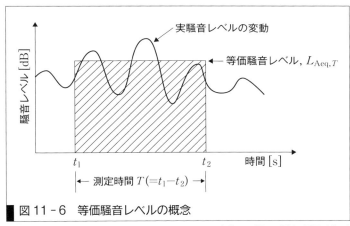

図11-6　等価騒音レベルの概念

出典：*15, p.354, 図Ⅱ.4.5-1

$$L_{Aeq,T} = 10\log_{10}\left(\frac{1}{T}\int_{t_1}^{t_2} 10^{L_A/10}dt\right) \qquad 11-5$$

2. 90%レンジの上端値　工場騒音の評価によく用いられる。ある値を超える騒音レベルが実測時間のN%を占める場合、N%時間率騒音レベルという。規制値は、$L_{AN,T}$と表記される。$L_{A5,8h} = 70$ dBでは、70 dBを超える騒音レベルの発生時間の合計を、8時間の5%である0.4時間以内にしなければならない。5%時間率騒音レベル$L_{A5,T}$を

[*19]

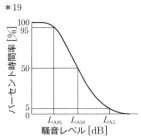

出典：JIS Z 8731, p.18, 解説図 2

50%時間率騒音レベル A50,T を中央値，95%時間率騒音レベル A95,T を 90%レンジの下端値という。

[*20]

サウンドレベルメータ（騒音計）

[*21]

Don't Forget!!

日常で聞こえる音の周波数はどの程度の範囲だっただろうか？

＋α プラスアルファ

人の耳は，1つの音源であれば騒音レベル 1 dB (A) 程度の差を感じられる。ただし，集中の度合いで，この閾値は変動する。

工学ナビ

異なるサウンドレベルメータであれば，3 dB (A) 程度の相対誤差が出ることがある。実際，自分のサウンドレベルメータ以外のデータを分析する際は，これを忘れてはいけない。

[*22]

ヒント

対数と指数の公式を用いる。
$x = \log_a b \rightleftarrows a^x = b$

90%レンジの上端値といい，変動する騒音レベルの最大に近い値を示す[*19]。

3. 最大値の L_x 建設騒音の評価によく用いられる。騒音が周期的または間欠的に変動し，最大値がおおむね一定の場合，騒音の発生ごとの最大値を測定する。とくに規程がないときには，時間重み特性を用いる。

4. 測定方法 11−3−1項，11−3−2 (1)〜(3) 項に示した騒音の測定について，方法は JIS Z 8731，**サウンドレベルメータ**（**騒音計**）(sound level meter)[*20] は JIS C 1509−1, 1509−2 で規定されており，これに従う。ここでのサウンドレベルメータは，すべて騒音レベル（A 特性音圧レベル）が測定できる。サウンドレベルメータは，普通級（クラス 2）と精密級（クラス 1）に分類されており，使用周波数範囲，許容偏差などが異なる。一般的に多く使用されている普通級のサウンドレベルメータは，使用周波数範囲 20〜8000 Hz で，主要周波数範囲 100〜1250 Hz において基準値との差 ±1.5 dB の性能をもつ[*21]。

11−3−3 dB の計算

1. dB の和 音圧レベルは，人間の感覚的な因子が含まれている。そのため，これを計算するためには，物理量の形で計算する。n 個の音源が存在するとき，各音圧レベル $L_1, L_2, \cdots, L_n$，各音圧を $p_1, p_2, \cdots, p_n$ とする。まず，各音圧を加算した音圧レベル L_p を式 11−3 を用いて表す。

$$L_p = 10 \log_{10} \frac{p_1^2 + p_2^2 + \cdots + p_n^2}{p_0^2} \quad [\text{dB}] \qquad 11-6$$

ここで，式 11−3 を変形すると

$$\frac{p_1^2}{p_0^2} = 10^{\frac{L_1}{10}}, \quad \frac{p_2^2}{p_0^2} = 10^{\frac{L_2}{10}}, \cdots, \quad \frac{p_n^2}{p_0^2} = 10^{\frac{L_n}{10}}$$

と表される[*22]。これらを式 11−6 に代入した次式で音圧レベルの和が求められる。

$$L_p = 10 \log_{10} (10^{L_1/10} + 10^{L_2/10} + \cdots + 10^{L_n/10}) \quad [\text{dB}] \qquad 11-7 \; [*23]$$

複数の音源から同時に音が発生すると，上式で求められた音圧レベルが実際に聞こえる。

2. dB の差

L_1 は対象騒音ありの騒音レベル，L_2 は対象騒音なしの騒音レベル（暗騒音レベル）とすると，次式で求められる。

$$L_p = 10 \log_{10}(10^{L_1/10} - 10^{L_2/10}) \quad [\text{dB}]$$

11-8 [*23]

L_1 の騒音が発生している際は L_2 の騒音も発生している。ここで，L_2 の騒音が止まると，上式で求められた音圧レベルが実際に聞こえる。

3. dB の平均

次式で求められる。

$$\overline{L}_p = 10 \log_{10}\left\{(10^{L_1/10} + 10^{L_2/10} + \cdots + 10^{L_n/10}) \cdot \frac{1}{n}\right\} \quad [\text{dB}]$$

11-9 [*23]

ここで求められた音圧レベルが実際に聞こえるわけではない。

*23
工学ナビ
数学の力を借りて，騒音レベルの差 [$\Delta L = L_1 - L_2$] と補正値 [$L_p - L_1$] の関係を明らかにすると，常に関数電卓を用いずとも計算ができる。
参考（一例として）：中野有朋，騒音・振動環境入門，オーム社，2010

例題 11-1

L_1 と L_2 の音源を同時に発生させる。L_2 は 78 dB(A) であった。表 11-1 に示すとおり，L_1 を 78 dB(A) から 1 dB(A) ずつ大きくすると，騒音レベルはどのように変化するか述べよ。

表 11-1　2つの音源が同時に発生した際の騒音レベル

音源 1 L_1 [dB(A)]	音源 2 L_2 [dB(A)]	音源 1・2 が同時に発生した際の騒音レベル L_p [dB(A)]	音源 1・2 の騒音レベルの差 L_1-L_2 [dB(A)]	大きい音源 L_1 からの増加分 L_p-L_1 [dB(A)]
78	78	81.0	0	3.0
79	78	81.5	1	2.5
80	78	82.1	2	2.1
81	78	82.8	3	1.8
82	78	83.5	4	1.5
83	78	84.2	5	1.2
84	78	85.0	6	1.0
85	78	85.8	7	0.8
86	78	86.6	8	0.6
87	78	87.5	9	0.5
88	78	88.4	10	0.4
89	78	89.3	11	0.3

解答　dB の和を，関数電卓を用いて，式 11-7 によって求める。L_1 と L_2 の差が大きくなるほど，騒音レベルは L_1 に近づいていく。騒音計の精度や人間の耳の精度から，小数点以下の数値はほとんど意味をもたない。L_1 と L_2 の差が 10 dB(A) 以上では，ほとんど L_1（大きい音源の値）となる。また，2 つの音源が重なっても，最大で 3 dB(A) しか大きくならない[*24]。

*24
Let's TRY!
複数の音源から音が発生した場合，人間の耳は，何 dB(A) の騒音レベルの差を聞き分けられるだろうか？

11-4 騒音への対策

騒音への対策には，まず騒音源の特定を行うことが重要となる。騒音源・受音点を評価したのち，その対策としては，次のような方法がある。

① 音の発生源と受音点の距離を確保する（**距離減衰**, distance attenuation [25]）

② 音を吸収・反射させ，受音点に到達する音を小さくする（**遮音**, sound insulation）

③ 音の発生を抑制する（音源対策）

騒音対策には，これら方法の1つに頼るだけでなく，複数の方法を用いることが有効である。たとえば道路交通騒音の場合は，道路と建物との距離を確保すること（①距離減衰），遮音壁・緑地帯などを設置すること（②遮音）[26]，そして交通量を減らすこと（③音源対策）などである。

[25] 距離減衰
音の大きさは，音源から離れるにつれて減衰していく。

[26]

高速道路の遮音壁

11-4-1 距離減衰

音源からの距離が離れるにつれて音が小さくなるのは，そのエネルギーの密度が減少するためである。音源の種類によって伝播する特性が異なるため，それぞれの減衰の過程を説明する。

1. 点音源 全方位に伝播できる無指向性の点音源では，音は球面状に伝播していく[27]。音源から出るエネルギーを I [W] とすると，音源から距離 r [m]（半径 r）の球の表面積は $4\pi r^2$ [m²] である。つまり，距離 r の音の強さ I_1 [W/m²] は，

$$I_1 = \frac{I}{4\pi r^2} \qquad 11-10$$

となり，この式は音の強さは音源からの距離の2乗に反比例することも示している。音源からの距離 r が2倍になると，表面積はさらに増えて $4\pi (2r)^2$ [m²] となる。このことから点音源から r [m] 離れた音の強さ I_1 [W/m²] および $2r$ [m] 離れた I_2 [W/m²] は，$I_2 = \dfrac{I}{4\pi (2r)^2}$ となり，$I_2 = \dfrac{I_1}{2^2}$ と表現することができる。式11-2より，音の強さのレベル L_1，L_2 はそれぞれ，

$$L_1 = 10\log_{10}\frac{I_1}{I_0} \quad L_2 = 10\log_{10}\frac{I_2}{I_0} \quad \text{となり，} \quad I_2 = \frac{I_1}{2^2} \text{より，}$$

[27] 点音源
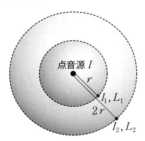
I_1, I_2：音の強さ [W/m²]
L_1, L_2：音の強さのレベル [dB]

$$L_2 = 10\log_{10}\frac{\frac{I_1}{2^2}}{I_0} = L_1 - 10\log_{10}2^2 \fallingdotseq L_1 - 6 \quad [\mathrm{dB}]$$

となる。このことより，点音源の場合は，音源からの距離が2倍になるごとに音の強さのレベルは約6dB減衰する性質をもつことがわかる[*28]。

2. 線音源　無限の長さの線音源では，音は円筒状に伝播していく[*29]。たとえば，道路は線音源に該当する。音源から距離rの円周の長さは$2\pi r$であることから，点音源と同様に考えると，距離rに反比例する形で音は減衰していく。また距離が2倍になるごとに音の強さのレベルは約3dBずつ減衰する性質をもつ。

　線音源が有限の長さaであるときは，音源からの距離がa/πまでは前述のように距離が2倍になるごとに音の強さのレベルは約3dBずつ，a/πよりも離れると，点音源と同じように距離が2倍になるごとに約6dBずつ減衰する性質をもつ。

3. 面音源　内部の発生音が壁全体を透過し，面的な音源とみなせるようなもの，たとえば，工場の壁などをいう。2辺が$a \times b (a<b)$の面音源では，音源からの距離がa/πまでは距離による減衰はないとみなされ，b/πまでは線音源のように距離が2倍で音の強さのレベルは約3dBずつ，b/πを超えると点音源のように距離が2倍で約6dBずつ減少する性質をもつ。

11-4-2 遮音と吸音

　材料などに入射した音のエネルギーEは透過E_τ，吸収E_a，反射E_rの成分に分かれる形となる（図11-7）。**遮音**とは，音の入射エネルギーEに対して，透過するエネルギーE_τを小さくし，受音点に到達する音を減少させることである。一方，材料による音の吸収割合（**吸音率**，sound absorption coefficient）αは，入射エネルギーEに対して反射されないエネルギーを除いた$(E-E_\mathrm{r})$との割合で定義される[*30]。

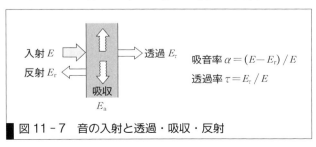

図11-7　音の入射と透過・吸収・反射

[*28] Let's TRY!!
計算過程を省略しているので自分で解いてみよう。

[*29] 線音源

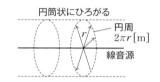

[*30] +αプラスアルファ
吸音率αの定義がE_a（吸収エネルギー）/E（入射エネルギー）でないことに注意してほしい。この背景として，材料に吸収されるエネルギーだけを計測することが困難なことがある。

*31
Don't Forget!!
遮音性能と吸音性能とは意味が根本的に異なるので注意。

*32
工学ナビ
直接音と反射音の到達する時間の差が約50ミリ秒を超えると，直接音と分離して聞こえる。一方，反射音の到達が約50ミリ秒以内で直接音と区別がつかない場合は**残響**（reverberation）という。なお，これらは材料（部屋）の形状にも影響される。

*33
Don't Forget!!
遮音性能が高いのは，透過率 τ が小さく，音響透過損失 R が大きいときである。

*34
残響時間
残響時間 [s] の定義は，音源からの発音が停止してから，その音の強さのレベルが60 dB 減衰するまでに要する秒数である。

*35
工学ナビ

天井の穴あき板

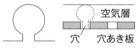

共鳴器　穴あき板のしくみ

穴あき板では，穴とその上の空気層と併せて共鳴器としてみなされている。

コンクリートで作られた壁体は，入射音のエネルギーをほとんど反射する（$E ≒ E_r$）ため，吸音率 α は0に近くなる。一方，透過するエネルギー E_τ もほぼ0となるので，遮音性能は非常に高いことになる。このことは吸音率 α が高ければ遮音性能が高いとはかぎらないことを示している*31。また，反射エネルギー E_r が大きい材料を音源のある室内表面に使った場合，室外へ出る透過エネルギー E_τ は少なくなるものの，反射音によって**反響（エコー）**（echo）*32 が発生して，室内での音の明瞭度が下がってしまう恐れがある。つまり，騒音発生源となる場所の用途に応じて，遮音の方法の選択に考慮が必要である。

遮音性能は材料に入射する音のエネルギー E に対して，材料によって減少した透過音の強さのレベルを示す**音響透過損失**（sound transmission loss）R で表現される。ここで**透過率**（transmission coefficient）を τ とすると，次式となる。

$$R = 10\log_{10}\frac{1}{\tau} \quad [\text{dB}] \qquad 11-11$$

遮音性能は，物理量の減少ではなく，感覚量としての減少で示されており，透過率 τ が小さいほど，音響透過損失 R は大きくなり，遮音性能は高くなる*33。

吸音材料はいくつかの種類に分類される。それぞれの種類によって吸音される周波数領域が異なるため，目的に応じてその特性を使い分けることができる。**残響時間**（reverberation time）*34 を調整する目的でも使われることがある。

1. 多孔質材料　グラスウールやロックウールなどの綿状の断熱材などで，繊維内で空気が振動することによって，音エネルギーが熱エネルギーに変換される。高音域の吸音率が高い。

2. 板・膜振動型　合板などの板状の材料やビニルシートなどの膜状の材料は，振動することで音エネルギーを熱エネルギーに変換する。低音域の吸音率が高い。

3. 共鳴器型　穴と空気だまりから構成され，特定の周波数と共鳴を引き起こすことで空気が激しく振動し，摩擦熱が生じることで熱エネルギーに変換される。このようなしくみは共鳴器と呼ばれる。穴あき板の裏には空気の層を設けて共鳴器が多数並んだものとみなされる*35。低・中音域の吸音率が高い。

11-4-3 音源対策

騒音対策として最も有効なのは,騒音源をもとから絶つことである。たとえば,道路交通騒音では交通計画により交通量を減らすことに相当する。騒音源をもとから絶つことが困難な場合は,音源を吸音材で囲むなどして,音源から周囲へ伝播する音を減じる方法が採用される。たとえば,建設工事にともなう作業音では防音シートでおおう方法,交通騒音では遮音壁を設置する方法がある[*26]。これらは,11-4-2項の遮音・吸音の特性とも関連する形となり,材料の考慮が必要になる。ただし,騒音は地面や構造物の振動によっても伝播するため,次節で取り上げる振動の特性を把握することも重要である。

11.5 振動問題の現況と対策

11-5-1 振動問題への法規制

ある位置に留まっている物体に振動波[*36]が衝突すると,この物体はもとの位置に戻ろうとする。この物体の動きが**振動**(vibration)であり,さらに人間が知覚することで公害振動(振動問題)につながる。振動問題は,騒音と同じく感覚公害である。そのため感覚的尺度を取り入れた指標(振動レベル[dB])を用い,各種基準値が設けられている。環境基準では振動は設定されていない。規制法として,**振動規制法**(vibration regulation law)が制定されており,工場・事業場振動,建設作業振動,および道路交通振動などについて規制されている。

[*36] 工学ナビ
音波は空気や固体などの弾性体を連続的に伝わる波である(11-1-1項)。これに対して,振動波は,固体に限定した弾性体を連続的に伝わる波である。ここでの固体は,おもに地面,構造物である。

11-5-2 振動問題の現況

振動問題は,眠れない,戸や物が揺れて不快に感じるなどの生活妨害から,壁・タイルのひび割れ,戸の建付のくるいなどの物的被害がある。実際の振動問題では,物的被害はわずかで,心理的・情緒的な妨害(苦情)が主である。

産業環境管理協会は,公害等調整委員会の調べをもとに,振動問題の現況を次のようにまとめている[*15]。振動の苦情件数は,1991年度以降,年間約1500~2000件の範囲で変動しており,騒音の苦情件数の約1/10である。振動のおもな発生源は,建築・土木工事,交通機関,製造事業所があげられる。振動の発生源別の苦情件数の比率では,建築・土木工事が2003~2012年度で最も高く約50~60%,ついで交通機関が15%付近を推移している。交通機関の苦情件数の内訳では,道路が約80~90%を占めている。

振動低減への対策方法は,振動源対策と伝搬対策に大別できる。おもな対策方法は,振動源対策である。よって,振動問題がいったん発生す

[*37] 中野有朋，騒音・振動環境入門，オーム社，2010

ると，振動源の交換や修正が必要になり，その対策に多大な費用・労力を要する。なお，個別の対策方法は明らかにされている[*15, *37]。

11-6 振動の評価

11-6-1 振動レベル

騒音と同様に，人間は，振動加速度を一定としても，周波数が異なれば，振動を一定と感じない。また，この振動の感覚は，鉛直と水平の2方向で感じ，それぞれの感度特性が異なる。**振動レベル**(vibration level) L_v は，振動加速度レベル L_a に感覚補正値 C_v を加えた値である。a を加速度の実効値 $[m/s^2]$，a_0 を振動加速度レベルの基準値とすると，次式で表される。

$$L_a = 20\log_{10}\frac{a}{a_0} \quad [dB] \qquad 11-12$$

$$L_v = L_a + C_v \quad [dB] \qquad 11-13$$

ここで基準値としての a_0 は，日本では $10^{-5}\,[m/s^2]$ であり，ISO では $10^{-6}\,[m/s^2]$ である。これらの基準値は振動を感じる閾値ではないため，実際には日本の基準値 a_0 を用いた振動レベルで 50 dB あたりまで（振動感覚閾値 55 dB）振動を感じない[*38]。また，感覚補正値 C_v も JIS と ISO で補正値が若干異なる。

[*38] **Let's TRY!!**
地震に代表される短時間で一過性の振動の場合，振動レベル 85 dB 以上であれば，建物に物的な影響，被害を与える。建設作業，自動車，鉄道などの振動レベルと，振動規制法を調べてみよう。

11-6-2 振動の評価量と測定方法

振動規制法では，振動レベル計は，前項で述べた鉛直・水平方向の特性のうち，鉛直方向のみを補正することになっている。方法は JIS Z 8735，振動レベル計[*39] は JIS C 1510 で規定されており，これに従う。ほとんどの振動レベル計は，鉛直方向の特性に加えて水平方向の補正もできる。

[*39]

振動計

例題 11-2 L_1 と L_2 の振動源がある。それぞれの周波数は，1 Hz と 31.5 Hz であった。加速度の実効値は，どちらも $10^{-1}\,m/s^2$ であった。表 11-2 を用いて，振動レベルを求めよ。

表 11-2 振動の感覚補正値，JIS C 1510 （ ）内は ISO

中心周波数 [Hz]		1	2	4	8	16	31.5	63
振動感覚補正値 [dB]	鉛直	−6	−3	0	−1 (0)	−6	−12	−18
	水平	+3	+2 (+3)	−3	−9	−15	−21	−27

出典：中野有朋，公害管理者等国家試験―新エッセンシャル問題集―騒音・振動概論 p.194，表 10.2-1，(-社)産業環境管理協会，2007 を一部修正

|解答| 振動加速度レベルは，どちらの鉛直・水平方向も同じに，$20\log_{10}(10^{-1}/10^{-5}) = 80\,\text{dB}$ である。

鉛直方向に対する振動レベルは，L_1 で $80-6 = 74\,\text{dB}$，L_2 で $80-12 = 68\,\text{dB}$ となる。水平方向に対する振動レベルは，L_1 で $80+3 = 83\,\text{dB}$，L_2 で $80-21 = 59\,\text{dB}$ となる。

演習問題 A 基本の確認をしましょう

WebにLink
演習問題の解答

11-A1 騒音問題に関する記述のうち，正しいものはどれか。2つ選択せよ。

(ア) $50\,\text{dB}(\text{A})$ 以下の騒音レベルであれば，苦情（問題）は発生しない。

(イ) 普通の会話の騒音レベルは，$100\,\text{dB}(\text{A})$ 程度である。

(ウ) 典型七公害の種類別の苦情のうち，騒音に関する苦情件数は，過去に最も多くの割合を占めていたことがある。

(エ) 2003年度以降，騒音の発生源別の苦情件数の比率では，製造事業所が最も多くの割合を占めている。

(オ) 地域によっては，地域特有の音源が支配的となっている場合もある。

11-A2 公式を利用して次の計算をせよ。

(1) 音の強さが $10^{-5}\,\text{W/m}^2$ のときの音の強さのレベル [dB]

(2) 音圧が $0.2\,\text{Pa}$ のときの音圧レベル [dB]

(3) 周波数 $200\,\text{Hz}$ の音の2オクターブ上の音の周波数 [Hz]

(4) 周波数 $5000\,\text{Hz}$ の音の高さの3オクターブ下の周波数 [Hz]

11-A3 騒音の評価に関する記述のうち，正しいものはどれか。2つ選択せよ。

(ア) 音圧レベルを用いると最小可聴値は，$40\,\text{dB}$ である。

(イ) 人間の耳で聞こえる音の大きさは，騒音レベル（A特性音圧レベル）で表す。

(ウ) 音圧レベルと周波数がほぼ一定とみなせる騒音を評価するには，90％レンジの上端値が適切である。

(エ) 市販のサウンドレベルメータは，騒音レベル（A特性音圧レベル）が測定できる。

(オ) 2つ音源があり，それぞれの騒音レベルが $60\,\text{dB}$ と $70\,\text{dB}$ であった。この平均は，$65\,\text{dB}$ である。

11-A4 透過率 $\tau = 0.01$ の壁に音の強さのレベル $90\,\text{dB}$ の音が入射したとき，透過後の音の強さのレベルを求めよ。

11-A5 振動加速度レベルの基準値 a_0 は，日本では $10^{-5}\,[\text{m/s}^2]$，国際規格（ISO）では $10^{-6}\,[\text{m/s}^2]$ である。周波数と加速度の実効値が同じであるとすると，振動加速度レベルは，2つの基準値で何 dB の

差となるか。

演習問題　B　もっと使えるようになりましょう

11-B1 等ラウドネス曲線（図 11-2）を使って以下の問いに答えよ。

(1) 1000 Hz の音圧レベル 50 dB の音と同等な音の大きさと聞こえる 250 Hz の音圧レベルは何 dB か。

(2) 500 Hz と 3000 Hz の音を，同じ 30 dB の音圧レベルで別々に発音されたとき，500 Hz の音は，3000 Hz の音に比べて，聴覚上では約何 dB 小さく聞こえてしまうか。

11-B2 ある場所に 2 台の機械があり，それぞれ単独の騒音レベルは，機械 1：69 dB，機械 2：74 dB であった。ただし，この場所で機械を停止しているときに，67 dB の騒音レベルがあった。この場所で 2 台の機械が同時に稼働した場合の騒音レベルは何 dB か。

11-B3 無限に続く線音源の場合，音源からの距離が 2 倍になると 3 dB ずつ減衰する特性について，点音源の説明を参考に証明せよ。

WebにLink
演習問題の解答

あなたがここで学んだこと

この章であなたが到達したのは
- □ 音の大きさにかかわる物理量と感覚量について説明できる
- □ 音の大きさと周波数の関係について，聴覚上の特性を説明できる
- □ 騒音問題と振動問題の現況とこれらの規制が説明できる
- □ 発生する騒音の種類によって，評価指標が選択できる
- □ dB の和，差および平均の計算ができ，その値が何を示すか説明できる
- □ 遮音と吸音の違いについて説明できる
- □ 音響透過損失による透過音の減衰について計算ができる

　本章では，音と振動について，人間の感覚を考慮した定量化方法と対策方法を学んだ。我々は，音と振動の中で生活しており，これらが消えることはない。だが，音と振動が人に害をおよぼすような環境問題になることを防ぐことはできる。そのため，本章で学んだことを基礎にして定量化した数値を客観的にとらえて，さらに現場の状況や多様な人々の主観（意見）を把握したうえで，騒音と振動に対応するべきであろう。

12章

生態系と生物多様性の保全

1 905年ニホンオオカミ，2012年ニホンカワウソが絶滅しました。これらは，かつて日本の野山で自由に暮らしていた生物ですが，もう二度と姿を見ることはできません。また，日本の文化にも関係が深く，食卓にも並ぶハマグリ（2012年），ニホンウナギ（2013年）が絶滅危惧種に指定されました。さらに日本では，ほ乳類，鳥類，両生類のおよそ10〜30％が絶滅の危機にさらされています。

いまは「第6の大絶滅時代」と呼ばれています。人間は，過去数百年にわたって，種の絶滅速度を地球の歴史上平均的な絶滅速度に比べて1000倍ほどにも増加させました。そして，何も手を打たなければ，将来さらに10倍もの速度で生物が地球上から絶滅していくとされています。生態系とその構成要素である生物多様性は，我々の命と社会を支えています。生物が絶滅するということは，我々の暮らしの豊かさと未来の可能性が失われるということです。

人は地震・台風など短期間に甚大な被害をもたらす自然災害に対しては備えやすいですが，生態系や生物多様性の劣化，気候変動など実感しにくい現象への認知や対策はなかなか進みません。自然災害と自然環境破壊，一見，関係のない現象のようですが，前者は交通事故，後者は生活習慣病に例えられることがあります。すなわち，速度が異なるだけで，どちらも生命の危険にいたる可能性をもち，長期的な視野をもった予防的な取り組みが重要となるのです。

●この章で学ぶことの概要

生物多様性や生態系は我々の社会基盤であるという重要性を理解し，その危機的現状とその原因を学びます。そして，その保全のための国際的・国内的な施策の概要，成立への道のり，関連性について学びます。最後の節では，生物多様性保全の具体的手法について，緑化における課題と河川生態系での配慮事例を踏まえながら，目標とすべき「自然環境配慮ができる技術者像」を明らかにします。

（提供：(一社)切手の博物館（東京，目白））

> **予習** 授業の前に調べておこう!!
> 1. 生物多様性の現状について，知っていることをあげてみよう。
> 2. 技術者による生物多様性や生態系への「配慮」を考えてみよう。
>
> WebにLink
> 予習の解答

12　1　生物多様性の危機

生物多様性（biodiversity）という言葉の歴史は浅く，1980年代半ばに作られた。さらに，人類がその重要性と危機を認め，1992年の生物多様性条約の採択によって国際的な取り組みが始まったばかりである。まずは，生物多様性の定義にふれ，その現状と劣化の原因，なぜ重要なのかを述べ，社会における主流化の取り組みを紹介する。

12-1-1　生物多様性とは

生物多様性基本法の定義によると，生物多様性とは，「様々な生態系が存在すること並びに生物の種間及び種内に様々な差異が存在することをいう」とある。すなわち，生物多様性とは，生物は3つの異なるスケール，遺伝子，種，生態系において多様な豊かさをもっていることを包括的に示す言葉である。

1. 遺伝子の多様性[*1]　たとえ同種の生物であっても，それぞれの遺伝情報は完全に同一ではない。個々のDNAの違いが形質や生態に変化を生じさせている。たとえば，身近なメダカやホタルも生息域ごとに遺伝的な違いをもつ集団を形成していることが多く，地域性を考慮しない安易な放流などは遺伝子の地域的固有性を乱すことになる。

2. 種の多様性　3つの多様性のうち，感覚的には種の多様性が最も理解しやすい。子供のころ，動物園や水族館などでその多様さに感動したであろう。では，地球上にはいったい何種類の生物が存在するのであろうか[*2]。

3. 生態系の多様性　湿潤で高低差があり海に囲まれている日本では，森林，草地，川，湖沼，湿地，干潟，岩礁などさまざまな生態系がみられ，それぞれの環境に適応した生物が暮らしている。また，日本の生態系の特徴として，国土の4割を占めるという**里地里山**[*3]が注目されている。

[*1] **＋α プラスアルファ**
生物進化の源であり，一般的に種内の遺伝的多様性が豊かなほど，環境の変化（たとえば，気候変動や病害虫）に対応しやすく，種としての生存確率が上昇すると考えられている。

[*2] **＋α プラスアルファ**
Mora *et al.*(2011)によると，870万種（±130万種）であり，地球上の86％の生物は，いまだ把握されていないという。(Mora, Tittensor, Adl, Simpson, Worm (2011) PLOS Biol. 9(8))

[*3] **Don't Forget!!**
里地里山とは，原生的な自然と都市との中間に位置し，集落とそれを取り巻く二次林，それらと混在する農地，ため池，草原などで構成される地域のこと。こういった人が手を加え維持管理してきた自然環境は，二次的自然と呼ばれる。

12-1-2 生物多様性の劣化

国際自然保護連合（IUCN：International Union for Conservation of Nature）*4 によって，世界の野生生物の絶滅の恐れのある生物（絶滅危惧種）リスト，いわゆる**レッドリスト（red list）**が作成されている。2014年6月公表のレッドリストによると，既知の約175万種のうち，76201種について絶滅の危険性が評価されている。そのうち約30％が絶滅危惧種として選定されており，すでに903種の絶滅が報告されている。

日本の野生生物における絶滅の危険性評価については，環境省によって1991年からレッドリストの作成と継続的な見直しが行われている。レッドリスト2015（2015年9月公表）に掲載された種数は，10分類群*5 合計で3596種であった。この多く（約60～80％）が人間活動によって維持されてきた里地里山などの二次的自然に分布しており，その保全の重要性が浮き彫りになっている。

12-1-3 生物多様性劣化の原因

生物多様性国家戦略2012-2020（後述）では，日本における生物多様性劣化の原因を以下のように4つの危機としてまとめ，警鐘を鳴らしている。

1. 開発など人間活動による危機 第1の危機は，開発や乱獲など人が引き起こす負の影響である。沿岸域の埋め立て，森林の転用などの土地利用の変化は，生息・生育環境の破壊と分断孤立化を引き起こす*6。さらに，経済性や管理の効率性を優先した河川の直線化・固定化やダム・堰などの整備，農地や用水路の整備は，野生動植物の生息・生育環境を劣化させた。また，鑑賞用や商業的利用による個体の乱獲，盗掘，過剰な採取など直接的な生物の採取は個体数の減少をもたらす*7。

2. 自然に対する働きかけの縮小による危機 第2の危機は，第1の危機とは逆に，自然に対する人間の働きかけが縮小・撤退することによる影響である。気温が高く降水量の多い日本では，野焼きや放牧のように人が手を入れないと草原は草原として存在できず，やがて森になる。里地里山の薪炭林や採草地（草原）は，かつては経済活動・日常生活に不可欠なものとして十分に維持・管理されてきた*8。こうした人の手が加えられた地域は，その環境に特有の多様な生物を育んできた。しかし，産業構造やエネルギー利用の変化*9 と，人口減少や高齢化による活力の低下にともない，里地里山では，自然に対する働きかけが縮小し，危機が継続・拡大している。

*4
IUCN
1948年に設立された，国家，政府機関，非政府機関で構成される国際的な自然保護ネットワーク。

*5
+α プラスアルファ
動物では，①哺乳類 ②鳥類 ③爬虫類 ④両生類 ⑤汽水・淡水魚類 ⑥昆虫類 ⑦貝類 ⑧その他無脊椎動物（クモ形類，甲殻類等），植物では，⑨植物Ⅰ（維管束植物）および⑩植物Ⅱ（維管束植物以外）について作成されている。

*6
+α プラスアルファ
分断孤立化して個体数が減少した集団は，近親交配率の増加による適応度の低下（＝近交弱勢），アリー効果（＝高密度のメリット）の低下，遺伝的多様性の低下による適応力の低下などに見舞われ，絶滅リスクが上昇する。

*7
+α プラスアルファ
新潟県・佐渡島で野生復帰事業が行われているトキは，羽毛と肉を目的に乱獲されたことが野生の絶滅の一因といわれている。さらに，逃げられない植物は心ない者による盗掘に悩まされ続けている。

*8
+α プラスアルファ
木が定期的に伐採される薪炭林では，林床まで太陽が差し込み，ササユリなど芽吹きに光が必要な植物が生育できた。

*9
+α プラスアルファ
薪からガスや石油への変化。

*10
Don't Forget!!
外来種とは，野生生物の本来の移動能力を超えて，人為によって意図的・非意図的に国外や国内の他の地域から導入された生物のこと。

気性が激しいアライグマ
（提供：PIXTA）

*11
Don't Forget!!
環境影響が懸念される問題については，科学的証拠が欠如していることをもって対策を遅らせる理由とはせず，科学的知見の充実に努めながら，予防的な対策を講じるという考え方（第四次環境基本計画2012）。

*12
＋α プラスアルファ
生物多様性がきわめて高く，「海の熱帯林」と呼ばれることもあるサンゴ礁だが，日本沿岸の分布域は，2020～30年代に半減し，2030～40年代には消失するという予測もある。

*13
Millennium Ecosystem Assessment（2007）生態系サービスと人類の将来，オーム社

3. 人間により持ち込まれたものによる危機　第3の危機は，外来種*10や化学物質など人間活動によって持ち込まれたものによる危機である。マングース，アライグマ，オオクチバス（通称ブラックバス），シナダレスズメガヤなどが地域固有の生物相や生態系を改変し，大きな脅威となっている。また，家畜やペットが野外に定着して生態系に悪影響を与えることもある。

　生物多様性への悪影響が懸念されている化学物質は，PCB（ポリ塩化ビフェニル類），農薬類，ダイオキシン，内分泌攪乱物質（いわゆる環境ホルモン）などさまざまであるが，それらが生態系へ影響を与えるしくみについてはいまだ明らかになっていないものも多く，**予防的な取組方法（precautionary approach）***11で慎重なリスク管理が求められている。

4. 地球環境の変化による危機　第4の危機は，地球温暖化など地球環境の変化による生物多様性への影響である。IPCCによる第5次評価報告書（第2章参照）によると，今世紀末までに世界の平均気温は0.3～4.8℃の上昇が予測されている。とくに，島嶼，沿岸，亜高山・高山地帯など環境の変化に対して弱い地域を中心に，日本の生物多様性に深刻な影響が生じることを避けることが難しいと考えられている。

　陸上では，さまざまな生物の分布のほか，植物の開花や結実の時期，昆虫の発生時期などに変化が生じる可能性がある。海洋では，海水温の上昇による生物の分布域の変化や海洋酸性化，サンゴの白化や藻場の消失が予測されている*12。

　生物多様性は我々の生活基盤そのものであるため，食料の生産適地の変化，害虫などの発生量の増加や発生地域・発生時期の変化，蚊など感染症媒介生物の分布域の拡大など，生物多様性の変化を通じて人間生活や社会経済へも大きな影響をおよぼすことが予測される。

12-1-4 生物多様性の重要性

1. 生態系サービス　生態系サービス（ecosystem services）とは，「生態系から人社会へ供給されるさまざまな恩恵」の総称であり，直接利用する供給，調整，文化的サービスと，他のサービス維持のために必要な基盤サービスがある（図12-1，Millennium Ecosystem Assessment 2007*13）。我々の生活は生態系サービスによって成り立っており，これらの機能や役割を人工的に代替することは困難で，もしできたとしても莫大なコストが必要となる。よって，生態系の主要な構成要素である生物多様性は生態系サービスの根源であり，その重要性は自明である。

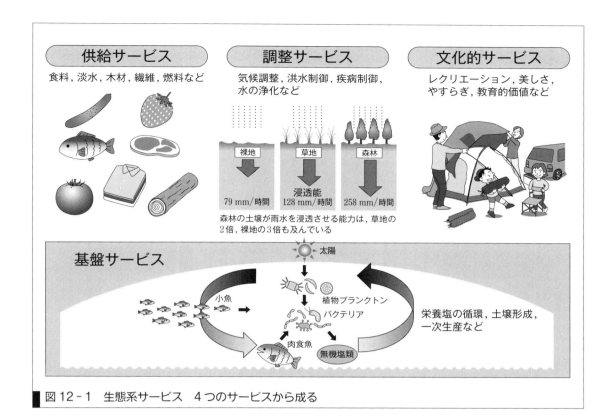

図12-1 生態系サービス　4つのサービスから成る

2. 種の多様性と生態系の安定性　世界で約30%の生物が絶滅に瀕している一方で，地球は70億人を養い，総人口は増え続けている。ではこの先，持続的に生態系サービスを享受するためには，どこまで生物の絶滅が許容されるのであろうか。いい換えると，種の多様性が豊かなほど生態系は安定し，その持続性は高まるのであろうか。鷲谷（1996）[*14]から種数と生態系の機能の関係を示したいくつかの仮説を紹介する（図12-2）[*15]。

① **多様性-安定性説**（density-stability hypothesis）は，多様な生態系ほど安定性は高いとする考え方で，たとえば単一の種で作られる畑などは病害虫によって影響を受けやすいなど，経験的に納得できる事実も多い。

② **リベット説**（rivet hypothesis）は，飛行機本体の接合に使われるリベットを「生物」としてとらえ，少数のリベット欠損（＝生物の絶滅）では墜落にいたらないが，多数の欠損は飛行機の墜落（＝生態系の崩壊）をまねくという考え方である。

③ **冗長度説**（redundancy hypothesis）は，生態系には同一の機能をもつ種が重複して存在しており，いくつかの機能的なグループが集まって生態系が成り立っているという考え方である。よって，種の絶滅が生態系にどのように影響を与えるかは，絶滅したグループ

[*14] 鷲谷いづみ（1996），保全生態学研究1, p.101-113

[*15]

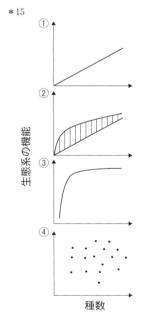

図12-2　4つの仮説による種数（横軸）と生態系の機能（縦軸）の関係

の重複性しだいで変化する。

④ **固有説**（idiosyncratic hypothesis）は，生態系はそれぞれ異なった生物要素の組み合わせと特有の環境条件下に成り立っており，安定性と多様性の関係も唯一無二であり，安易な一般化はできないという考え方である。

キーストーン種（後述）がコントロールしている群集など例外もあるが，①〜③では，種が多く，要素が多いシステムほど安定的だと解釈でき，ほとんどの生態学者はこれらを有用な仮説と考えている。一方で，④が示唆するのは，個々の生態系についての詳細な分析を求めており，固有性と複雑さを尊重する考え方といえる。さらに留意すべきは，生態系の機能と種数の関係性を予測するには，我々の知識は不十分だという事実である。よって生態系の動態把握は，不確実性が高く，予測が困難なことを踏まえ，その扱いには予防的な取り組みが不可欠といえる。

12-1-5 経済学的手法による生物多様性の評価

生物多様性の劣化・喪失は止まる気配がないが，我々日本人の認識は非常に低く[*16]，その重要性や価値がうまく伝わっていない。ただし，これは日本人にかぎったことではなく，世界的な課題となっている。ところで，気候変動問題でも同様の課題があったが，2006年に公表された「気候変動の経済学」（通称，スターン・レビュー）が，世界の気候変動対策の推進に大きな影響を与えた。これに触発され，経済学の手法を用いて生物多様性の価値の可視化と社会における主流化を目的に始められたのが，国際的プロジェクト **TEEB**（The Economics of Ecosystem and Biodiversity）であり，2010年のCOP10（後述）に合わせて報告書が取りまとめられた。

これまでの経済社会では，生態系サービスの多くがタダ同然として扱われてきた。たとえば，清浄な水や美しい自然から得られる感動・癒やしなどが経済的に評価されることはなかった[*17]。生態系サービスが環境収容力内で利用されていた時代は問題なかったが，世界的に人口が増加し，生態系サービスの過剰利用と劣化が鮮明となっている。そこで，TEEBでは生態系サービスを経済的に価値評価することで可視化し，「自然は有限であり，タダではない」という認識を広め，さまざまな主体の意志決定に反映されること（＝社会における主流化）[*18]をめざしている。

もちろん，自然の価値は多様であり，経済的評価ができないものも多く，経済的評価すること自体への反発もある。しかし，経済社会で暮らす我々にとっては，一部分であっても自然の価値を金銭的にとらえることで理解が容易になる場合もある[*19]。

自然の価値は，利用価値と非利用価値に分けられる[*20]。経済評価の手

---

*16 ＋α プラスアルファ
内閣府が2014年に行った調査によると，「生物多様性」の意味を知っている人はわずか16.7％にすぎない。自然環境に関心がある人の割合が89.1％であることを考慮すると，圧倒的に普及・啓発不足の感が否めない。

*17 工学ナビ
経済学的には，「環境価値の外部性」という。

*18 工学ナビ
経済学的には，「環境価値の内部化」という。

*19 ＋α プラスアルファ
すべて金銭的価値に置き換えることが目的ではない。すでにその価値が広く認められ，適切に保存されているなら，経済的評価は必要ないとされている（たとえば，鎮守の森など）。

*20 ＋α プラスアルファ
利用価値
1. 直接利用価値
市場で取引される価値。
2. 間接利用価値
自然が提供する基盤サービス，調整サービスなど。
3. オプション価値
将来の可能性を維持するため，その環境を残して得られる価値。
非利用価値
4. 存在価値
存在そのものから得られる価値（生物の生息地など）。
5. 遺産価値
将来世代に残すことで得られる価値。
2.〜5.の価値は，市場の価格評価がなく，いかに自然の価値が過小評価されてきたかわかる。

法としては，直接利用価値は，市場の取引価格を評価とする。間接利用価値や存在価値の場合は，観光地への旅行費用などに置き換えたり，人々の支払い意志額をアンケート調査したりする方法がある。表12-1にいくつかの評価事例を示すが，その評価額を見てどう感じただろうか[21]。

*21 Let's TRY!
自然の経済的評価の利点や課題，その評価額の適切さなどを話し合ってみよう。

表12-1　生態系サービスや生物多様性の経済的評価事例

事例	価値	評価年	評価者
国内			
シカの食害対策によって保全される生物多様性の価値	約865億円（中央値）	2013	環境省
干潟の生態系サービス	約6103億円/年	2014	環境省
森林の生態系サービス	約75兆円	2000	林野庁
ツシマヤマネコの保護増殖事業の価値	約527億円（中央値）	2014	環境省
海外			
ダムの撤去により回復する河川生態系の価値	30〜60億ドル/年[※1]	1990年代	Loomis（コロラド大学）
サンゴ礁のレクリエーション価値	約9700万ドル/年	2001	アメリカ海洋大気局
バルディーズ号事故（原油流出事故）の生態系被害額	28億ドル	1991	Carson（カリフォルニア大学）
工業地帯にある湿地の生態系サービス	100万〜175万ドル/年[※2]	1998	NWP/IUCN-EARO

※1　ダム撤去費用（3億ドル）の10倍以上であった。
※2　新たに下水処理プラントを建てた場合の維持費（200万ドル/年）は，湿地の経済的価値を上回ることが明らかになった。

出典：環境省，価値ある自然（2012）に加筆

12.2　生態系と生物多様性の保全施策

12-2-1　国際条約と国内法令の関連性

生物多様性や生態系を保全する担い手は，近年こそ市民，企業，NPOなども重要な役割を果たしているが，その公共性の高さから行政（国や地方自治体）がおもに担当してきた。公害対策から受け継いだ手法としては，法令によって生物多様性・生態系に悪影響を与える行為を直接規制することだが，それだけでは新たな課題（里地里山の荒廃，外来種，鳥獣管理など）には対応できなくなった。さらに，過去に損なわれた自然環境を積極的に取り戻す事業など，新たな視点による施策も展開されている。本節では，生物多様性・生態系を保全するしくみの主要部分を担う国内法令とそれらに影響を与えた国際条約の概要について（図12-3），成立した背景や歴史的経緯，それぞれの関連性を踏まえながら紹介する。

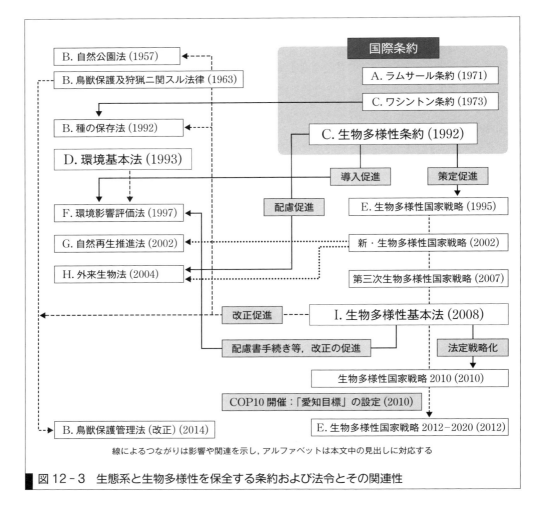

図12-3 生態系と生物多様性を保全する条約および法令とその関連性

12-2-2 生物多様性条約採択前から続く保全施策

A. 特に水鳥の生息地として国際的に重要な湿地に関する条約（通称ラムサール条約）

世界が環境のために集まり，初めて議論したのは国連人間環境会議（1972年）であり，その前年（1971年）に，水鳥の生息地として国際的に重要な湿地およびそこに生息・生育する動植物の保全をうながし，湿地の適正な利用を進めることを目的に採択された国際条約が**ラムサール条約**（Ramsar convention）である。こうした自然保護駆け出しの時期にもかかわらず，その内容は評価が高く，今日まで通用するものである（畠山 2001 [22]）。そのすぐれた点は，① 湿地の生態系サービスを高く評価し，「水鳥」という種だけでなく「生態系の保護」を示していること，② 適正な利用（wise use）という原則で持続可能性を先取りで採用していること[23]，③ 締約国の義務が1か所以上の湿地登録と保全計画の作成のみであり，縛りが少なく加入しやすくしていること（＝soft law[24] と呼ぶ）などである。

[22]
畠山武道（2001）自然保護法講義，北海道大学図書刊行会

[23]
＋α プラスアルファ
「持続可能な開発」の概念は，1987年ブルントラント委員会によって提唱された。

[24]
＋α プラスアルファ
気候変動枠組条約や生物多様性条約などのように，まずsoft law で加入しやすい枠組みを作り，目的を共有する。その後の締約国会議（COP）で内容を詰めるというスタイルは，今日の環境に関する条約の主流となっている。

B. 自然環境，希少種，鳥獣の利用を直接規制し保護するしくみ—自然公園法，種の保存法，鳥獣保護管理法

すぐれた自然の風景地を保護し，生物多様性を確保するため，1957年に**自然公園法**が定められ，各地に国立公園や国定公園などが指定されている。なお，2009年の改正において生物多様性の確保が目的に加わった。自然公園内では，指定のランクに応じて一定の行為が規制されている。このように，ある区域を指定し，その区域内での一定の行為に制限を加える規制手法をゾーニングという[25]（及川 2010[26]）。

また，**絶滅のおそれのある野生動植物の種の保存に関する法律（種の保存法）**が1992年に定められており，その目的はタイトルどおりである。2016年時点では，175種の生物が国内希少野生動物として指定されており，捕獲，販売などが規制されている。また，9地区が生息地等保護区に指定されており，開発行為や立ち入りが制限されている。さらには，49種（トキ，ツシマヤマネコなど）については保護増殖事業が行われており，繁殖の促進，生息・生育地の整備などが行われている。しかしながら，レッドリスト掲載種3596種と比べるとわずか4.9％の指定であり，追加の指定や保護増殖事業を求める声も大きい。

さらに，鳥獣（ほ乳類と鳥類の多く）については，保護と管理，そして狩猟の適正化のために，**鳥獣の保護及び管理並びに狩猟の適正化に関する法律（鳥獣保護管理法）**が定められている。狩猟制限から始まった法律の歴史は古く，明治以降，1970年代にかけては狩猟制限と減少する鳥獣の保護が目的であった。しかし，1980年代以降はニホンジカなど，一部の鳥獣による農林業被害，生態系および人身への被害が急増し，改正への要求も高まった。2002年の改正では，法律の目的に生物多様性の保全が加わり，2014年の改正によってその目的と名称に「管理」が加わった。従来の「鳥獣の保護」を基本とする施策から，一部の鳥獣については積極的に捕獲を行い生息状況を適正な状態に誘導する「鳥獣の管理」への方針転換であり，今後実効性のある鳥獣対策が実施されるかどうかが注目されている。

12-2-3 生物多様性条約採択後の保全施策

C. 地球サミットと生物多様性条約

1972年の国連人間環境会議をきっかけに，1973年に**絶滅のおそれのある野生動植物の種の国際取引に関する条約（＝ワシントン条約）**が採択されたが，特定の地域（＝ラムサール条約）や種の保護だけでは根本的な解決がはかられず，限界が見えつつあった。その後，冷戦終結（1989年）によって世界的な融和の雰囲気が生まれ，1992年にブラジルのリオデジャネイロで**環境と開発に関する国連会議**（通称，**リオ地球サ**

---

[25] **+α プラスアルファ**
日本の陸地のうち17％は，自然公園法をはじめいくつかの法令によってゾーニングされており，他国と比べても，その割合は決して低くない。しかし，全体の29％は弱い規制の地域であること，海洋保護区の早期設定などが課題とされている。

[26] 及川敬貴（2010）生物多様性というロジック，勁草書房

ミット 1992）が開催された。この会議で署名されたのが生物多様性の出発点といえる，**生物の多様性に関する条約（生物多様性条約）***27 である。その目的は，① 生物多様性の保全，② 生物多様性の構成要素の持続可能な利用，③ 遺伝資源の利用から生ずる利益の公正かつ衡平な配分である。ここで重要なのは，3つの目的が並立していることであり，保全だけが目的の「自然保護」を主張していない。よって，従来の「自然保護 vs 開発」という二項対立に陥ることはない。さまざまな立場や階層の人々を対象とした「守りながら持続利用する」という新たな姿勢であり，ビジネスチャンスの誕生であることを確認したい*28。大きな進展として，生物多様性国家戦略の策定が義務づけられたこと（第6条），外来種の侵入防止と駆除の必要性が示されたこと（第8条），環境影響評価の導入が求められたこと（第14条）がある。これによって日本では新たな国内法が整備されたり，既存の法律を改正して生物多様性条約の理念が導入されたりしている。

なお，2010年10月，**生物多様性条約第10回締約国会議（COP10）**が愛知県名古屋市で開催された。会議では，2020年までの世界目標である「生物多様性戦略計画2011-2020」および20の個別目標から成る「**愛知目標（Aichi Biodiversity Targets）**」が採択された。さらに，同年開催された第65回国連総会では，愛知目標の達成に貢献するため2011年から2020年までを「国連生物多様性の10年」と定め，国際社会のあらゆるセクタが連携して生物多様性の問題に取り組むべき重点期間とした。

D. 環境基本法

1970年代で公害規制法や自然保護法は一通り整備されたが，規制的手法*29 の限界が見え始め，複雑化・地球規模化する環境問題への対応に迫られつつあった。そして，新たな時代の環境行政における基本理念である**環境基本法**が1993年に公布・施行された。生物多様性・生態系の保全からみた大きな成果は，従来の希少種のみの保護から，生物多様性・生態系保全の概念が導入されたこと（第14条），国のすべての施策の策定・実施における環境配慮が義務づけされたこと（第19条），環境影響評価の推進がうたわれたこと（第20条）である。懸案であった環境影響評価の法定化に向けての前進であるが，前年に採択された生物多様性条約の影響も大きいと考えられる。

E. 生物多様性国家戦略

1995年，生物多様性条約第6条に基づいて，生物多様性の保全と持続可能な利用にかかわる国の施策の目標と取り組みの方向を定めるため

---

*27
＋α プラスアルファ
気候変動枠組条約も同時に採択され，合わせて双子の条約と呼ばれることもあるが，生物多様性条約の知名度は圧倒的に低く，生物多様性主流化に向けての課題となっている。

*28
＋α プラスアルファ
この条約が日本の生物多様性・生態系の保全・利用に与えた影響はきわめて大きく，「新たな制度を生み出すプラットフォーム（社会基盤）としての機能をもち，静かな革命を起こしている」（及川 2010）とまでいわれている。

*29
Don't Forget!!
社会全体として達成すべき一定の目標と最低限の遵守事項を示し，これを法令に基づく罰則などを用いて達成しようとする手法。

に，初めての**生物多様性国家戦略**が策定された。「愛知目標」が反映された5代目の生物多様性国家戦略2012-2020[*30]が最新となる。

F．環境影響評価法

環境に大きな影響をおよぼす恐れのある事業について，事前に環境への影響を調査，予測，評価し，適正な環境配慮を行うのが環境影響評価である。日本は，1972年に環境影響評価制度導入の閣議了解を行った。制度導入の出発点は早かったが，法定化されるまでじつに25年を要した[*31]。その法制化には，生物多様性条約による後押し，環境基本法で位置づけられた「環境影響評価の推進」が大きな原動力となった。なお，環境影響評価の詳細については，第13章を参照されたい。

G．自然再生推進法

1992年の生物多様性条約採択以降，新たなしくみを導入する法律がいくつか制定された。その一つが2002年に公布された**自然再生推進法**である。自然再生とは，「過去に損なわれた自然環境を取り戻すため，関係行政機関，関係地方公共団体，地域住民，NPO，専門家などの地域の多様な主体が参加して，自然環境の保全，再生，創出などをおこなうこと」と定義されており，その特徴を以下に示す（日本生態学会2010[*32]）。

① **消失・劣化した生態系の回復自体を目的としていること**

具体的には，直線化された河道を蛇行化させて湿地を復元，河畔林や氾濫原の再生，コンクリート護岸の撤去，干潟や藻場の再生などであり，開発などで失われた環境を創出する「代償措置」とは異なる。

② **科学的なデータに基づく順応的管理を基本としていること**

自然再生は自然が相手であるため，設計図どおりに構造物を作ったら完成ではない。生態系の劣化原因を調査・分析して取り除き，自律的回復をうながすという受動的姿勢が基本となる。また，生態系は生物どうしや環境との相互作用で成り立つため動的で複雑であり，十分理解されていないことが多く，**順応的取り組み**（adaptive management）[*33]が基本となっている。

③ **構想・計画策定の段階から地域で組織された協議会が検討を行うボトムアップ方式を採用していること**

自然再生は一朝一夕に進むことはなく，長期間かつ地域に浸透した地道な取り組みが求められる。また，利害関係者も複雑であり，その目標設定や方法の検討・実施においては，地域の自主性，主体性，さらには地域の歴史や文化が尊重されるべきである。そのためには，特定の主体が一方的にリードするのではなく，民産官学など多様な主体が参加した**自然再生協議会**において情報の共有，価値観の調整，合意形成が欠かせない。

[*30] **＋αプラスアルファ**
おおむね5年間の行動計画として，約700の具体的施策があげられており，50の数値目標を設定するなど意欲的な計画となっている。

[*31] **＋αプラスアルファ**
当時のOECD加盟国（≒経済先進国）のなかで最も遅い法制化であり，その消極的な姿勢には批判も多い。（原科幸彦（2011）環境アセスメントとは何か．岩波書店）

[*32] 日本生態学会（2010）自然再生ハンドブック．地人書館

[*33] **Don't Forget!!**
計画段階において，将来の不確実性が高い場合，科学的データに基づき目標や方法を定め，モニタリングを通じて状況を把握し，計画どおりにいかないときは柔軟に方法を見直していくマネジメント手法。PDCAサイクルが特徴（＝順応的管理）。

H. 特定外来生物による生態系等に係る被害の防止に関する法律（外来生物法）

　日本人は古くから，食料，家畜，ペット，緑化などのため意図的に，あるいは意図せず，生物を世界各地から生きたまま輸入しており，「野生生物の世界三大消費国」といわれるほどであった。しかし，目立った対策は取られず，外来生物法施行前はきわめて無防備でまさに「無法地帯」であったという（日本生態学会 2002[*34]）。そこで政府の重い腰を上げさせたのは生物多様性条約と世論の変化であった[*35]。

　こうして特定外来生物による生態系，人の生命・身体，農林水産業への被害を防止するために，外来生物法が 2004 年に制定された。特定外来生物とは，「海外起源の外来種[*36]であって，生態系，人の生命・身体，農林水産業へ被害を及ぼすもの，または及ぼすおそれがあるもの」のなかから指定される。なお，下線部のように予防的な取り組み方法がこの法律の一つの特徴となっている。特定外来生物は，段階的に増やされており，2016 年 8 月までに 134 種が指定されている。特定外来生物の飼育・栽培，保管，運搬，輸入，譲渡，野外への放逐は罰則つきで規制され，特定外来生物の防除などが行われることもある。

I. 生物多様性基本法

　生物多様性の保全および持続可能な利用に関する施策の総合的，計画的な推進を目的に，2008 年**生物多様性基本法**が制定された。これによって，環境基本法（環境基本計画）→生物多様性基本法（生物多様性国家戦略）→個別法（種の保存法，自然再生推進法など）という体系的な枠組みが完成した（及川 2010）。長年成立を求めていた環境 NGO（WWF Japan）からは「日本の自然保護史に新たな 1 ページ」といわせるほど評価された[*37]。基本原則では，生物多様性の保全と持続的利用を並立して定め，その対応には予防的な取り組み方法と順応的取り組み方法をもって当たる（第 3 条）としている。また，生物多様性国家戦略の策定が法定計画化[*38]され（第 11 条），戦略内容の着実な実行が求められるようになった。第 13 条では，都道府県および市町村の生物多様性「地域」戦略策定の努力義務を定めており，地域への波及が進んでいる。第 21 条では，多様な主体との連携および協働が定められた。そして，計画段階からの環境影響評価が言及された（第 25 条）ことで 2011 年には法改正が行われた。さらに附則の第 2 条には，自然環境・生物多様性の保全に関係する法律の施行の状況について検討を加え，必要な措置を講ずるとあり，いくつかの法律で動きがみられている[*39]。

[*34] 日本生態学会（2002）外来種ハンドブック，地人書館

[*35] **＋α プラスアルファ**
外来種問題の認知度は 58.4％，持ち込み制限の同意が 88.2％，駆除への同意が 73.8％となった（2001 年内閣府調査）。

[*36] **Don't Forget!!**
外来生物法の特定外来生物では，海外由来の外来種だけが対象になっている。よって，外来種の定義とは異なることに注意。

[*37] **＋α プラスアルファ**
この法律の成立以前は，生物多様性の保全は，個々の法令による対応の印象が強く，統一感にとぼしかった。また，司令塔的存在の生物多様性国家戦略も生物多様性「条約」を根拠にしており，実効性にとぼしいという批判もあった。

[*38] **＋α プラスアルファ**
法令によって策定が定められ，行政の指針となること。

[*39] **＋α プラスアルファ**
たとえば，1992 年の成立から長年改正を受けず批判の多かった種の保存法であるが，2013 年には罰則の強化や広告の規制が追加された。また，2015 年には国内希少野生動植物種が 45 種，2016 年 3 月には 41 種追加された。

12-3 生態系と生物多様性の保全手法

12-3-1 生態系保全における考え方

ここに生態系の動態や成り立ちを示す2つの考え方がある。① 生態系は本来安定的であり、人為を排除さえすれば一定の状態を保つ、② 生態系は常に変化があり、画一的な平衡状態はなく、手つかずの自然は幻想である、というものだ。みなさんはどちらのイメージをもっているだろうか。

①は1970年代までの古典的なとらえ方であり、かつての自然環境のマネジメントは「安定」をめざし、行政による画一的な規制的手法が主流であった。変化は認めず、目の前の生態系の維持に重点が置かれた。また、人間は生態系に悪影響をもたらすものとみなされて排除され、「自然のバランス」を守ることが求められた。ところが、こうしたマネジメントの結果、生態系からあるべき変化を奪い、むしろ脆弱化させてしまった例が多く報告されている（鷲谷2001、森2012[40]）。

一方、1980年代以降、生態系の維持・形成には、被食、病気、山火事、台風などの**攪乱**（disturbance）が大きく影響しているという事例が数多く報告された。いまでは、「生態系は予測困難であり、複雑な変化が普遍的に起こりうる」という認識が一般化している[41]。また、従来考えられていた以上に人間活動による生態系への影響は大きく、人間の影響を生態系から排除することを優先した保全策では不十分と考えられるようになった。

こうした生態系の概念変化にともなって、そのマネジメントも大きく変化しようとしている。人間社会と生態系のかかわりを重視し、生態系の非平衡性や変動性を認め、情報公開しながら予測不可能性や不確実性への対応が求められている。そのためのキーワードが、「予防的な取り組み方法」、「順応的な取り組み」、さまざまな主体による「協働」とそれらを支える「科学的評価の重要性」である。いずれも12-2節で既出であるように、法令にはこれらの考え方がすでに取り入れられている。あとは民産官学すべての関係者がその意味を理解し、実践していくことが求められている。

12-3-2 優先して保全対象となる種とその特性

生物多様性の保全、とくに種の保全を考えた場合、どの種から手をつけるかでその後の方向性も変わることから、慎重な選択が求められる。さらに、ある種が生態系でどのような役割や機能を果たしているかの情報はかぎられており、それを証明することも容易ではなく時間のかかる作業となる。そこで、以下のような特性をもつ種（とくに、これらの特

[40]
鷲谷いづみ（2001）生態系を蘇らせる、日本放送出版協会
森章（2012）エコシステムマネジメント、共立出版

[41]
+α プラスアルファ
たとえば、植生は遷移の結果、極相林に達するが、多様な樹種と年齢から成るモザイク状のパッチから形成されており、画一的なパターンはない。森林は、攪乱によって一部が破壊されギャップができる。ギャップでは、埋土種子や飛来した種子からさまざまな樹木が生長し、複雑性を増す。

森を見上げた写真。詰まった林冠（上）と開けたギャップ（下）
（提供：PIXTA, 123RF）

性を重複してもつ種）は，モニタリングの対象や復元の目標とすることは効果的である。

1. 希少種　国や県，学会などがレッドリストなどで公表した絶滅の恐れが高い種である。さし迫った危険があるため優先度は当然高くなるが，盗掘や乱獲の恐れがあるため，その存在や分布を公表する場合は注意を要する。

2. 象徴種　古くから地域の文化に溶け込んでいたり，美しさや愛嬌などその魅力によって地域の住民がポジティブなイメージをもっていたりする種である。保全への理解が得られやすい。

3. アンブレラ種　大型ほ乳類や猛禽類（ワシ・タカ）など，行動範囲が広かったり，生活のために要求する資源の種類が多かったりする種である。その種を保護することで，その生息域内にすむその他多くの種や生態系が同時に保護できる効果が見込める。

4. キーストーン種　捕食などの手段で，ほかの種の増減に大きな影響力を与え，結果的には群集全体をコントロールしている種である[*42]。その不在は生物群集全体の変化をもたらすため，慎重な扱いが必要となる。

12-3-3　生物多様性に配慮した緑化技術の必要性

　緑化とは，植物群落がもつさまざまな機能を利用するため，その定着と発達を人工的にうながすことである（亀山2006[*43]）。土木分野における歴史は古く，治山・ダム・道路・砂防事業などにおいても法面緑化は欠かせない。

　一方で，導入当初は想定されていなかった緑化における生物多様性保全上の課題が明らかになっている。すなわち，生態系のレベルでは侵略的外来種の逸脱と蔓延，種のレベルでは交雑による攪乱，遺伝子のレベルでは種内の遺伝子構造の攪乱である。

　そもそも切り出された法面（傾斜面）は，貧栄養，乾燥，攪乱，強い日射など植物の生育には適さない厳しい環境である。当初の緑化は，そういった環境でも育つマメ科（ハリエンジュなど）やイネ科（シナダレスズメガヤ，オニウシノケグサなど）の頑強な植物の種子が輸入され，使用された。普通こういった外来植物は，植生の遷移が進むにつれて施工された場所からは減少する。しかし，そこが種子の供給源となり，河川を介して意図せず分布が広がっている[*44]。

[*42]
＋α プラスアルファ
アメリカ産の大型ヒトデやラッコが有名である。ヒトデは最大50cmほどもあり，体を維持するためには相当量の餌が必要となる。また，冷たい海にすむラッコも体温維持のためにかなりのエネルギーが必要で，1日で体重の約1/4の量も食べる。

ラッコ　　　（提供：PIXTA）

[*43]
亀山章（2006）生物多様性緑化ハンドブック，地人書館

[*44]
＋α プラスアルファ
全国主要123河川のうち，シナダレスズメガヤは107，オニウシノケグサは112，ハリエンジュは103の河川に侵入し（河川水辺の国勢調査，1990〜2005年），日本の特徴である急流河川が作る砂れき質河原の生態系が危機的状況であるという（日本生態学会2002）。

さらに複雑な問題が，在来種と同種とされている外国産の種子使用である（日本生態学会 2002）。しかし，その多くは日本在来のものとは遺伝的に異なり，ときには形態さえも異なっている。よって，遺伝子構造の攪乱や雑種の形成が懸念されている。さらに，国内産の同種であっても，地域ごとに遺伝子構造が異なっていることが多い。よって，国産の同種であっても異なる集団が持ち込まれることで，遺伝子の地域固有性の攪乱が懸念されている。

　これらの課題に積極的に対応しようとする基本指針も示されており，生物多様性に配慮した緑化の技術開発も進んでいる（亀山 2006）。さらに，優先的に保護されるべき自然公園では，生物多様性の保全に配慮するため 2015 年に法面緑化の指針が策定され，原則として地域性系統の植物[*45]だけが緑化に使用を許されている。しかし，地域性種苗の供給方法・体制の整備や生産コストの削減など，技術開発の余地は大きい。

　緑化の導入当初は，「外来種」や「遺伝子の多様性確保」という概念が確立されておらず，緑化 = 善として緑化に用いる種にはとくに配慮されなかった。しかし時代は変わり，生物多様性への配慮が不可欠となった。すなわち，要求は厳しくなり，繊細な配慮と選択，そして日々の新たな技術開発と情報収集が不可欠な時代となっていることが理解できただろうか。また，この事例は，科学的な情報収集や証明には時間を要することが多く，現場の後追いとなりやすいことも示唆している。そういった意味でも，生物を自然界に放つ場合は，予防的な取り組み方法で慎重な対応が重要だといえる。

12-3-4 生態系に配慮した河川整備と維持管理

1. 河川法改正から始まった自然環境配慮の波　河川，海岸，森林などにおける公共事業の原動力となり，農林水産業の保護を主目的としてきた各種法律にも，生物多様性保全の波は確実に打ち寄せている（及川 2010）。

　なかでも 1997 年の河川法改正は，最初の「環境法化」として高く評価されている。それまでの河川管理の目的は「治水と利水」だけであり，各地で粛々とダム建設を行う根拠となっていた。しかしこの改正により「河川環境の整備と保全」が目的に加えられ，たんなる事業の配慮事項から，事業・管理の主目的の一つに格上げされた。そして，河川整備計画の策定に住民意見が反映される手続きも導入され，官民協働の幕開けとなり，のちに成立した自然再生推進法を導く道しるべになった。その背景には，1980 年代後半からの長良川河口堰をめぐる社会的な紛争の影響が大きいといわれるが（茅野 2011[*46]），生物多様性条約の採択以降，生物多様性保全の重要性が社会に認識された出発点としてとらえること

[*45]
＋α！プラスアルファ
地域性系統の植物とは，在来植物のうち，気候や地形などの影響により遺伝子型を共有する集団を指す。また，遺伝子型とともに，形態や生理的特性などの表現型や生態的地位にも類似性，同一性が認められる集団内の植物をいう。

[*46]
茅野恒秀（2011）環境社会学研究 17，p.126 - 140

もできる。

2. 河川での生態系配慮の実際　川での土木工事といえば，コンクリート，石，木杭などを使いながら，重機による大がかりな作業をイメージするかもしれない。ところが山口県では，その常識を覆し，気の利いた知恵と協働により「長州が取り組む川づくりの平成維新」とまで評価されている河川生態系保全・復元の取り組みが進んでいる（浜野ら2007[*47]）。名作『水辺の小わざ』と日本生態系協会（2010）[*48]から，生態系配慮にかかわる技術者がもつべき重要な考え方や姿勢を紹介しよう。

① 森・川・海のつながりを意識

　川は，上から下に流れるから一方通行と思っていないだろうか[*49]。河川の生態系を保全するにはその栄養の供給源である森，産卵する海への移動の確保，そして子供が遡上できる環境の確保など，往来する生物の視点に立って効率よくつなぐ視点と技術が必要になる。

② 必要なのは，テクニックよりモラル

　現場での生物への配慮は，とりわけ高度で特殊なテクニックはいらない。現場作業を「生きものの生息環境作り」という視点から行うだけである。生きものの生息環境や生態系へのやさしいまなざしが大切であり，それこそが技術者として必要なモラルとなる。

③ 予算は有限〜効率と分散，そして中身が重要

　水辺の小わざでは，1か所に全力投球するより，小規模であっても効率的な改善を分散する意義が述べられ，優先順位づけや洪水など自然エネルギーの活用も勧めている。そして，見た目より中身を重視している。あえて，むき出しのコンクリートやヒューム管のほうが安価で生物にやさしいときもあることが指摘されており，「とにかく緑化」[*50]に通じる問題提起として，市民の意識にも変革が求められている。

④ いきものの理解と維持管理は「協働」で解決

　対象の生物の生態を知りつくすこと，それこそが配慮の第一歩だが，土木の専門家にはハードルが高い。そこで，『水辺の小わざ』では，組織や分野を横断したチームの結成をうながしている。土木と生物の混成チームができた時点で成功は近い。もし地域に協働できるネットワークがあり，維持管理が可能であるなら，安価な素材[*51]を用いて，いたるところに「水辺の小わざ」がしかけられる可能性が生まれる。

⑤ マニュアルからの脱却

　『水辺の小わざ』には，素晴らしい施工例が紹介されており，まさにバイブルである。そして，つい真似したくなる。しかし，100の現場には，100の答えがある。生物の視点でじっくり観察し，自ら答えを導き出そう。

[*47]
浜野龍夫，伊藤信行，山本一夫（2007）水辺の小わざ，山口県土木建築部河川課

[*48]
日本生態系協会（2010）ビオトープ管理士資格試験公式テキスト，日本能率協会マネジメントセンター

[*49]
＋αプラスアルファ
アユ，ウナギ，モクズガニなどは，産卵を海で行う。孵化した子供は，再び川を遡上する。こうした習性を「通し回遊」という。

[*50]
＋αプラスアルファ
緑化による生物多様性攪乱の原因の一つに，過剰な緑化があげられている（日本生態学会2002）。一見，「はげ山」で放置することは見ばえが悪く，市民からも否定的な見方が多い。しかしながら，裸地のままでも浸食が防止できる場合は，時間をかけて在来種の自然侵入を促進させる工法や表土中の埋土種子による植生回復をはかる工法なども提案されている。「自然配慮＝緑」という思い込みはいったん脇に置き，本質的な問題を見つめ直す必要がある。

[*51]
＋αプラスアルファ
木，金属，網。これらの素材は安価で手に入りやすいが，耐久性の問題から河川の土木工事からは排除されてきたという。一方で，多額の予算が必要なコンクリート製の構造物は，いったん破損すると次の予算確保まで放置される傾向が強く，小回りがききにくい。

演習問題　A　基本の確認をしましょう

12-A1 生物多様性劣化の原因を4つ挙げよ。

12-A2 豊かな人間社会の構築には，豊かな生物多様性が必須である理由を述べよ。

12-A3 生物多様性条約は，日本の自然保護関連法令整備にどんな影響を与えたか述べよ。

演習問題　B　もっと使えるようになりましょう

12-B1 我々が日々直接利用する生物は，地球上の生物のうち，ごくかぎられたものである。では，その他大勢の生物は不要かどうか説明せよ。

12-B2 生態系保全には，なぜ順応的取り組み，予防的取り組み，協働が必要なのか述べよ。

12-B3 「人間の生活の豊かさや便利さを確保するためには，多種多様な生物が生息できる環境が失われてもやむを得ない」という意見について，論理的な矛盾を指摘せよ。

あなたがここで学んだこと

この章であなたが到達したのは
- □ 生物多様性の重要性，その危機と原因を説明できる
- □ 生態系や生物多様性を守るための施策を説明できる
- □ 生態系や生物多様性の保全手法を説明できる

　生物多様性の保全と持続的利用を求めて世界が動き出してわずか20数年。日本の法整備もようやく整い始めたばかりである。環境保全で重要なことは，学んだ知識をもとに，実際に職場や日常生活で実践することである。持続可能な社会に向けて，積極的な行動を期待する。

13章 環境アセスメントとミティゲーション

北海道新幹線　　　　　　（提供：JR北海道）

2016年3月26日に開通した北海道新幹線は，青森県の新青森駅から北海道の新函館北斗駅間の約149 km（計画では札幌駅までで，2016年の時点で建設中）で営業運転が行われており，営業運転最高速度は260 km/hにも達し，現状では最短1時間1分（東京〜新函館北斗間は4時間2分）で到着します。

新幹線は安全性と高速移動，環境性能と快適性といった，ややもすれば相反する項目においても高いレベルで達成し，日本のみならず台湾やインドなどの海外においても導入が進んでいます。新幹線の敷設には，高速走行のための長い直線距離の確保や，専用の高架構造，トンネル，防音壁などの設備，工事が必要であり，通常の鉄道や道路よりも大きな土木，基礎工事をともないます。北海道新幹線の敷設にともなうこれらの工事の許認可には，環境アセスメント（環境影響評価）の制度に基づき，工事期間や営業運転中における騒音や振動，電波障害，動物，植物，生態系，景観，文化財など，約20項目もの評価項目において，おおむね3年間もの長期にかけて調査，予測，評価し，環境への影響が十分回避低減できているということを確認のうえ，工事に着手し，営業運転を開始しました。

●この章で学ぶことの概要

　緑豊かな自然，きれいな空気や水，騒音のない静かな環境など，豊かな環境を将来の世代に引き継いでいくことは現在の我々の世代の使命です。新幹線のように，交通の便をよくすることは，人の暮らしを豊かにするためには必要なことですが，いくら必要な開発事業であっても，環境に悪影響を与えていいはずはありません。

　このような開発事業に対して，事前に環境にどのような影響をおよぼすのかについて，調査，予測，評価を行い，その結果を公表して国民から意見を聴き，それらを踏まえて環境保全の観点からよりよい事業計画を作り上げていこうとする制度である環境アセスメントについて学びます。

予習 授業の前に調べておこう!!

1. どのような開発事業において，環境アセスメントを実施しなくてはならないのか調べよ[*1]。
2. 北海道新幹線において，事業の概要とどのような項目について環境アセスメントを実施したか調べよ[*1]。

WebにLink
予習の解答

13 1 日本の環境アセスメント制度

[*1]
ヒント
環境影響評価情報支援ネットワーク
http://assess.env.go.jp/1_seido/1-1_guide/index.html

[*2]
Let's TRY!!
『沈黙の春』の1章には，明日のための寓話がカーソンの想像により描かれているが，半世紀を超えた現在，実際に発生している問題も多い。調べてみよう。

[*3]
Don't Forget!!
環境影響評価法
配慮書，方法書，準備書，評価書，報告書の手続きを定め，文書を公告，縦覧することで環境の見地からの意見を広く収集し，事業内容に反映する。
公告：方法書などの文書が完成したというアナウンス
縦覧：文書を閲覧できる機会の提供

1960年代にアメリカにおいて，農薬による環境汚染の問題に警鐘を鳴らした『**沈黙の春（Silent Spring）**』[*2]（レイチェル・カーソン（アメリカ，1907-1964）著，1962年発刊）より環境保全の気運の高まりが生じ，1969年の**国家環境政策法**（NEPA：National Environmental Policy Act）の制定を始まりとして，環境アセスメントの考え方の導入が世界各国で進んできた。日本でも1972年に公共事業での環境アセスメントが導入され，1981年に環境影響評価法案が国会に提出されたが，1983年に一度廃案となった。

1984年に「環境影響評価の実施について」が閣議決定され，法律ではなく，行政指導による制度化（条例・要綱の制定）が進められ，その後，1993年の環境基本法の制定において，第20条に環境影響評価の推進について位置づけられたことを契機に，環境影響評価の制度の見直しが着手され，その後1997年6月に，**環境影響評価法**（environmental impact assessment law）[*3]が制定，環境アセスメントの法制化が行われ，2年間の移行期間を経て，1999年に完全施行された。この環境影響評価法は，環境アセスメントの手続きを定め，環境アセスメントの結果を事業内容に反映させることで，事業が環境の保全に十分に配慮して行われるようにすることを目的としている。

法律の完全施行後10年の経過を受け，法律の見直しの検討が行われた。2011年に，これまでの環境影響評価法にて定められた**方法書**（scoping document）手続きより前の計画段階での**配慮書**（document on primary environmental impact consideration）手続きや，工事開始，供用後の環境保全措置などの結果の報告，公表を行う**報告書**（impact mitigation report）手続きを主とした改正が行われ，2013年に完全施行された。

また，ごみ焼却場などは環境影響評価法では環境アセスメントの実施対象事業には含まれないが，地域の住民に対してより密接で環境への影響が考えられる事業などのアセスメントを実施する，自治体独自の環境アセスメントの制度が条例により制定されて運用されている。なお，環

境影響評価法・条例とは別に，事業種により個別法（たとえば，廃掃法や大店法など）に基づく簡易アセスのしくみも存在している。

13.2 環境アセスの対象事業と実施者

環境影響評価法に基づく環境アセスメントの対象事業は，13種類の事業[*4]にわたり，それぞれの事業において，道路は車線数や距離，発電所は燃料源と出力といった，事業の種類と規模が定められており，この規模が大きく環境に大きな影響をおよぼす恐れのある事業を**第1種事業**（class-1 project）として定義し，環境アセスメントの手続きを必ず行う。また，第1種事業に準ずる規模の事業を**第2種事業**（class-2 project）として定め，環境アセスメントの手続きを行うかどうかを個別に，事業を許認可する省庁（たとえば，道路事業なら国土交通省，発電所なら経済産業省）や環境省が判断する。

また，環境アセスメントは，道路や発電所などの対象事業を実施しようとする事業者（官公庁の事業実施機関や企業など）が実施する。この理由として，環境に影響をおよぼす恐れのある事業を行うものが，自己の責任で事業の実施によって発生する環境への影響について配慮することが適切であると同時に，**調査・予測・評価**（survey・forecast・evaluation）を事業者が行うとともに必要とされる環境保全対策も同時に計画，検討ができ，すみやかに計画に反映できるためである。

[*4]
13種類の事業
1. 道路
2. 河川
3. 鉄道
4. 飛行場
5. 発電所
6. 廃棄物最終処分場
7. 埋立て，干拓
8. 土地区画整備事業
9. 新住宅市街地開発事業
10. 工業団地造成事業
11. 新都市基盤整備事業
12. 流通業務団地造成事業
13. 宅地の造成の事業

5.の発電所については，2020年4月より太陽電池発電所が追加された。

13.3 環境アセスの手続きの流れ

環境アセスメントの手続きは，事業の計画から工事の許認可を得て，工事を行い，完成後，運転・供用開始後の報告書・フォローアップ（事後対応）までと長期間におよぶ。その間に事業者や都道府県・市町村などの行政，許認可を出す省庁や環境省などの国そして国民との間に，文書の**公告**（public announcement）・**縦覧**（inspection）や説明会などの開催を通じて，情報の公開と交換を行いながら**合意形成**（consensus building）を得る。以下では，環境影響評価法における手続きの流れを示す。

13-3-1 配慮書手続

配慮書手続は，1999年の環境影響評価法施行時にはなかったが，2013年4月1日施行の改正環境影響評価法より新たに設立された手続きである。事業者が第1種事業に該当する事業を計画する際に，事業の場所や規模などの検討段階において，環境保全のために配慮しなけれ

ばならない事項について検討を行い，その結果を取りまとめた文書を配慮書という。

配慮書の作成においては，事業者が事業の実施場所や規模などについて複数の**代替案**（alternatives）*5 の検討をするとともに，最も環境の影響を受ける可能性がある周辺住民の生活環境や自然環境の影響について，住民や行政，専門家の意見を聴き，意見を反映させる必要がある。なお，第2種事業に該当する事業の場合は，配慮書作成の手続は任意で行われる。

13-3-2 方法書手続

方法書手続では，まず計画されている事業について，環境アセスメントを実施するかどうか判断する**スクリーニング**（screening）を行う。手順として，計画された事業が環境アセスメントの実施対象となる13種類の事業に相当するかどうかの判定を行い，続いてその事業の規模*6 を確認し，第1種事業に相当する場合は必ず環境アセスメントを行う必要がある。また，13種類の事業に該当するが，規模が第2種事業に相当する場合は，環境アセスメントを実施するかどうかは個別に判定する。判定は，道路事業であれば国土交通省，発電所であれば経済産業省と，事業の許認可を判断する省庁が行う。

環境アセスメントの実施が必要と判定された場合，事業者はどのような方法で，どのような環境影響項目について調査・予測・評価といった環境アセスメントを実施するかの計画である環境影響方法書（方法書）の作成に取りかかるが，事業の場所や置かれている環境条件などはすべての事業において異なるため，地域の住民や行政，専門家の意見を聴き，事業者は環境アセスメントを実施する項目についてそれぞれ，範囲や方法，期間などをしぼり込んでいく。このしぼり込みの工程を**スコーピング**（scoping）という。

事業者が作成した方法書*7 は，図13-1のように新聞や行政誌などに，方法書が完成したという公告が行われ，以降1か月の間，事業者の事務所や関係市町村などの行政庁舎や，インターネット上に開示され，誰でも見られるようにする（縦覧）。また，1か月間の縦覧期間の間，事業者は地域の住民が集まりやすい体育館や行政施設などにて，直接方法書の内容についてスライドなどを用いた口頭説明や質疑応答を行う場である説明会を設定し，関係する住民からの質問に対応する。その後，方法書の内容について環境保全の見地から意見がある人は，関係住民にかかわらず誰でも縦覧期間1か月間プラス2週間の間に，意見書を事業者に提出することができる。

---

*5
Don't Forget!!
代替案
事業の目的を達成するための複数の案であり，たとえばA市とB市を結ぶ道路を計画した際，高架型の道路にするか，地下トンネルの道路にするかなどである。

*6
＋α プラスアルファ
たとえば，発電所の場合，出力によって第1種事業と第2種事業を判定する。
火力発電所の場合，第1種事業相当は，出力15万kW以上，第2種事業は出力11.25〜15万kW。
環境への影響が大きいと判断されている原子力発電所の場合は，いかなる出力によってもすべて第1種事業に相当する。

*7
＋α プラスアルファ
方法書の構成
方法書は，調査・予測・評価といった，分析・解析などの環境影響の把握を行う前の文書であり，おおむね以下の構成である。
・事業者の名称，所在地
・対象事業の目的および内容
・対象事業実施区域およびその周囲の概況
・対象事業に係る環境影響評価の項目ならびに調査，予測および評価の手法　など

図13-1 新聞における公告の事例（2007年6月25日読売新聞朝刊30面）。事例では，評価書が作成され縦覧を開始する内容を公告している

　事業者は，提出された意見書を取りまとめ，関係行政に提出する。関係行政において専門家などの見解や判断を仰ぎながら意見書を検討し，都道府県知事などの名において事業者に意見を述べ，これを踏まえて事業者は方法書の記載内容を再検討し，環境アセスメントの方法を決定する。

13-3-3 準備書手続

　方法書が完成したあと，決定した環境影響項目について調査・予測・評価を行う準備書手続にて，環境アセスメントの作業を行う。1999年施行の環境影響評価法が制定される前は，この準備書手続の段階から環境アセスメントを開始していた。

　調査とは，予測・評価するために必要な対象地域の環境情報を収集する工程であり，大気汚染や水質汚濁などの公害に関する環境影響項目は，対象地域の複数箇所について，環境基準の達成度の確認や濃度などの分析結果の収集を行うとともに，必要に応じて現地調査を行う。また，植物や動物などは，地域の文献などを確認のうえで実際に現地に行き，種の同定と個体数の調査や分布を確認する。

　予測とは，対象の事業の工事段階や供用後の環境影響項目について，現状の調査結果からどのように環境が変化するのかを予測する行程であり，過去の同様な事業実施例からの推測や，コンピュータによるシミュレーション，景観などは事業実施前後の眺望の合成写真などを作成し，事業による変化がどの程度かを確認する。

　評価とは，大気汚染，景観といった個別の環境影響項目について，予測結果から事業を行った場合の環境への影響を検討する工程である。環

境基準や行政の目標などがある環境影響項目，たとえば，大気汚染であれば二酸化窒素 NO_2，二酸化硫黄 SO_2，**浮遊粒子状物質 SPM**（Suspended Particle Matter）などの項目について，それらの環境基準値や目標値などを十分に達成できるかどうかを環境影響項目別に評価をする。この場合，基準値をただクリアすればよいというものではなく，複数の代替案や実行する環境保全対策により，事業の目的上実行可能な範囲で環境影響をできるかぎり回避・低減するといった取り組みを行うこととしている。これをベスト追求型の環境アセスメントという。

図13-2にベスト追求型の環境アセスメントの考え方を示した。二酸化いおう（いおうは環境基準の記載に準拠してひらがな）は環境基準値として日平均 0.04 ppm 以下と定められており，現状のバックグラウンド濃度（事業開始前の濃度）は十分に環境基準を達成していると仮定する。この地域に高速道路をA案のルートで建設する場合，工事終了後供用時の二酸化いおうの**一般環境大気測定局**（air pollution monitoring station）の予測が環境基準[*8]を上回るならば，このA案は採用されない。一方，B案のルートおよびC案のルートで敷設する場合，いずれも供用時の二酸化いおうの予測は環境基準を下回るが，より環境影響を回避・低減できるC案がベストの案として評価され，選択される。

[*8]
Let's TRY!!
環境基準が設定されている公害はどのようなものがあるか，調査してみよう。たとえば騒音，大気汚染など。

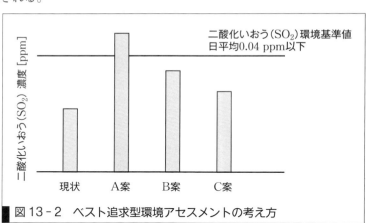

図13-2　ベスト追求型環境アセスメントの考え方

個別の環境影響項目について調査・予測・評価を行ったあと，最終的には複数の代替案ごとに個別評価結果を統合し，代替案ごとに総合点数などを算出して順位づけを行い，総合点数1位の事業案が事業の目的を満たす場合は，この案をベストの事業案（最適案）とする。

図13-3に個別評価と総合評価のイメージを示した。先ほどの事例と同じで，高速道路を建設する事業案を例とすると，A案では，環境影響評価項目として SO_2，NO_2，騒音などを項目として選定（方法書にて決定）し，個別の項目について，調査・予測・評価を行い，個別評価

スコア(事例では10点を満点とする)を求める。総合評価では，すべての個別評価項目について，評価結果に重み(どの項目を一番重視するか)を考慮して加算し，総合評価合計スコア(事例では最高100点とする)を算出する。

同様の個別評価，総合評価をB案，C案についても行い，代替案の相対比較，順位づけを行い，総合評価合計スコアが最も高い案が最適案として選ばれる。

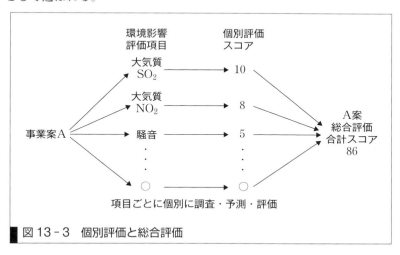

図13-3 個別評価と総合評価

環境影響評価準備書(準備書)(Draft Environmental Impact Statement：DEIS)とは，これら一連の個別の環境影響項目の調査・予測・評価の結果および総合評価を取りまとめた文書である。事業者が作成した準備書[*9]は，方法書と同様の公告，縦覧，説明会の開催が行われる。方法書と比較して，内容は多岐にわたり専門的であるため，準備書の要約書を作成したり，説明会の開催時には事業者が率先して，準備書の内容を簡潔にわかりやすくとりまとめたあらましを関係住民に配布し，スライドや動画などで説明を行う，などの工夫がされている。その後，準備書の内容について環境保全の見地から意見がある人は，関係住民にかかわらず誰でも縦覧期間1か月間プラス2週間の間に，意見書を事業者に提出することができる。

事業者は，提出された意見書を取りまとめ，関係行政に提出する。準備書および意見書について，専門家などで構成される審議委員会などで複数回審議を重ね，事業者が作成した準備書の内容について検討を行い，その結果を都道府県知事などの名において事業者に伝え，これを踏まえて事業者は準備書の記載内容の修正を検討する。

13-3-4 評価書手続

事業者は準備書手続における都道府県知事などの意見や環境保全の見

[*9]
＋α プラスアルファ
準備書の構成
準備書は，アセスメントの結果であり，方法書の内容[*7]に以下の項目が追加された構成である。
・方法書についての意見と事業者の見解
・方法書に対する経済産業大臣の勧告
・環境影響評価の項目ならびに調査・予測および評価手法についての経済産業大臣の助言
・環境影響評価の結果
・環境影響評価を委託した事業者の名称　など

地からの一般の人々の意見の内容について検討を行い，準備書の内容の見直しや修正を行った**環境影響評価書（評価書）（Environmental Impact Statement：EIS）**を作成する。また，準備書同様に評価書の要約書が作成される場合もある。作成された評価書[*10]は，事業の許認可を行う関係省庁および環境大臣に送付され，環境大臣は許認可を行う省庁に対して環境保全の見地からの意見を述べ，事業の許認可を行う省庁は環境大臣の意見を踏まえ，事業者に意見を述べる。

事業者は許認可を行う省庁の意見について検討を行い，評価書の見直しや修正を行い，最終版の評価書（Final Environmental Impact Statement：FEIS）を作成，確定させる。確定した評価書は，許認可を行う省庁や都道府県知事などに送付され，これまでと同様に公告，縦覧の手続きが行われ，1か月の間，誰でも評価書を見られるようにする。

その後，許認可を行う省庁にて評価書を審査し，事業実施の許可を得て，ようやく事業が実施（工事着手，供用開始）される。

13-3-5 報告書手続・フォローアップ

これまで評価書に記載されてきた環境アセスメントの結果は，あくまで事業実施前の段階の予測・評価であり，工事に着手したあとや完了後，供用開始になってから，予測・評価が正しく行われたかどうかの判断や，予測どおりにならなかった環境影響項目に対して，想定していた環境保全措置を実施するか，またはより大がかりな環境保全措置が必要かどうかの判断を行うため，事業者は必要に応じて事後調査を行い，その内容を報告書としてとりまとめ，許認可を行う関係省庁および環境大臣に提出する。

フォローアップとして事業の種類，規模や地域，予測結果と事後調査結果などは，インターネット上の情報として誰でも閲覧できるように公開されており，また今後同様な事業について環境アセスメントを行う場合，予測の精度向上などの情報に活用されている。

13-3-6 環境保全措置とミティゲーション

事業者は，事業の実施により環境に影響がおよぶ恐れがあると判断された場合，その影響を回避または低減するため，環境保全措置を検討・実施しなければならない。環境保全措置には，「回避 ＝ 事業の（一部）中止，変更などによって，環境への影響を発生させない」，「低減 ＝ 環境への影響を最小限におさえる，または，環境への影響を修復する」，「代償 ＝ 影響を受ける環境と同様の価値の場や機能を新たに創出して，全体としての影響を緩和させる」などの方法があるが，それら

[*10] **＋α プラスアルファ**
評価書の構成
評価書は，準備書の内容[*9]に，さらに以下の項目が追加された構成である。
・準備書についての意見と事業者の見解
・準備書に対する経済産業大臣の勧告
・環境影響評価準備書記載事項の修正の概要　など

図13-4 環境保全措置の優先順位と残る影響，事後調査の関係

出典：環境省，環境影響評価支援ネットワーク，平成13年度 第1回検討会より引用

の実施には優先順位「回避→低減→代償」が定められており，必ず守られるべきものである（図13-4）。

こうした一連の対応は**ミティゲーション**（mitigation）と呼ばれ，欧米では「人間行為が環境におよぼす悪影響の緩和」という意味で使用されている。1978年にNEPAの施行規則として初めて具体的な定義が行われ，日本の環境影響評価法にも同様の考え方が導入された。

図13-5，図13-6ともに四国電力株式会社の「坂出発電所2号機リプレース計画」事業における手続きにて作成された文書である。方法書（図13-5右図の左端）に比べ，準備書，評価書はアセスメントの実施結果が詳細に記載されているため，文章量が多く，膨大なデータになる。

図13-5 環境アセスメントの手続きにて作成される文書。方法書，準備書・要約書，評価書・要約書

図13-6 準備書，評価書のあらまし（カラーパンフレット）

13.4 環境アセスの調査・予測・評価項目

環境アセスメントにおいて，方法書の段階における**スコーピング**にて，検討すべき環境影響項目として，以下のような項目がある（表13-1）。

表13-1 調査・予測・評価の対象となる環境項目の分類

環境要素の区分	環境影響評価項目
環境の自然的構成要素の良好な状態の保持	大気環境（大気質，騒音，振動，悪臭など） 水環境（水質，底質，地下水汚染など） 土壌環境（土壌，地盤，地形・地質など） その他
生物の多様性の確保および自然環境の体系的保全	植物 動物 生態系
人と自然との豊かな触れ合い	景観 人と自然との触れ合いの活動の場
環境への負荷	廃棄物等 温室効果ガス等 その他
その他	低周波空気振動 電波障害 史跡・文化財 その他

「環境の自然的構成要素の良好な状態の保持」の区分は，おもに典型七公害に関係するものであり，その項目の多くは環境基準や排水・排出基準などの許容濃度の基準値を有する内容である。大気環境を例にあげると，工場や事業場などの固定発生源からおもに排出される硫黄酸化物 SO_x や浮遊粒子状物質 SPM，自動車などの移動発生源からおもに排出される窒素酸化物 NO_x などがある。また水質では，水中の溶存酸素 DO を低下させる有機物の汚染源である生物化学的酸素要求量 BOD や，

水俣病やイタイイタイ病など，人に対して甚大な被害となった総水銀やカドミウムなどの重金属類などがある。

「生物の多様性の確保および自然環境の体系的保全」の区分は，たとえば山間部の高速道路の長距離のトンネルを掘る場合は，自然の山を切り出し，トンネルや道路を建設することで，その区域に生息する動植物への影響について検討する必要がある。評価内容としては，重要な動植物種の分布，生息・生育状況などが対象となり，さらに水圏，大気圏，岩石圏，生物圏の4つのフィールドにて構成される生態系への影響，環境変化についての検討も行われるようになった。

「人と自然との豊かな触れ合い」の区分は，発電所の建設であれば高い煙突による景観への影響などが検討にあげられる。これまで見慣れた眺望から一転して，高い煙突の存在が風光明媚な海岸や内海の景観を人工的なものに変えてしまうなどの影響がないか，などの検討を行う。また，関係住民のレクリエーションの場である自然との触れ合いの活動の場について，事業による影響が発生する可能性がないかなどの検討も行う。

「環境への負荷」の区分は，事業の工事期間に発生する建設残土や木材廃棄物やコンクリート廃棄物のほかに，供用段階において施設から排出される産業廃棄物などがあげられる。また，地球温暖化問題として，事業における二酸化炭素などの温室効果ガス排出があげられるが，こちらも工事期間および施設の供用時の2段階において適宜影響評価を行う。工事期間において二酸化炭素排出量を低減できる措置の例として，低炭素型エンジン搭載の工事車両や重機の使用，搬出道路の平坦化を行い，余分な燃料の消費を削減するなどの方法が考えられる。これらの廃棄物や温室効果ガスは，現在はさらに耐用年数を終えて施設を解体する時期までを見込んでの環境アセスメントを実施する場合もある。

地上デジタル放送の送信の役割を果たす東京スカイツリー（最上部：634 m）[*11]のように，おもに都心部に高い構造物を建設する場合に発生する電波障害や日照阻害などが問題になることがある。また，工事区域内や大型の工事車両通過確保のために道路を一時的に拡張する仮設工事などにおいて，歴史的史跡・文化財の存在，発見なども問題になる場合がある。これらについては，影響を受ける関係住民への情報公開と住民の意見をくみ，環境影響評価の方法を検討する必要がある。

[*11]
Let's TRY!!
業平橋押上地区開発事業（スカイツリーや商業施設の設置）における環境アセスメントの手続きを調査し，電波障害の影響はどのように調査・予測・評価されているのか，確かめてみよう。

13・5　環境アセスの事例（発電所リプレース計画）

これまでに学んだ環境影響評価の手続きの流れの確認として，実施された事例について，検討してみたい。

香川県にある坂出発電所2号機は，1972年5月に運転を開始し，出

力35万kWで重油・コークス炉ガスを燃料としてこれまで運転を行ってきたが，経年劣化にともない，効率の低下や安定運転維持のための保守費用の増加が避けられないことから，より高効率な天然ガスを燃料としたコンバインドサイクル発電方式の設備にリプレース（交換）することで，高い稼働率を維持し，二酸化炭素排出量の削減などの環境負荷を低減することにした。

リプレースする天然ガスコンバインドサイクル[*12]発電方式は，出力28.9万kWであり，事業の種類は火力発電所に相当する事業であるため，環境影響評価法の第1種事業に相当し，必ず環境アセスメントを行わなければならない事業である。図13-7に事業対象地域を示した。

[*12] **工学ナビ**
コンバインドサイクル
ガスタービンと蒸気タービンを組み合わせた発電方式。通常の蒸気タービンによる発電方式よりも同じ燃料から約2～3倍（1950年代比）の電力を発電することが可能である。

図13-7　対象事業実施区域の鳥瞰図

出典：四国電力株式会社「坂出発電所2号機リプレース計画」環境影響評価書のあらまし，p.3より抜粋

本事業の環境アセスメントは，2012年，2013年に改正される前の段階の環境影響評価法（1999年施行）に基づいて実施されたため，配慮書の手続きはない。環境影響評価方法書[*13]の提出は2010年4月1日に行われ，翌日の公告から約1か月間（4月2日～5月7日）の縦覧の手続きを経て，環境影響評価項目の選定が決定したあと，環境影響項目について詳細な調査・予測・評価が行われ，2012年3月28日に環境影響評価準備書が提出された。方法書同様に翌日の公告から約1か月間（3月29日～5月2日）の縦覧の機会を設け，縦覧期間中である4月18日に地元市の市民ホールにて説明会を開催した。

環境影響評価の項目は，方法書手続において窒素酸化物，粉じんなど，騒音，振動，水質汚濁，富栄養化，水温，流向および流速，植物，動物，景観，人と自然との触れ合い活動の場，産業廃棄物，残土，二酸化炭素

[*13] 四国電力株式会社「坂出発電所2号機リプレース計画」環境影響評価書

の16項目を選定し，準備書手続において工事着手前に工事の実施時や供用段階における調査・予測・評価（環境アセスメント）を行った。

　発電所は，燃料を燃焼してタービンを回転させて発電を行うが，その際に海水による蒸気の冷却が必要であり，取水された海水は7℃程度上昇して再び湾内に温排水として排出される。排出された温排水は排出量が多くなれば，湾内の海水温の上昇を招き，周辺海域の海の動物や植物に対しての影響が懸念されるため，図13-8のように海の動物・植物の現況調査をし，予測・評価をした。

潮間帯生物調査　　　　　　動物プランクトン調査

図13-8　海の動物・植物の調査

出典：四国電力株式会社「坂出発電所2号機リプレース計画」環境影響評価書のあらまし，p.18より抜粋

　そこで本事業の予測では，2号機を含め，すでに稼働中の1～4号機全体の温排水の温度上昇を7℃以下とし，排出量を47.1 m³/sから41.0 m³/sに低減することで，温排水の拡散予測のシミュレーションを行った。その結果，図13-9に示したように1℃海水温上昇域（海面積）を現状の5.0 km²から4.6 km²と，8%削減できる予測となり，周辺海

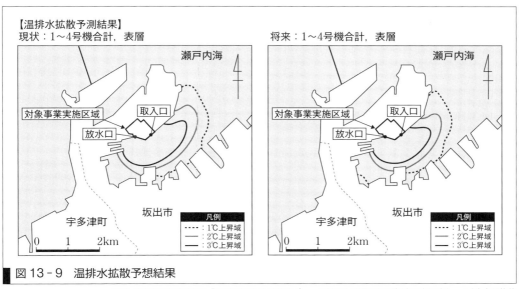

図13-9　温排水拡散予想結果

出典：四国電力株式会社「坂出発電所2号機リプレース計画」環境影響評価書のあらまし，p.14より抜粋

域の水温におよぼす影響を現状よりも少なくできると評価した。

この予測は瀬戸内海の年間を通しての潮流の調査結果をもとに温排水の拡散予測を行う高度な手法から得ることができた。海水温度の上昇の影響は，周辺地域において養殖を営む住民の環境影響に関する不安を取り除き，発電効率は向上させながらも現状よりも温度上昇の範囲を少なくするといった，ベスト追求型環境アセスメントの取り組みが発揮されている好例である。

演習問題　A　基本の確認をしましょう

13-A1　環境アセスメントにおいて作成される，配慮書，方法書，準備書，評価書について，内容の違いを説明せよ。

13-A2　スクリーニングとスコーピングについて，内容を説明せよ。

13-A3　ミティゲーションについて，内容を説明せよ。

演習問題　B　もっと使えるようになりましょう

13-B1　環境アセスメントの手続きの間における，事業者・行政と関係住民との間で交わされる文書や説明会などの流れを，環境アセスメントの実施に沿って図示せよ。

13-B2　環境アセスメントの制度へのより積極的な住民参加をうながすにはどのようにすればいいか，考えよ。

あなたがここで学んだこと

この章であなたが到達したのは
- □環境影響評価の目的（どのような事業に必要か）を説明できる
- □環境影響評価の手続きやその文書内容を説明できる
- □環境影響指標を説明できる
- □環境影響評価の現状（事例など）を説明できる

本章では，人が豊かな暮らしをするために必要な開発事業の実施において，どのような事業がどのように環境へ影響をおよぼすのか，またそれを回避・低減する環境影響評価の制度について学習してきた。

今後も日本は，2020年の東京オリンピックに向けて，競技場の設置や交通機関の整備，空港・港湾整備，またリニア構想など，世界の最先端技術を駆使した建設が多く予定されている。これらの建設計画やあなたの地元の道路や鉄道，発電所建設などの計画に，どのような環境への影響をおよぼすのかあなたが関心をもち，環境影響評価の制度による公告，縦覧される文書や開催される説明会にふれてもらいたい。そして，得られた知識と正しい考えをもち，将来の世代に対してよりよい環境を引き継いでいってもらいたい。

付録（環境基準）

1. 水質
1-1. 水質汚濁に係る環境基準
1-1-1. 人の健康の保護に関する環境基準

項目	基準値	項目	基準値
カドミウム	0.003 mg/L 以下	1,1,2-トリクロロエタン	0.006 mg/L 以下
全シアン	検出されないこと。	トリクロロエチレン	0.01 mg/L 以下
鉛	0.01 mg/L 以下	テトラクロロエチレン	0.01 mg/L 以下
六価クロム	0.05 mg/L 以下	1,3-ジクロロプロペン	0.002 mg/L 以下
砒素	0.01 mg/L 以下	チウラム	0.006 mg/L 以下
総水銀	0.0005 mg/L 以下	シマジン	0.003 mg/L 以下
アルキル水銀	検出されないこと。	チオベンカルブ	0.02 mg/L 以下
PCB	検出されないこと。	ベンゼン	0.01 mg/L 以下
ジクロロメタン	0.02 mg/L 以下	セレン	0.01 mg/L 以下
四塩化炭素	0.002 mg/L 以下	硝酸性窒素および亜硝酸性窒素	10 mg/L 以下
1,2-ジクロロエタン	0.004 mg/L 以下	ふっ素	0.8 mg/L 以下
1,1-ジクロロエチレン	0.1 mg/L 以下	ほう素	1 mg/L 以下
シス-1,2-ジクロロエチレン	0.04 mg/L 以下	1,4-ジオキサン	0.05 mg/L 以下
1,1,1-トリクロロエタン	1 mg/L 以下		

備考
1 基準値は年間平均値とする。ただし，全シアンに係る基準値については，最高値とする。
2 「検出されないこと」とは，測定方法の項に掲げる方法により測定した場合において，その結果が当該方法の定量限界を下回ることをいう。
3 海域については，ふっ素およびほう素の基準値は適用しない。
4 硝酸性窒素および亜硝酸性窒素の濃度は，規格43.2.1，43.2.3，43.2.5 または 43.2.6 により測定された硝酸イオンの濃度に換算係数 0.2259 を乗じたものと規格 43.1 により測定された亜硝酸イオンの濃度に換算係数 0.3045 を乗じたものの和とする。

1-1-2. 生活環境の保全に関する環境基準
(1) 河川
① 河川（湖沼を除く。）
ア

類型	利用目的の適応性	基準値				
		水素イオン濃度（pH）	生物化学的酸素要求量（BOD）	浮遊物質量（SS）	溶存酸素量（DO）	大腸菌群数
AA	水道1級，自然環境保全およびA以下の欄に掲げるもの	6.5以上 8.5以下	1 mg/L 以下	25 mg/L 以下	7.5 mg/L 以上	50 MPN/100 mL 以下
A	水道2級，水産1級水浴およびB以下の欄に掲げるもの	6.5以上 8.5以下	2 mg/L 以下	25 mg/L 以下	7.5 mg/L 以上	1000 MPN/100 mL 以下
B	水道3級，水産2級およびC以下の欄に掲げるもの	6.5以上 8.5以下	3 mg/L 以下	25 mg/L 以下	5 mg/L 以上	5000 MPN/100 mL 以下
C	水産3級，工業用水1級およびD以下の欄に掲げるもの	6.5以上 8.5以下	5 mg/L 以下	50 mg/L 以下	5 mg/L 以上	—
D	工業用水2級，農業用水およびEの欄に掲げるもの	6.0以上 8.5以下	8 mg/L 以下	100 mg/L 以下	2 mg/L 以上	—
E	工業用水3級 環境保全	6.0以上 8.5以下	10 mg/L 以下	ごみなどの浮遊が認められないこと。	2 mg/L 以上	—

備考
1 基準値は，日間平均値とする（湖沼，海域もこれに準ずる。）。
2 農業用利水点については，水素イオン濃度6.0以上7.5以下，溶存酸素量5 mg/L 以上とする（湖沼もこれに準ずる。）。

(注)
1. 自 然 環 境 保 全：自然探勝などの環境保全
2. 水　　道　　1　級：ろ過などによる簡易な浄水操作をおこなうもの
　　水　　道　　2　級：沈殿ろ過などによる通常の浄水操作をおこなうもの
　　水　　道　　3　級：前処理などを伴う高度の浄水操作をおこなうもの
3. 水　　産　　1　級：ヤマメ，イワナなど貧腐水性水域の水産生物用ならびに水産2級および水産3級の水産生物用
　　水　　産　　2　級：サケ科魚類およびアユなど貧腐水性水域の水産生物用および水産3級の水産生物用
　　水　　産　　3　級：コイ，フナなどβ-中腐性水域の水産生物用
4. 工 業 用 水 1 級：沈殿などによる通常の浄水操作をおこなうもの
　　工 業 用 水 2 級：薬品注入などによる高度の浄水操作をおこなうもの
　　工 業 用 水 3 級：特殊の浄水操作をおこなうもの
5. 環　　境　　保　　全：国民の日常生活（沿岸の遊歩などを含む。）において不快感を生じない限度

イ

類型\項目	水生生物の生育状況の適応性	基準値		
		全亜鉛	ノニルフェノール	直鎖アルキルベンゼンスルホン酸およびその塩
生物A	イワナ，サケマスなど比較的低温域を好む水生生物およびこれらの餌生物が生息する水域	0.03 mg/L 以下	0.001 mg/L 以下	0.03 mg/L 以下
生物特A	生物Aの水域のうち，生物Aの欄に掲げる水生生物の産卵場（繁殖場）または幼稚仔の生育場として特に保全が必要な水域	0.03 mg/L 以下	0.0006 mg/L 以下	0.02 mg/L 以下
生物B	コイ，フナなど比較的高温域を好む水生生物およびこれらの餌生物が生息する水域	0.03 mg/L 以下	0.002 mg/L 以下	0.05 mg/L 以下
生物特B	生物Aまたは生物Bの水域のうち，生物Bの欄に掲げる水生生物の産卵場（繁殖場）または幼稚仔の生育場として特に保全が必要な水域	0.03 mg/L 以下	0.002 mg/L 以下	0.04 mg/L 以下

② 湖沼（天然湖沼および貯水量が1000立方メートル以上であり，かつ，水の滞留時間が4日間以上である人工湖）

ア

類型\項目	利用目的の適応性	基準値				
		水素イオン濃度(pH)	化学的酸素要求量(COD)	浮遊物質量(SS)	溶存酸素量(DO)	大腸菌群数
AA	水道1級，水産1級，自然環境保全およびA以下の欄に掲げるもの	6.5以上 8.5以下	1 mg/L 以下	1 mg/L 以下	7.5 mg/L 以上	50 MPN/100 mL 以下
A	水道2，3級，水産2級 水浴およびB以下の欄に掲げるもの	6.5以上 8.5以下	3 mg/L 以下	5 mg/L 以下	7.5 mg/L 以上	1000 MPN/100 mL 以下
B	水産3級，工業用水1級 農業用水およびCの欄に掲げるもの	6.5以上 8.5以下	5 mg/L 以下	15 mg/L 以下	5 mg/L 以上	—
C	工業用水2級 環境保全	6.0以上 8.5以下	8 mg/L 以下	ごみ等の浮遊が認められないこと。	2 mg/L 以上	—

備考
水産1級，水産2級および水産3級については，当分の間，浮遊物質量の項目の基準値は適用しない。

(注)
1. 自然環境保全：自然探勝などの環境保全
2. 水道 1 級：ろ過などによる簡易な浄水操作をおこなうもの
　水道 2，3 級：沈殿ろ過などによる通常の浄水操作，または，前処理などを伴う高度の浄水操作をおこなうもの

3. 水 産 1 級：ヒメマスなど貧栄養湖型の水域の水産生物用ならびに水産2級および水産3級の水産生物用
   水 産 2 級：サケ科魚類およびアユなど貧栄養湖型の水域の水産生物用および水産3級の水産生物用
   水 産 3 級：コイ，フナなど富栄養湖型の水域の水産生物用
4. 工業用水1級：沈殿などによる通常の浄水操作をおこなうもの
   工業用水2級：薬品注入などによる高度の浄水操作，または，特殊な浄水操作をおこなうもの
5. 環 境 保 全：国民の日常生活（沿岸の遊歩などを含む。）において不快感を生じない限度

イ

類型 項目	利用目的の適応性	基準値	
		全窒素	全燐
I	自然環境保全およびII以下の欄に掲げるもの	0.1 mg/L 以下	0.005 mg/L 以下
II	水道1，2，3級（特殊なものを除く。） 水産1種，水浴およびIII以下の欄に掲げるもの	0.2 mg/L 以下	0.01 mg/L 以下
III	水道3級（特殊なもの）およびIV以下の欄に掲げるもの	0.4 mg/L 以下	0.03 mg/L 以下
IV	水産2種およびVの欄に掲げるもの	0.6 mg/L 以下	0.05 mg/L 以下
V	水産3種，工業用水，農業用水，環境保全	1 mg/L 以下	0.1 mg/L 以下

備考
1 基準値は年間平均値とする。
2 水域類型の指定は，湖沼植物プランクトンの著しい増殖を生ずるおそれがある湖沼について行うものとし，全窒素の項目の基準値は，全窒素が湖沼植物プランクトンの増殖の要因となる湖沼について適用する。
3 農業用水については，全燐の項目の基準値は適用しない。

（注）
1. 自 然 環 境 保 全：自然探勝などの環境保全
2. 水 道 1 級：ろ過などによる簡易な浄水操作をおこなうもの
   水 道 2 級：沈殿ろ過などによる通常の浄水操作をおこなうもの
   水 道 3 級：前処理などを伴う高度の浄水操作をおこなうもの
3. 水 産 1 種：サケ科魚類およびアユなどの水産生物用ならびに水産2種および水産3種の水産生物用
   水 産 2 種：ワカサギなどの水産生物および水産3種の水産生物用
   水 産 3 種：コイ，フナなどの水産生物用
4. 環 境 保 全：国民の日常生活（沿岸の遊歩などを含む。）において不快感を生じない限度

ウ

類型＼項目	水生生物の生育状況の適応性	基準値		
		全亜鉛	ノニルフェノール	直鎖アルキルベンゼンスルホン酸およびその塩
生物 A	イワナ，サケマスなど比較的低温域を好む水生生物およびこれらの餌生物が生息する水域	0.03 mg/L 以下	0.001 mg/L 以下	0.03 mg/L 以下
生物特 A	生物 A の水域のうち，生物 A の欄に掲げる水生生物の産卵場（繁殖場）または幼稚仔の生育場として特に保全が必要な水域	0.03 mg/L 以下	0.0006 mg/L 以下	0.02 mg/L 以下
生物 B	コイ，フナなど比較的高温域を好む水生生物およびこれらの餌生物が生息する水域	0.03 mg/L 以下	0.002 mg/L 以下	0.05 mg/L 以下
生物特 B	生物 A または生物 B の水域のうち，生物 B の欄に掲げる水生生物の産卵場（繁殖場）または幼稚仔の生育場として特に保全が必要な水域	0.03 mg/L 以下	0.002 mg/L 以下	0.04 mg/L 以下

エ

類型＼項目	水生生物が生息・再生産する場の適応性	基準値
		底層溶存酸素量
生物 1	生息段階において貧酸素耐性の低い水生生物が生息できる場を保全・再生する水域または再生産段階において貧酸素耐性の低い水生生物が再生産できる場を保全・再生する水域	4.0 mg/L 以上
生物 2	生息段階において貧酸素耐性の低い水生生物を除き，水生生物が生息できる場を保全・再生する水域または再生産段階において貧酸素耐性の低い水生生物を除き，水生生物が再生産できる場を保全・再生する水域	3.0 mg/L 以上
生物 3	生息段階において貧酸素耐性の高い水生生物が生息できる場を保全・再生する水域，再生産段階において貧酸素耐性の高い水生生物が再生産できる場を保全・再生する水域または無生物域を解消する水域	2.0 mg/L 以上

備考
1 基準値は，日間平均値とする．
2 底面近傍で溶存酸素量の変化が大きいことが想定される場合の採水には，横型のバンドン採水器を用いる．

(2) 海域
ア

項目 類型	利用目的の適応性	基準値				
		水素イオン濃度(pH)	化学的酸素要求量(COD)	溶存酸素量(DO)	大腸菌群数	n-ヘキサン抽出物質(油分など)
A	水産1級,水浴,自然環境保全およびB以下の欄に掲げるもの	7.8以上 8.3以下	2 mg/L以下	7.5 mg/L以上	1000 MPN/100 mL以下	検出されないこと。
B	水産2級,工業用水およびCの欄に掲げるもの	7.8以上 8.3以下	3 mg/L以下	5 mg/L以上	—	検出されないこと。
C	環境保全	7.0以上 8.3以下	8 mg/L以下	2 mg/L以上	—	—

備考
1 水産1級のうち,生食用原料カキの養殖の利水点については,大腸菌群数70 MPN/100 mL以下とする。

(注)
1. 自 然 環 境 保 全:自然探勝などの環境保全
2. 水　産　1　級:マダイ,ブリ,ワカメなどの水産生物用および水産2級の水産生物用
   水　産　2　級:ボラ,ノリなどの水産生物用
3. 環　境　保　全:国民の日常生活(沿岸の遊歩などを含む。)において不快感を生じない限度

イ

類型 \ 項目	利用目的の適応性	基準値 全窒素	基準値 全燐
Ⅰ	自然環境保全およびⅡ以下の欄に掲げるもの（水産2種および3種を除く。）	0.2 mg/L 以下	0.02 mg/L 以下
Ⅱ	水産1種，水浴およびⅢ以下の欄に掲げるもの（水産2種および3種を除く。）	0.3 mg/L 以下	0.03 mg/L 以下
Ⅲ	水産2種およびⅣの欄に掲げるもの（水産3種を除く。）	0.6 mg/L 以下	0.05 mg/L 以下
Ⅳ	水産3種，工業用水，生物生息環境保全	1 mg/L 以下	0.09 mg/L 以下

備考
1 基準値は年間平均値とする。
2 水域類型の指定は，海洋植物プランクトンの著しい増殖を生ずるおそれがある海域について行うものとする。

（注）
1. 自然環境保全：自然探勝などの環境保全
2. 水産 1 種：底生魚介類を含め多様な水産生物がバランス良く，かつ，安定して漁獲される
   水産 2 種：一部の底生魚介類を除き，魚類を中心とした水産生物が多獲される
   水産 3 種：汚濁に強い特定の水産生物が主に漁獲される
3. 生物生息環境保全：年間を通して底生生物が生息できる限度

ウ

類型 \ 項目	水生生物の生育状況の適応性	基準値 全亜鉛	基準値 ノニルフェノール	基準値 直鎖アルキルベンゼンスルホン酸およびその塩
生物A	水生生物の生息する水域	0.02 mg/L 以下	0.001 mg/L 以下	0.01 mg/L 以下
生物特A	生物Aの水域のうち，水生生物の産卵場（繁殖場）または幼稚仔の生育場として特に保全が必要な水域	0.01 mg/L 以下	0.0007 mg/L 以下	0.006 mg/L 以下

エ

類型 \ 項目	水生生物が生息・再生産する場の適応性	基準値 底層溶存酸素量
生物1	生息段階において貧酸素耐性の低い水生生物が生息できる場を保全・再生する水域または再生産段階において貧酸素耐性の低い水生生物が再生産できる場を保全・再生する水域	4.0 mg/L 以上
生物2	生息段階において貧酸素耐性の低い水生生物を除き，水生生物が生息できる場を保全・再生する水域または再生産段階において貧酸素耐性の低い水生生物を除き，水生生物が再生産できる場を保全・再生する水域	3.0 mg/L 以上
生物3	生息段階において貧酸素耐性の高い水生生物が生息できる場を保全・再生する水域，再生産段階において貧酸素耐性の高い水生生物が再生産できる場を保全・再生する水域または無生物域を解消する水域	2.0 mg/L 以上

備考
1 基準値は日間平均値とする。
2 底面近傍で溶存酸素量の変化が大きいことが想定される場合の採水には，横型のバンドン採水器を用いる。

1-2. 地下水の水質汚濁に係る環境基準

項目	基準値	項目	基準値
カドミウム	0.003 mg/L 以下	1,1,1-トリクロロエタン	1 mg/L 以下
全シアン	検出されないこと。	1,1,2-トリクロロエタン	0.006 mg/L 以下
鉛	0.01 mg/L 以下	トリクロロエチレン	0.01 mg/L 以下
六価クロム	0.05 mg/L 以下	テトラクロロエチレン	0.01 mg/L 以下
砒素	0.01 mg/L 以下	1,3-ジクロロプロペン	0.002 mg/L 以下
総水銀	0.0005 mg/L 以下	チウラム	0.006 mg/L 以下
アルキル水銀	検出されないこと。	シマジン	0.003 mg/L 以下
PCB	検出されないこと。	チオベンカルブ	0.02 mg/L 以下
ジクロロメタン	0.02 mg/L 以下	ベンゼン	0.01 mg/L 以下
四塩化炭素	0.002 mg/L 以下	セレン	0.01 mg/L 以下
クロロエチレン	0.002 mg/L 以下	硝酸性窒素および亜硝酸性窒素	10 mg/L 以下
1,2-ジクロロエタン	0.004 mg/L 以下	ふっ素	0.8 mg/L 以下
1,1-ジクロロエチレン	0.1 mg/L 以下	ほう素	1 mg/L 以下
1,2-ジクロロエチレン	0.04 mg/L 以下	1,4-ジオキサン	0.05 mg/L 以下

備考
1 基準値は年間平均値とする。ただし，全シアンに係る基準値については，最高値とする。
2 「検出されないこと」とは，測定方法の欄に掲げる方法により測定した場合において，その結果が当該方法の定量限界を下回ることをいう。
3 硝酸性窒素および亜硝酸性窒素の濃度は，規格 K0102 の 43.2.1，43.2.3，43.2.5 または 43.2.6 により測定された硝酸イオンの濃度に換算係数 0.2259 を乗じたものと規格 K0102 の 43.1 により測定された亜硝酸イオンの濃度に換算係数 0.3045 を乗じたものの和とする。
4 1,2-ジクロロエチレンの濃度は，規格 K0125 の 5.1，5.2 または 5.3.2 により測定されたシス体の濃度と規格 K0125 の 5.1，5.2 または 5.3.1 により測定されたトランス体の濃度の和とする。

2. 土壌

項目	環境上の条件	項目	環境上の条件
カドミウム	検液1Lにつき0.01 mg以下であり、かつ、農用地においては、米1kgにつき0.4 mg以下であること。	シス-1,2-ジクロロエチレン	検液1Lにつき0.04 mg以下であること。
全シアン	検液中に検出されないこと。	1,1,1-トリクロロエタン	検液1Lにつき1 mg以下であること。
有機燐（りん）	検液中に検出されないこと。	1,1,2-トリクロロエタン	検液1Lにつき0.006 mg以下であること。
鉛	検液1Lにつき0.01 mg以下であること。	トリクロロエチレン	検液1Lにつき0.03 mg以下であること。
六価クロム	検液1Lにつき0.05 mg以下であること。	テトラクロロエチレン	検液1Lにつき0.01 mg以下であること。
砒（ひ）素	検液1Lにつき0.01 mg以下であり、かつ、農用地（田に限る。）においては、土壌1kgにつき15 mg未満であること。	1,3-ジクロロプロペン	検液1Lにつき0.002 mg以下であること。
総水銀	検液1Lにつき0.0005 mg/L以下であること。	チウラム	検液1Lにつき0.006 mg以下であること。
アルキル水銀	検液中に検出されないこと。	シマジン	検液1Lにつき0.003 mg以下であること。
PCB	検液中に検出されないこと。	チオベンカルブ	検液1Lにつき0.02 mg以下であること。
銅	農用地（田に限る。）において、土壌1kgにつき125 mg未満であること。	ベンゼン	検液1Lにつき0.01 mg以下であること。
ジクロロメタン	検液1Lにつき0.02 mg以下であること。	セレン	検液1Lにつき0.01 mg以下であること。
四塩化炭素	検液1Lにつき0.002 mg以下であること。	ふっ素	検液1Lにつき0.8 mg以下であること。
クロロエチレン	検液1Lにつき0.002 mg以下であること。	ほう素	検液1Lにつき1 mg以下であること。
1,2-ジクロロエタン	検液1Lにつき0.004 mg以下であること。	1,4-ジオキサン	検液1Lにつき0.05 mg以下であること。
1,1-ジクロロエチレン	検液1Lにつき0.1 mg以下であること。		

備考
1 カドミウム、鉛、六価クロム、砒（ひ）素、総水銀、セレン、ふっ素およびほう素に係る環境上の条件のうち検液中濃度に係る値にあっては、汚染土壌が地下水面から離れており、かつ、原状において当該地下水中のこれらの物質の濃度がそれぞれ地下水1Lにつき0.01 mg、0.01 mg、0.05 mg、0.01 mg、0.0005 mg、0.01 mg、0.8 mgおよび1 mgを超えていない場合には、それぞれ検液1Lにつき0.03 mg、0.03 mg、0.15 mg、0.03 mg、0.0015 mg、0.03 mg、2.4 mgおよび3 mgとする。
2 「検液中に検出されないこと」とは、測定方法の欄に掲げる方法により測定した場合において、その結果が当該方法の定量限界を下回ることをいう。
3 有機燐（りん）とは、パラチオン、メチルパラチオン、メチルジメトンおよびEPNをいう。

3. 大気
3-1. 大気汚染に係る基準

物質	環境上の条件
二酸化いおう	1時間値の1日平均値が 0.04 ppm 以下であり，かつ，1時間値が 0.1 ppm 以下であること。
一酸化炭素	1時間値の1日平均値が 10 ppm 以下であり，かつ，1時間値の8時間平均値が 20 ppm 以下であること。
浮遊粒子状物質	1時間値の1日平均値が $0.10\ mg/m^3$ 以下であり，かつ，1時間値が $0.20\ mg/m^3$ 以下であること。
二酸化窒素	1時間値の1日平均値が 0.04 ppm から 0.06 ppm までのゾーン内またはそれ以下であること。
光化学オキシダント	1時間値が 0.06 ppm 以下であること。

備考
1 環境基準は，工業専用地域，車道その他一般公衆が通常生活していない地域または場所については，適用しない。
2 浮遊粒子状物質とは大気中に浮遊する粒子状物質であってその粒径が $10\ \mu m$ 以下のものをいう。
3 二酸化窒素について，1時間値の1日平均値が 0.04 ppm から 0.06 ppm までのゾーン内にある地域にあっては，原則としてこのゾーン内において現状程度の水準を維持し，またはこれを大きく上回ることとならないよう努めるものとする。
4 光化学オキシダントとは，オゾン，パーオキシアセチルナイトレートその他の光化学反応により生成される酸化性物質（中性ヨウ化カリウム溶液からヨウ素を遊離するものに限り，二酸化窒素を除く。）をいう。

3-2. 有害大気汚染物質（ベンゼン等）に係る環境基準

物質	環境上の条件
ベンゼン	1年平均値が $0.003\ mg/m^3$ 以下であること。
トリクロロエチレン	1年平均値が $0.2\ mg/m^3$ 以下であること。
テトラクロロエチレン	1年平均値が $0.2\ mg/m^3$ 以下であること。
ジクロロメタン	1年平均値が $0.15\ mg/m^3$ 以下であること。

備考
1 環境基準は，工業専用地域，車道その他一般公衆が通常生活していない地域または場所については，適用しない。
2 ベンゼンなどによる大気の汚染に係る環境基準は，継続的に摂取される場合には人の健康を損なうおそれがある物質に係るものであることにかんがみ，将来にわたって人の健康に係る被害が未然に防止されるようにすることを旨として，その維持または早期達成に努めるものとする。

3-3. ダイオキシン類に係る環境基準

物質	環境上の条件
ダイオキシン類	1年平均値が $0.6\ pg-TEQ/m^3$ 以下であること。

備考
1 環境基準は，工業専用地域，車道その他一般公衆が通常生活していない地域または場所については，適用しない。
2 基準値は，2，3，7，8-四塩化ジベンゾ-パラ-ジオキシンの毒性に換算した値とする。

3-4. 微小粒子状物質に係る環境基準

物質	環境上の条件
微小粒子状物質	1年平均値が $15\ \mu g/m^3$ 以下であり，かつ，1日平均値が $35\ \mu g/m^3$ 以下であること。

備考
1 環境基準は，工業専用地域，車道その他一般公衆が通常生活していない地域又は場所については，適用しない。
2 微小粒子状物質とは，大気中に浮遊する粒子状物質であって，粒径が $2.5\ \mu m$ の粒子を 50% の割合で分離できる分粒装置を用いて，より粒径の大きい粒子を除去した後に採取される粒子をいう。

4. 騒音

4-1. 騒音に係る環境基準

地域の類型	基準値	
	昼間	夜間
AA	50 デシベル以下	40 デシベル以下
A および B	55 デシベル以下	45 デシベル以下
C	60 デシベル以下	50 デシベル以下

(注)
1. 時間の区分は，昼間を午前6時から午後10時までの間とし，夜間を午後10時から翌日の午前6時までの間とする。
2. AAをあてはめる地域は，療養施設，社会福祉施設などが集合して設置される地域など特に静穏を要する地域とする。
3. Aをあてはめる地域は，専ら住居の用に供される地域とする。
4. Bをあてはめる地域は，主として住居の用に供される地域とする。
5. Cをあてはめる地域は，相当数の住居と併せて商業，工業などの用に供される地域とする。

4-2. 航空機騒音に係る環境基準

地域の類型	基準値
Ⅰ	57 デシベル以下
Ⅱ	62 デシベル以下

（注）Ⅰをあてはめる地域は専ら住居の用に供される地域とし，Ⅱを当てはめる地域はⅠ以外の地域であって通常の生活を保全する必要がある地域とする。

4-3. 新幹線鉄道騒音に係る環境基準

地域の類型	基準値
Ⅰ	70 デシベル以下
Ⅱ	75 デシベル以下

（注）Ⅰをあてはめる地域は主として住居の用に供される地域とし，Ⅱをあてはめる地域は商工業の用に供される地域などⅠ以外の地域であって通常の生活を保全する必要がある地域とする。

5. ダイオキシン類

媒体	基準値
大気	0.6 pg－TEQ/m^3 以下
水質（水底の底質を除く。）	1 pg－TEQ/L 以下
水底の底質	150 pg－TEQ/g 以下
土壌	1000 pg－TEQ/g 以下

備考
1 基準値は，2, 3, 7, 8 -四塩化ジベンゾ-パラ-ジオキシンの毒性に換算した値とする。
2 大気及び水質（水底の底質を除く。）の基準値は，年間平均値とする。
3 土壌中に含まれるダイオキシン類をソックスレー抽出又は高圧流体抽出し，高分解能ガスクロマトグラフ質量分析計，ガスクロマトグラフ四重極形質量分析計又はガスクロマトグラフ三次元四重極形質量分析計により測定する方法（以下「簡易測定方法」という。）により測定した値（以下「簡易測定値」という。）に 2 を乗じた値を上限，簡易測定値に 0.5 を乗じた値を下限とし，その範囲内の値をこの表の土壌の欄に掲げる測定方法により測定した値とみなす。
4 土壌にあっては，環境基準が達成されている場合であって，土壌中のダイオキシン類の量が 250 pg－TEQ/g 以上の場合（簡易測定方法により測定した場合にあっては，簡易測定値に 2 を乗じた値が 250 pg－TEQ/g 以上の場合）には，必要な調査を実施することとする。

問題解答

1章

●予習
1. 省略
2. 省略
3. 石油，太陽光，風力，水力など。

演習問題A
1 - A1　省略（1-3-2項参照）

演習問題B
1 - B1　省略
1 - B2　省略

2章

●予習
1. 地球温暖化，オゾン層破壊，酸性雨，生物多様性の危機，森林破壊，砂漠化，海洋汚染，開発途上国の環境問題などがある。
2. 二酸化炭素，メタン，一酸化二窒素，ハイドロフルオロカーボン類，パーフルオロカーボン類，六フッ化硫黄，三フッ化窒素などがある。
3. おもに化石燃料を燃やした際に発生する。
家庭からでは，電気の使用（発電），乗用車のガソリン，都市ガス（給湯），暖房（灯油）などがある。
4. parts per million の略称。0.038%

演習問題A
2 - A1　省略
2 - A2　省略
2 - A3　省略

演習問題B
2 - B1　2.37 m
2 - B2　省略
2 - B3　21.7 kg

3章

●予習
1. 石油，石炭，天然ガス，ウラン鉱石，太陽光，太陽熱，風力，水力，波力，バイオマス，地熱，潮力などがある。
2. 枯渇性資源：石油，石炭，天然ガス，ウラン鉱石
再生可能資源：太陽光，太陽熱，風力，水力，波力，バイオマス，地熱，潮力
3. エネルギー資源を加工する前の状態を一次エネルギーと呼び，加工した後の状態を二次エネルギーと呼ぶ。
4. 省略

演習問題A
3 - A1　省略
3 - A2　省略
3 - A3　省略
3 - A4　省略
3 - A5　省略

演習問題B
3 - B1　省略
3 - B2　省略
3 - B3　省略
3 - B4　省略

4章

●予習
1. (1) 省略（4-1-1項参照）
   (2) イタイイタイ病：排水中のカドミウム
   水俣病・新潟水俣病：排水中の水銀
   四日市ぜんそく：ばい煙中の硫黄酸化物
   （4-2節，表4-2）
2. (1) 公害対策基本法
   省略（4-3-1項参照）
   (2) 環境基本法
   省略（4-3-2項参照）

演習問題A
4 - A1　（オ）
4 - A2　（イ）
4 - A3　1. エ　2. ケ　3. キ　4. ク　5. カ　6. オ　7. ウ　8. シ

演習問題B
4 - B1　省略

5章

●予習
1. (1) 省略（5-1節参照）
   (2) 省略（5-2節参照）
   (3) 省略（5-3節参照）
2. 12000000 g/日

演習問題A
5 - A1　（ウ）

5 - A2　（ウ）
5 - A3　10000 人

演習問題 B

5 - B1　COD_{Cr} である。（理由は省略）
5 - B2　省略
5 - B3　(1) 150000 gN/日
　　　　(2) 60 gN/頭·日
　　　　(3) 12400 人
　　　　(4) 37.5 mgN/L

6 章

●予習
1. 省略
2. 省略

演習問題 A

6 - A1　簡易水道
6 - A2　377 L（2014 年度）
6 - A3　①取水，④導水，⑤浄水，②送水，⑥配水，③給水
6 - A4　省略

演習問題 B

6 - B1　省略
6 - B2　2000 L/日
6 - B3　容量 = 9600 m³，表面積 = 2400 m²
6 - B4　省略

7 章

●予習
1. 省略
2. 省略

演習問題 A

7 - A1　省略
7 - A2　省略
7 - A3　省略
7 - A4　省略

演習問題 B

7 - B1　表面積：800 m²
　　　　所要容量：2800 m³
　　　　滞留時間：1.7 時間
7 - B2　BOD 容積負荷率：0.4 kgBOD/m³·日
　　　　BOD 汚泥負荷率：0.2 kgBOD/kgMLSS·日
　　　　水理学的滞留時間：12 時間

8 章

●予習
1. 省略
2. 省略
3. 省略
4. 省略
5. 省略
6. 省略

演習問題 A

8 - A1　省略
8 - A2　省略
8 - A3　（オ）

演習問題 B

8 - B1　省略
8 - B2　省略

9 章

●予習

1.

発生源	到達経路	利用方法
人為由来 （農地・工業） 天然由来	河川水・海水	レジャー・農業・水産業
	地下水	工業・農業・飲料水
	土壌	建設資材・農業資材
	ガス	—

2. 省略

演習問題 A

9 - A1　ハザード管理
9 - A2　（イ），（ウ）

演習問題 B

9 - B1　省略
9 - B2　省略

10 章

●予習
1. ぜんそく，気管支炎
2. 気管支炎，肺気腫
3. 眼や喉の痛み，頭痛等
4. ぜんそく，気管支炎，肺がん

演習問題 A

10 - A1　（ウ）
10 - A2　（ア）
10 - A3　（ウ）
10 - A4　（イ）

⑩ - A5　省略

演習問題 B

⑩ - B1　$C(x, 0, 0) = \dfrac{Q}{\pi u \sigma_y \sigma_z} \exp\left(-\dfrac{H_e^2}{2\sigma_z^2}\right)$

⑩ - B2　52 ppm

⑩ - B3　最大着地濃度　837 ppm
　　　　最大着地濃度距離は　346 m

11 章

●予習

1. (1)　0.60
　(2)　0.78
　(3)　0.18
2. 省略

演習問題 A

⑪ - A1　（ウ）（オ）

⑪ - A2　(1) 70 dB
　　　　(2) 80 dB
　　　　(3) 800 Hz
　　　　(4) 625 Hz

⑪ - A3　（イ）（エ）

⑪ - A4　70 dB

⑪ - A5　20 dB

演習問題 B

⑪ - B1　(1) 約 59 dB
　　　　(2) 約 7 dB

⑪ - B2　74.4 dB

⑪ - B3　省略

12 章

●予習

1. 省略
2. 省略

演習問題 A

⑫ - A1　省略（12 - 1 - 3 項参照）

⑫ - A2　省略

⑫ - A3　省略

演習問題 B

⑫ - B1　省略

⑫ - B2　省略

⑫ - B3　省略

13 章

●予習

1. 省略
2. 省略

演習問題 A

⑬ - A1　省略

⑬ - A2　省略

⑬ - A3　省略

演習問題 B

⑬ - B1　省略

⑬ - B2　省略

索引

■ 記号

2030 アジェンダ	50
3R	75

■ A–Z

A 特性音圧レベル	186
BCP	129
BOD 汚泥負荷率	126
BOD 容積負荷率	126
COP10	206
ppm	88
PRTR 法	71
RDF	139
Recycle	75
Reduce	75
Reuse	75
RPF	139
TEEB	202

■ あ

愛知目標	206
アオコ	86
青潮	86
赤潮	86
悪臭	64
浅井戸水	100
アジェンダ 21	50
アンスラサイト	106
安定	173
硫黄酸化物	65, 166
異臭味原因物質	108
一次処理	124
一酸化炭素	168
一酸化窒素	167
一般環境大気測定局	220
一般局	166
移動発生源	186
ウェーバー・フェヒナーの法則	183
ウォータフットプリント	60
雨水	112
雨水管渠	116
雨水吐き室	117
雨水ます	116
上乗せ基準	91
エコー	192
エコロジカルフットプリント	59
塩素消毒	105
オクターブ	184
オクターブバンド	184
汚水	112
汚水管渠	116
汚水ます	116
オゾン	15, 108, 169
オゾン処理	108
オゾン層	37
オゾン層破壊	30
オゾンホール	37
汚濁原単位	92
汚泥処理施設	119
音の大きさ	183
音の高さ	183
音の強さ	182
音の強さのレベル	183
音圧	182
音圧レベル	183
音響透過損失	192
温室効果	31
温室効果ガス	31, 76
音速	182
温度成層	100
音場	182
音波	182

■ か

カーボンオフセット	58
カーボンニュートラル	58
カーボンフットプリント	60
解析解モデル	175
開発途上国の環境問題	30
海洋汚染	30
化学的酸素要求量	81
拡散幅	176
拡散方程式	175
拡大生産者責任	52, 146
攪乱	209
確率降雨強度	123
瑕疵担保責任	154
化石燃料	65
活性汚泥法	113
活性炭	108
活性炭処理	108
合併処理浄化槽	115
カドミウム	68
簡易水道事業	97
感覚公害	185
環境影響評価準備書	221
環境影響評価書	222
環境影響評価法	216
環境基準	71
環境基本法	71, 206
環境と開発に関する国連会議	50, 205
環境と開発に関するリオ宣言	50
環境トリレンマ	31
環境容量	59
環境倫理	52
環境倫理の三主張	52
間欠式空気揚水筒	101
乾燥断熱減率	173
緩速ろ過方式	103
緩和策	35
気候変動に関する政府間パネル	32
気候変動枠組条約	36, 57
揮発性有機化合物	169
吸音率	191
急速ろ過方式	103
凝集	106
共同実施	58
京都議定書	36, 57
極端現象	35
距離減衰	190
近代水道	96
クリーン開発	58
クリプトスポリジウム	105
クロロフルオロカーボン類	37
計画 1 日最大給水量	98
計画 1 日平均給水量	98
計画汚水量	119
計画人口	120
計画 1 人 1 日最大給水量	98
計画目標年次	119
下水	112
下水管渠	112
下水道	112
下水道処理人口普及率	115
下水道法	113
嫌気性微生物	127
限外ろ過膜	107
原核生物	19
原始地球	14
減容化処理	119
合意形成	217
公害	64

光化学オキシダント ─── 169
光化学スモッグ ─── 71
好気性微生物 ─── 86,119
公共下水道 ─── 114
公告 ─── 217
高度浄水処理 ─── 103
高度処理 ─── 88,124
合理式 ─── 123
合流式 ─── 112,117
枯渇性資源 ─── 22
国際自然保護連合 ─── 52
国際排出権取引 ─── 58
国連人間環境会議 ─── 49
国家環境政策法 ─── 216
固定価格買取制度 ─── 56
コミュニティプラント ─── 115
固有説 ─── 202
コンバインドサイクル発電 ─── 36

■ さ
最終沈殿池 ─── 119
最初沈殿池 ─── 119
再生可能エネルギー ─── 55
再生可能エネルギー特別措置法 ─── 56
再生可能な資源 ─── 22
サウンドレベルメータ ─── 188
里地里山 ─── 198
砂漠化 ─── 30
残響 ─── 192
産業革命 ─── 21
残響時間 ─── 192
三酸化硫黄 ─── 166
散水ろ床法 ─── 112
酸性雨 ─── 30,39
三側面の統合 ─── 50
シアノバクテリア ─── 15
自浄作用 ─── 81
自然公園法 ─── 205
自然再生協議会 ─── 207
自然再生推進法 ─── 207
持続可能な開発 ─── 50
持続可能な開発のための教育 ─── 54
シナリオ ─── 34
自排局 ─── 166
地盤沈下 ─── 64
遮音 ─── 190,191
自由大気 ─── 172
周波数 ─── 182
終末処理場 ─── 114

縦覧 ─── 217
種の保存法 ─── 205
循環型社会形成推進基本計画 ─── 52
順応的取り組み ─── 207
浄水施設 ─── 103
浄水処理 ─── 96
上水道事業 ─── 97
冗長度説 ─── 201
消毒設備 ─── 119
消毒のみ方式 ─── 103
除害施設 ─── 117
人口当量 ─── 92
振動 ─── 64,193
振動規制法 ─── 193
振動レベル ─── 194
森林破壊 ─── 30
水系感染症 ─── 96
水質汚濁 ─── 64
水道 ─── 96
水道水質基準 ─── 74,99
水道普及率 ─── 96
水理学的滞留時間 ─── 126
数値モデル ─── 175
スクリーニング ─── 218
スコーピング ─── 218,224
生態系サービス ─── 200
成長の限界 ─── 50
生物化学的酸素要求量 ─── 81
生物多様性 ─── 198
生物多様性基本法 ─── 208
生物多様性国家戦略 ─── 207
生物多様性条約 ─── 206
生物多様性条約第10回締約国会議 ─── 206
生物多様性の危機 ─── 30
生物濃縮 ─── 42,69,81
生物の多様性に関する条約 ─── 206
精密ろ過膜 ─── 107
接地逆転層 ─── 173
接地境界層 ─── 172
絶滅のおそれある野生動植物の種の国際取引に関する条約 ─── 205
絶滅のおそれある野生動植物の種の保存に関する法律 ─── 205
ゼロ・エミッション ─── 58
全窒素 ─── 89
専用水道 ─── 97
全リン ─── 89
騒音 ─── 64,185
騒音規制法 ─── 185

騒音計 ─── 188
騒音レベル ─── 186
総量規制 ─── 81

■ た
第1種事業 ─── 217
第2種事業 ─── 217
大気安定度 ─── 173
大気汚染 ─── 64
大気境界層 ─── 172
代替案 ─── 218
大腸菌群数 ─── 83,89
対流混合層 ─── 173
ダウンウォッシュ ─── 176
脱硝 ─── 168
脱水 ─── 119
脱硫 ─── 167
多様性−安定性説 ─── 201
地下水 ─── 100
地球温暖化 ─── 30,32
地球温暖化係数 ─── 32,60
地球環境問題 ─── 30
窒素酸化物 ─── 167
地表水 ─── 100
中継ポンプ場 ─── 118
中立 ─── 173
調査・予測・評価 ─── 217
鳥獣の保護及び管理並びに狩猟の適正化に関する法律 ─── 205
鳥獣保護管理法 ─── 205
直接物質投入量 ─── 144
沈黙の春 ─── 216
定常騒音 ─── 187
低炭素社会 ─── 57
適応策 ─── 35
典型七公害 ─── 64
点源 ─── 80
等価騒音レベル ─── 187
透過率 ─── 192
特定有害物質 ─── 150
都市下水路 ─── 115
土壌 ─── 150
土壌汚染 ─── 64,150
土壌汚染対策法 ─── 155
トリハロメタン ─── 105

■ な
ナノろ過膜 ─── 107
二国間クレジット制度 ─── 58,76
二酸化硫黄 ─── 166

二酸化窒素 ——— 167
二次処理 ——— 124
人間開発指数 ——— 61
音色 ——— 183, 185
農業集落排水処理施設 ——— 115
濃縮 ——— 119

■ は
パーオキシアシルナイトレート
——— 169
バーチャルウォータ ——— 61
バイオレメディエーション ——— 66
排出基準 ——— 74
排出者責任 ——— 52, 146
排水基準 ——— 74, 81
配慮書 ——— 216
ハザード ——— 152
パスキル・ギフォード図 ——— 176
パスキルの安定度階級 ——— 176
波長 ——— 182
パリ協定 ——— 36, 58
反響 ——— 192
反応タンク ——— 119
微小粒子状物質 ——— 171
標準活性汚泥法 ——— 119
不安定 ——— 173
富栄養化 ——— 66, 81
深井戸水 ——— 100
賦活処理 ——— 108

負荷量 ——— 81
伏流水 ——— 100
フミン質 ——— 108
浮遊物質量 ——— 83
浮遊粒子状物質 ——— 170
浮遊粒子状物質SPM ——— 220
プルームモデル ——— 177
分流式 ——— 112, 117
平均降雨強度 ——— 123
閉鎖性水域 ——— 66
ヘモグロビン ——— 169
報告書 ——— 216
方法書 ——— 216
ホモ・サピエンス ——— 20
ホルムアルデヒド ——— 169
ポンプ場 ——— 114

■ ま
膜透過流束 ——— 107
膜ろ過方式 ——— 103
マニフェスト ——— 143
マニフェスト制度 ——— 143
マンホール ——— 118
水の惑星 ——— 16
ミティゲーション ——— 223
水俣病 ——— 66
メタンハイドレート ——— 23
メチル水銀 ——— 69
面源 ——— 80

■ や
有効煙突高さ ——— 175
溶存酸素 ——— 81
余剰汚泥 ——— 119
四日市ぜんそく ——— 65
予備処理 ——— 124
予防的な取組方法 ——— 200
四大公害病 ——— 66

■ ら
ライフサイクルアセスメント
——— 60, 144
ラムサール条約 ——— 204
リオ地球サミット1992 ——— 50, 205
リスク ——— 152
リベット説 ——— 201
流域下水道 ——— 115
流下時間 ——— 124
硫化水素 ——— 87
硫酸ミスト ——— 166
流出係数 ——— 123
流達時間 ——— 124
流入時間 ——— 123
レッドリスト ——— 199
ロジスティック曲線式 ——— 98

■ わ
ワシントン条約 ——— 205

● 本書の関連データが web サイトからダウンロードできます。

https://www.jikkyo.co.jp/ で
「環境工学」を検索してください。

提供データ：Web に Link, 問題の解答

■監修

PEL 編集委員会

■編著　（主担当章）

山崎慎一　高知工業高等専門学校教授（6 章）

■執筆

青木　哲　岐阜工業高等専門学校教授（11 章）

大田直友　阿南工業高等専門学校准教授（12 章）

川上周司　阿南工業高等専門学校准教授（1～3 章）

角野晴彦　岐阜工業高等専門学校教授（11 章）

多川　正　香川高等専門学校教授（7, 13 章）

谷川大輔　呉工業高等専門学校准教授（4, 5 章）

東海林孝幸　豊橋技術科学大学講師（10 章）

畠　俊郎　広島大学教授（9 章）

山内正仁　鹿児島工業高等専門学校教授（8 章）

山口隆司　長岡技術科学大学教授（1～3 章）

山口剛士　松江工業高等専門学校准教授（1～3 章）

山田真義　鹿児島工業高等専門学校教授（8 章）

■13 章編集協力

三木公司　株式会社四電技術コンサルタント

●表紙デザイン・本文基本デザイン──エッジ・デザイン・オフィス
●DTP 制作──ニシ工芸株式会社

Professional Engineer Library

環境工学

2017 年 10 月 30 日　初版第 1 刷発行
2023 年 2 月 28 日　初版第 5 刷発行

●執筆者　山崎慎一　ほか12名（別記）
●発行者　小田良次
●印刷所　中央印刷株式会社

●発行所　実教出版株式会社
〒102-8377
東京都千代田区五番町 5 番地
電話［営　　業］（03）3238-7765
　　［企画開発］（03）3238-7751
　　［総　　務］（03）3238-7700
https://www.jikkyo.co.jp/

無断複写・転載を禁ず

© S. Yamazaki 2017

ISBN978-4-407-34030-3　C3050　　　　　　　　　　　　　Printed in Japan